电磁兼容设计与应用系列

电磁兼容工程设计与应用

——电源·接地·PLC·变频器·接口

周志敏　纪爱华　编著

机械工业出版社
CHINA MACHINE PRESS

本书结合电磁兼容技术的发展和最新应用技术，以电磁兼容工程设计与应用为核心内容，在概述电磁兼容与电磁干扰的基础上，系统地讲述了低压供电系统电磁兼容设计、接地设计、PLC控制系统电磁兼容设计、变频调速系统电磁兼容设计、通信接口电磁兼容设计等内容。本书文字通俗、重点突出、内容新颖实用，以理论与工程应用相结合的方式，深入浅出地阐述了电磁兼容工程设计与应用中经常涉及的理论知识和设计方法。

本书可供电信、信息、航天、军事及家电等领域从事电磁兼容工程设计与应用的工程技术人员，以及相关专业的高等学校、职业技术学院的师生阅读参考。

图书在版编目（CIP）数据

电磁兼容工程设计与应用：电源·接地·PLC·变频器·接口 / 周志敏，纪爱华编著 . —北京：机械工业出版社，2020.8（2024.3 重印）

（电磁兼容设计与应用系列）

ISBN 978-7-111-65616-6

Ⅰ.①电… Ⅱ.①周…②纪… Ⅲ.①电磁兼容性－工程设计 Ⅳ.① TN03

中国版本图书馆 CIP 数据核字（2020）第 081930 号

机械工业出版社（北京市百万庄大街 22 号　邮政编码 100037）
策划编辑：江婧婧　责任编辑：江婧婧　韩　静
责任校对：肖　琳　封面设计：鞠　杨
责任印制：郜　敏
北京富资园科技发展有限公司印刷
2024 年 3 月第 1 版第 3 次印刷
169mm × 239mm · 14.25 印张 · 281 千字
标准书号：ISBN 978-7-111-65616-6
定价：79.00 元

电话服务　　　　　　网络服务
客服电话：010-88361066　机　工　官　网：www.cmpbook.com
　　　　　010-88379833　机　工　官　博：weibo.com/cmp1952
　　　　　010-68326294　金　书　网：www.golden-book.com
封底无防伪标均为盗版　机工教育服务网：www.cmpedu.com

前言

随着电力电子技术日益向高频率、高速度、宽频带、高精度、高可靠性、高灵敏度、高密度（小型化、大规模集成化）、大功率、小信号运用和复杂化方向发展，当今电气、电子产品的种类越来越多，电子设备的发射功率越来越大，电气、电子设备及由其构成的系统灵敏度越来越高，接收微弱信号的能力越来越强，同时电子设备频带也越来越宽、尺寸越来越小、相互影响也越来越大。因此电磁干扰不再局限于辐射，还要考虑感应、耦合、传导、静电、雷电等引起的电磁干扰。

电磁兼容（Electromagnetic Compatibility，EMC）技术又称环境电磁学，是以电磁场理论为基础，包括信息、电工、电子、通信、材料、结构等学科的边缘科学；也是一门研究在有限的空间、时间和频率资源条件下，各种电气、电子设备或系统在同一电磁环境中可以相互兼容，而不致引起其性能降低的应用科学技术。电磁兼容技术现已成为当今世界"工业技术的热点问题"。电磁兼容是电气、电子设备工程设计的重要指标，也是产品质量、可靠性的重要指标。

电磁干扰（Electromagnetic Interference，EMI）已成为电气、电子设备及由其构成的系统正常工作的主要障碍，因而开展电磁兼容性研究日益重要。一些国家成立了专门机构，制定了专门标准，对此进行管理，一切电气、电子设备必须经过专门机构的鉴定和批准才能进入市场，为此，电气、电子设备的设计必须考虑电磁兼容性问题。一些国际组织制定并推荐有关的标准或建议，一些学术机构增设电磁兼容专业组，开展科研和交流，以推进电磁兼容性的研究。我国为满足电磁兼容性的研究、教学和工程应用的需要，颁布了一系列电磁兼容性国家标准。

本书结合国内外电磁兼容技术的发展方向，系统地介绍了电磁兼容技术的发展、基本理论知识及典型应用技术特性，重点介绍了电磁兼容技术的工程设计与应用技术。本书在编写过程中尽量做到有针对性和实用性，力求做到通俗易懂和结合实际，使得从事电磁兼容技术开发、设计和应用的技术人员从中获益，读者可以以此为"桥梁"，系统全面地了解和掌握电磁兼容的设计和应用技术。

本书从资料收集和技术信息交流上都得到了国内外专家学者的支持，在此表示衷心的感谢。由于作者水平有限，书中难免有错误和疏漏之处，敬请读者批评指正。

作　者

目录

第 3 章 接地设计 // 87

第 4 章 PLC 控制系统电磁兼容设计 // 126

第 1 章

电磁兼容与电磁干扰

1.1 电磁兼容

1.1.1 电磁兼容学科的发展

1.电磁兼容的定义

顾名思义，"兼容"即"兼顾""容忍"，但电磁兼容并非指电与磁之间的兼容，因电与磁是不可分割且相互共存的一种物理现象、物理环境。国际电工委员会对电磁兼容的定义是："电磁兼容是电子设备的一种功能，电子设备在电磁环境中能完成其功能，而不产生不能容忍的干扰"。这里包含两层意思，即电子设备工作中产生的电磁辐射要限制在一定水平内；另外，电子设备本身要有一定的抗干扰能力。

电磁兼容有其非常广的含义，电磁能量的检测、抗电磁干扰性试验、检测结果的统计处理、电磁能量辐射抑制技术、雷电和地磁等自然电磁现象、电场磁场对人体的影响、电场强度的国际标准、电磁能量的传输途径、相关标准及限制等均包含在电磁兼容之内。

在我国最近颁布的"电磁兼容"国家标准中，对电磁兼容的定义是："设备或系统在其电磁环境中能正常工作且不对该环境中任何事物构成不能承受的电磁干扰的能力"。这里所讲的电磁环境是指存在于给定场所的所有电磁现象。这表明电磁兼容有双重含义：电子设备或系统不仅应具有抑制外部电磁干扰的能力，而且所产生的电磁干扰应不影响同一电磁环境中其他电子设备的正常工作。显然，电磁兼容要比单纯讲的抗干扰能力的意义更为深远。

日本文献对电磁兼容的定义是："电磁兼容是一门独立的学科，包括电磁兼容研究、预测和控制变化着的地球和天体周围的电磁环境、为了协调环境所采取的控制方法、各项电气规程的制定以及电磁环境的协调和电磁能量的合理应用等"。

电磁兼容技术涉及范围很宽，包括工程学、自然科学、医学、经济学、社会学等多方面的基础科学理论，且其理论体系也有一定的特殊性。电磁兼容技术又称环境电磁学，在开始的时候环境电磁学仅考虑的是对无线电广播带来的射频干扰。但当今电子产品的数量越来越多，各种电子设备发射功率越来越大，电子设备系统的灵敏度越来越高，并且接收微弱信号的能力越来越强，同时电子产品频带也越来越宽，尺寸越来越小，相互影响也越来越大。因此电磁干扰不再局限于辐射，还要考虑感应、耦合和传导等引起的电磁干扰，如电磁辐射对生物的危害、静电、雷电等都属于电磁兼容范畴。

环境电磁学的历史可上溯至19世纪，最早出现的电干扰现象是单线电报间的串扰。希维赛德于1881年写的一篇《论干扰》的文章可算是最重要的早期文献，但这类干扰现象在当时并未引起干扰者和被干扰者的重视。随着传输技术的发展，在一根通信线与不对称的强电线之间有较长的平等运行，干扰问题也日益严重。为此在1887年柏林电气协会成立了通信干扰问题委员会，在1889年英国邮电部门开始研究通信干扰问题，美国《电世界》杂志也登载了电磁感应方面的文章。20世纪初期索末菲在干扰与抗干扰领域进行了卓越的研究，以后人们对电磁感应影响的研究日益深入，直至目前，此类干扰问题仍为国际电信联盟（ITU）第五研究组及第六研究组在各研究期的主要研究课题。

从地球表面到人造卫星活动的近万米空间内处处存在着电磁波，电和磁无时无刻不在影响着人们的生活及生产，电磁能的广泛应用，使工业技术的发展日新月异。电磁能在为人类创造巨大财富的同时，也带来了一定的危害，被称为电磁污染，研究电磁污染是环境保护中的重要分支。以往人们把无线电通信装置受到的干扰称为电磁干扰，表明装置受到外部干扰侵入的危害，其实它本身也对外部其他装置造成危害，即称为干扰源。因此必须同时研究装置的干扰和被干扰，对装置内部的单元和装置之间要注意其相容性。随着科学技术的发展，日益广泛采用的微电子技术和电气化的逐步实现，形成了复杂的电磁环境。不断研究和解决电磁环境中设备之间以及系统间相互关系的问题，促进了电磁兼容技术的迅速发展。

电磁污染源包括雷电（包括核爆等强电磁脉冲）、静电及所有电气设备的动作（包括正常及非正常的）过程，凡有电磁现象存在的地方都有电磁兼容问题，绝缘物体的相对摩擦也会产生静电效应，由于静电积聚的隐蔽性和释放过程的突发性，造成的危害程度不亚于谐波和强电磁脉冲。

2. 电磁兼容的主要内容

电磁兼容是研究电磁干扰的学科，电磁兼容包含了抗干扰（设备和系统抵抗电磁干扰的能力）和电磁辐射控制（设备和系统发射的电磁能量的控制）两方面。这要从分析形成电磁干扰后果的基本要素出发，由电磁干扰源辐射的电磁能量，经过耦合途径传输到敏感设备，这个过程称为电磁干扰效应。

电磁兼容学是以电磁场理论为基础，跨信息、电工、电子、通信、材料、结构等学科的交叉科学；也是一门研究在有限的空间、时间和频率资源条件下，各种电工、电子设备或系统在同一电磁环境中可以相互兼容，而不致引起其性能降低的应用科学技术，电磁兼容主要包括以下内容。

（1）电磁环境评价

研究系统中各种敏感的设备耐受电磁干扰的能力，一般是采用试验来模拟运行中可能出现的干扰，并在尽可能接近设备工作条件下，试验被试设备是否会产生误动或永久性损坏。设备的抗扰性决定于该设备的工作原理、电子线路布置、工作信号电平，以及所采取的抗干扰措施。随着系统中各种自动化系统和通信系统的广泛应用和设备集成化的发展趋向，如何评价这些设备耐受干扰的能力、研究实用和有效的试验方法、制定评价标准将成为电磁兼容技术的重要课题。通过实测或数字仿真等手段，对设备在运行时可能受到的电磁干扰水平（幅值、频率、波形等）进行评估。例如，利用可移动的电磁兼容测试车对高压输电线路或变电站产生的各种干扰进行实测，或通过电磁暂态计算程序对可能产生的瞬变电磁场进行数字仿真。电磁环境评价是电磁兼容技术的重要组成部分，是抗干扰设计的基础。

（2）电磁干扰耦合路径

搞清干扰源产生的电磁干扰，是通过何种路径到达被干扰对象，也是研究电磁兼容的重要课题。电磁干扰的范围是相当大的，从探测不到的微弱干扰到高强度干扰，一般来说，干扰可分为传导干扰和辐射干扰两大类。传导干扰是指干扰源通过电源线路、接地线、信号线传播到达敏感设备的干扰，例如，通过电源线侵入的雷电冲击源产生的干扰。辐射干扰是指通过电磁源空间辐射到达敏感设备的干扰，例如，输电线路电晕产生的无线电干扰或电视干扰即属于辐射干扰。研究干扰的耦合途径，对制定抗干扰措施、消除或抑制干扰有重要的意义。

（3）抗干扰技术

在复杂的电磁环境中，产生的各类电磁干扰通过传导、耦合、辐射影响系统、设备、生物及人类，面对复杂的电磁环境是不可能完全避免电磁干扰的。因此，比较经济合理的解决办法是应用抗干扰技术，研究有效、经济和适用的抗干扰技术是未来电磁兼容领域的重要任务。

（4）电能质量

国际大电网会议36学术委员会（电力系统电磁兼容）把电能质量控制也列入电磁兼容范畴，研究的内容为频率变化、谐波、电压闪变、电压骤降等对用电设备性能的影响。

（5）电磁场生态影响

公众对工频电磁场对人体健康可能产生有害影响的疑虑，已成为一些国家高压输电发展的重要制约因素。游离辐射，非游离辐射，包括低频电磁场是否对生物系统，特别是对人类的健康产生有害影响，始终是一个悬而未决的问题。尽管全球的科学家对此进行了大量的研究，由于此问题极其复杂，至今尚难以得出结论。

3. 电磁兼容学研究的热点

电磁兼容学研究有两个特点：一是涉及范围较广，包括自然界中的各种电磁干扰，以及各种电气、电子设备的设计、安装和各系统之间的电磁干扰等；二是技术难度大，因为干扰源日益增多，传播的途径也是多种多样的，在军工、电力、通信、交通和工矿企业普遍存在电磁干扰问题。电磁干扰对系统和设备是非常有害的，在电力供电网络中，用户的大功率电弧炉产生的冲击负荷，倘若在设计中没有考虑电磁兼容问题，将有可能给电网造成很大冲击，会增大电网电磁场对供电设备和用电设备的潜在危害。

研究电磁兼容的目的是为了保证设备或系统在电磁环境中能够具有正常工作的能力，以及研究电磁波对社会生产活动和人体健康造成危害的机理和预防措施。电磁兼容学是一门新兴的跨学科的综合性应用学科，其核心仍然是电磁波，其理论基础包括数学、电磁场理论、电路理论、微波理论与技术、天线与电波传播理论、通信理论、材料科学、计算机与控制理论、机械工艺学、核物理学、生物医学以及法律学、社会学等内容。

电磁兼容学也是一门综合性的交叉学科，作为交叉学科，它以电气和无线电技术的基本理论为基础，并涉及许多新的技术领域，如微波技术、微电子技术、计算机技术、通信和网络技术以及新材料等。

电磁兼容技术研究的范围很广，几乎所有现代化工业领域，如电力、通信、交通、航天、军工、计算机和医疗等都必须解决电磁兼容的问题。

现在，电磁兼容学已成为国内外瞩目的迅速发展的学科，预计在 21 世纪，它还将更加迅速地发展。电磁兼容学又是技术与管理并重的实用工程学。开展这样的工程，需要投入大量的人力和财力。国际标准化组织已经正在制定电磁兼容的有关标准和规范，电磁兼容技术涉及的频率范围宽达 0~400GHz，研究对象除传统设施外，其涉及范围从芯片级直到各型舰船、航天飞机、洲际导弹，甚至整个地球的电磁环境。电磁兼容学研究的热点内容主要有：

1）电磁干扰源的特性及其传输特性。

2）电磁干扰的危害效应。

3）电磁干扰的抑制技术。

4）电磁频谱的利用和管理。

5）电磁兼容标准与规范。

6）电磁兼容的测量与试验技术。

7）电磁泄漏与静电放电等。

国际标准化组织已经制定了电磁兼容的有关标准和规范，我国在这方面的起步虽然较晚，但发展很快。随着市场经济的发展，我国要参与世界技术市场的竞争，进出口的电子产品都必须通过电磁兼容检验。因此，我国政府和相关部门越来越关注电磁兼容问题，陆续制定了有关的强制性贯彻标准。各部门和军兵种也都开始研究并建立了不同规模的电磁兼容实验室和检测中心，促进了电磁兼容技术的普及、推广和应用。

我国于1998年立法强制对六类进口电子产品（计算机、显示器、打印机、单片开关电源、电视机和音响）及通信终端产品施行电磁兼容检测，1999年国家质量监督局发布了《电磁兼容认证管理办法》。我国电子技术标准化研究所的电磁兼容测试实验室通过了美国联邦通信委员会（FCC）的认可，从2000年2月16日起，出口美国的信息技术设备和发射及接收设备，由该实验室出具的数据将被美国直接接受。产品的电磁兼容检测是实现电磁兼容不可缺少的技术手段，强制贯彻电磁兼容标准，是保证产品质量和提高市场竞争力的先决条件。

电磁兼容工程设计的测试修改法，是在电磁兼容工程设计的过程中尽量采用电磁兼容设计规范，样机完成后进行测试，若发现不能满足电磁兼容要求，再进行修改，直到满足要求为止，该方法适合于比较简单的设备，但开发成本较高。

电磁兼容的系统设计法，是在产品的设计过程中仔细预测各种可能发生的电磁兼容问题，从设计的一开始就采取各种措施避免电磁兼容问题，这种方法通常能在正式产品完成之前解决80%的电磁兼容问题。

为提高产品的电磁兼容性，各国开展了大量的试验研究和实测工作，并且开发了一系列的计算机程序，如天线—天线兼容性分析程序（ATACAP）、机箱—机箱兼容性分析程序（BTBCAP）、场—线兼容性分析程序（FTWCAP）、美国Signatron公司编制的可以确定电子线路的非线性传输函数的非线性电路分析程序（SIGNCAP）等。

由美国空军研制的系统内部分析程序（IAP）是一种大规模的电磁兼容分析程序，它可以有100个或更多的源、接收器和通道的组合。采用IAP可提供：系统电磁兼容薄弱环节；改编规范的极限值；提出的试验性产品，要在不符合规范要求并不降低整个系统性能的基础上请求弃权分析；对设计折中方案的兼容性分析；在对系统进行详细计算之前，预计电磁兼容控制的效果。IAP包括两部分：

1）系统内部电磁兼容分析程序。

2）对于雷电、静电、电磁元器件、非线性接收器效应和电磁场分析的补充模型，对于电力系统暂态过程对通信、信号设备的干扰，以及雷电对通信、信号设备的干扰，则广泛采用电磁暂态程序（EMTP）。这些程序的广泛应用，大大提高了信息系统及其设备的电磁兼容性，并且改进了电力系统以及相邻通信、信号系统的电磁兼容性及工程质量。

4. 电磁兼容学的发展

电磁兼容是从过去的"电磁干扰"发展起来的，这项研究可上溯到19世纪。1822年安培提出了一切磁现象的根源是电流的假说，1831年法拉第发现变化的磁场在导线中产生感应电动势的规律，1864年麦克斯韦全面论述了电和磁的相互作用，提出了位移电流理论，总结出了麦克斯韦方程，预言了电磁波的存在，麦克斯韦的电磁场理论是研究电磁兼容的理论基础。1881年英国科学家希维赛德发表了《论干扰》的文章，标志着电磁兼容研究的开端。1888年德国科学家赫兹首创了天线，第一次把电磁波辐射到自由空间，同时又成功地接收到电磁波。从此开启了电磁兼容的实验研究。

1889年英国邮电部门研究了通信中的干扰问题，使电磁兼容研究开始走向工程化。在20世纪40年代为了解决飞机通信系统受到电磁干扰造成飞机事故的问题，科学家们开始较为系统地进行电磁兼容技术的研究。1944年德国电气工程师协会制定了世界上第一个电磁兼容规范VDE0878，1945年美国颁布了第一个电磁兼容军用规范JAN-I-225。我国从1983年开始也陆续颁布了一系列有关电磁兼容的规范。

虽然电磁干扰问题由来已久，但电磁兼容这个新兴的综合性学科却是近代形成的。其主要研究和应用的内容包括：电磁兼容标准和规范、分析和预测、设计、实验测量、开发屏蔽材料、培训教育和管理等。除了感性、容性及阻性等耦合方式引起的干扰外，人们还对辐射型干扰进行了大量研究。虽然在早期这些工作进行得还比较零散，但以后逐步走向系统化，各国陆续建立起相关的科研机构。

苏联在1984年制定了"工业无线电干扰的极限容许值标准"并颁布施行（1954年曾进行了一次修改），其他国家也已相继加强了电磁干扰的研究工作。目前国际上除电磁兼容专业学会外，还有国际无线电干扰特别委员会（CISPR）等组织从事与电磁兼容有关的高频干扰课题的研究。

美国自1945年开始，颁布了一系列电磁兼容方面的军用标准和设计规范，并不断地加以充实和完善，使得电磁兼容技术进入新的阶段。20世纪60年代以来，现代科学技术向高频、高速、高灵敏度、高集成化、高可靠性、高安装密度方向发展，尤其是信息网络和高速计算机技术已经越来越多地成为人类社会生产和生活的主导技术，这使得电磁兼容获得了空前发展的大好时机。同时也由于航空工业、航天工业、造船工业以及国防军事工业的需要，使得电磁兼容获得空前的大发展，电磁兼容还将在信息安全和生物电磁学等方面获得较大的进展。

自20世纪40年代提出电磁兼容概念，使电磁干扰问题由单纯的排除干扰逐步发展成为从理论上、技术上全面控制用电设备在其电磁环境中正常工作能力保证的系统工程。20世纪70年代以来，电磁兼容技术逐渐成为非常活跃的学科领域之一。20世纪80年代，美国、德国、日本、苏联、法国等经济发达国家在电磁兼容研究和应用方面达到了很高的水平，建立了相应的电磁兼容标准和规范，电磁兼容设计成为民用电子设备和军用武器装备研制中必须严格遵循的原则和步骤，电磁兼容成为产品可靠性保证中的重要组成部分。20世纪90年代，电磁兼容工程从事后检测处理发展到预先分析评估、预先检验、预先设计。

电磁兼容是一个正在发展的领域，这是因现代的计算机、通信、控制系统中，电气和电子线路的密度以及它们之间的相关功能日益增加。在许多复杂系统中，由于性能要求的扩展，往往需要更高速度的电路和更宽的频带。频谱使用的日益扩展（包括幅度和频率两者）以及在各个频段上使用频率的日益密集，对电磁干扰的数量和严重程度产生了重大影响。在一个系统中，只要把两个以上很小的元器件放在同一环境中，就会产生电磁干扰，而且，每加入一个新的元器件，都会使电磁干扰的可能性进一步增加，甚至看来很小的干扰都可能引起严重的故障或降低可靠性。

随着输电电压等级的提高（达 1000~1500kV 的特高压输电），电力系统短路电流的进一步增大（高达 80~100kA），电力电子设备的广泛应用，使得干扰源变得更为强大了。核电磁脉冲的出现，又增加了新的干扰源，使电磁兼容问题显得更为重要。与此同时，微电子学的发展及微电子元器件的广泛应用，使干扰的接收器变得更为脆弱和敏感。机电一体化设备的日益广泛应用，也使得电磁兼容问题变得更为突出，这些都给电磁兼容带来了新的课题。

1.1.2　电磁兼容技术面临的挑战

1. 电子产品的发展与应用

随着信息技术、自动化控制技术、通信导航技术和图像、语音、移动电话、计算机等电子设备的广泛应用，电磁兼容成为世界工业技术的热点问题。电子产品在方便人们的同时，对社会生产活动和人体健康也带来了一系列的不利影响。首先，电子元器件几乎在所有的设备中都存在，而它们越来越趋于在极微弱的信号下工作，且信号工作频率越来越高，动作时间越来越短，因而更容易受外界电磁干扰或产生电磁干扰。另一方面，高能量、高频率的发射源增多，也意味着干扰信号的增强。同时，电磁辐射污染已被世界卫生组织列为必须严加控制的现代"公害"之一，据调查，长期接受高频电磁辐射，会对眼睛、神经系统、生殖系统、心血管系统、消化系统及骨骼造成严重的不良影响，甚至危及生命。因此，清洁电磁环境、保证电子产品正常工作已受到世界范围的普遍关注。

由于环境中存在各种形式的电磁干扰源，电磁干扰现象经常发生。如果在一个系统中各种用电设备能和谐正常工作，而不致相互发生电磁干扰进而造成性能改变和遭受损坏，人们可满意地称这个系统中的用电设备是相互兼容的。但是随着用电设备功能的多样化、结构的复杂化、功率的加大和频率的提高，同时它们的灵敏度已越来越高，这种相互包容兼顾、各显其能的状态很难获得。为了使系统达到电磁兼容，必须以系统的电磁环境为依据，要求每个用电设备不产生超过一定限度的电磁辐射，同时又要求它具有一定的抗干扰能力。只有对每一个用电设备做这两方面的约束，才能保证系统达到完全兼容。

电磁干扰不仅影响电子设备的正常工作，甚至会造成电子设备中的某些元器件损坏。因此，对电子设备的电磁兼容技术要给予充分的重视。既要注意使电子设备不受周围电磁干扰而能正常工作，又要注意使电子设备本身不对周围其他设备产生电磁干扰，影响其他设备正常运行。这里内涵着电子设备在工作时产生的电磁辐射要限制在一定水平内；另外，它本身要有一定的抗干扰能力，这便是电子设备研制中所必须解决的兼容问题。电磁兼容是反映系统性能的重要指标之一，系统能电磁兼容意味着无论是在系统内部，还是对其所处的环境，系统都能如预期的正常工作。

汽车工业的发展也加剧了电磁环境的变化，因汽车工作时电磁干扰相当突出，严重时会损坏电子元器件。因此，汽车电子设备的电磁环境最为恶劣，汽车电子设备的电磁兼容问题也特别受到人们的重视。为了解决电子设备在汽车上应用的电磁兼容问题，根据规范要求和实际需要，应采用干扰抑制技术抑制通过电源线、信号线和地线进入电路的传导干扰，同时阻止因公共阻抗、长线传输而引起的系统间干扰；并通过优化元器件的选择和合理安排电路系统，使干扰的影响减小。

计算机软件抗干扰技术的发展和应用，稳定了内存数据和程序指针。计算机软件可以支持和加强硬件的抗干扰能力。在计算机系统中，随机存取存储器（RAM）主要用于测量和控制数据的暂时存放，内存空间较小，对存放的数据而言，若将采集到的几组数据求平均值作为采样结果，可避免在采集时因干扰而破坏了数据的真实性；如果存放在 RAM 中的数据因干扰而丢失或者数据发生变化，可以在随机内存区设置检验标志。为了减少干扰对 RAM 区的破坏，可在 RAM 芯片的写信号线上加触发装置，只有在 CPU 写数据时才触发。软件抗干扰的措施很多，如数字滤波程序、抗窄脉冲的延时程序、逻辑状态的真伪判别等。有时候，必须采用软件和硬件相结合的办法才能抑制干扰，从而保护程序正常运行。

近年来，电子设备向着"轻、薄、短、小"和多功能、高性能及低成本方向发展，塑料机箱、塑料部件或面板广泛地应用于电子设备上，于是外界电磁波很容易穿透外壳或面板，对电子设备的正常工作产生干扰，而电子设备所产生的电磁波，也非常容易辐射到周围空间，影响其他电子设备的正常工作。

为了使电子设备能满足电磁兼容要求，在实践中，研究出了塑料金属化处理的工艺方法，如溅射镀锌、真空镀（Al）、电镀或化学镀铜、粘贴金属箔（Cu 或 Al）和涂覆导电涂料等。经过金属化处理之后，使完全绝缘的塑料表面或塑料本身（导电塑料）具有金属那样反射、吸收、传导和衰减电磁波的特性，从而起到屏蔽电磁波干扰的作用。

在实际应用中，采用导电涂料作屏蔽涂层，其性能优良而且价格适宜。在需要屏蔽的地方，做成一个封闭的导电壳体并接地，把内外两种不同的电磁波隔离开。实践表明，若屏蔽材料能达到 30~40dB 以上衰减量的屏蔽效果时，就是实用、可行的。

由于电子技术应用广泛，而且各种干扰设备的辐射很复杂，要完全消除电磁干扰是不可能的。但是，根据电磁兼容原理，可以采取许多技术措施减小电磁干扰，将电磁干扰控制在一定范围内，从而保证系统或用电设备的电磁兼容性。保证用电设备的电磁兼容是一项复杂的技术任务，对于这个问题不存在万能的解决方法。电磁兼容技术涉及面很广，电磁兼容领域也正在发展，重要的是掌握有关电磁兼容的基本原理，认真分析和试验，就能获得合适的解决问题的方法。

近来，电磁兼容已由事后处理发展到预先分析、预测和设计，电磁兼容已成为现代工程设计中的重要组成部分。电磁兼容达标认证已由一个国家范围向全球范围发展，使电磁兼容与安全性、环境适应性处于同等重要地位。

2. 电磁干扰日益严重

电磁场包括各种类型的电信号、电磁波，频率从接近直流到微波、毫米波、亚毫米波，信号的形式各种各样，有脉冲式的，也有连续波，有的还被各种调制方式所调制。这些电磁波和电信号是由成千上万，甚至几百万信号源所产生的。辐射源的类型多，而且复杂多变，信号密度可以超过每秒百万脉冲。这些电磁波和电信号，可以对人类的身体直接产生影响，产生所谓电磁波生物效应；也可以对各种电器、电子设备的工作产生影响，使其工作性能降低，甚至破坏其正常工作。

电磁干扰必须包含三个要素，即电磁干扰源、电磁干扰传递途径（传导、辐射、耦合）及接收电磁干扰的响应者。这三个要素相当复杂，不同的场合有不同的表现，总起来说，根据电磁感应、趋肤效应、电磁振荡与电磁波传播等基本物理规律可知，电磁物理量随时间变化越快，越容易产生电磁干扰；频率越高越容易产生辐射；电磁场强度与距离二次方成反比；一些灵敏度高的未屏蔽电路容易产生耦合等。在此基础上，分析电磁干扰日益严重的原因归纳为以下几个：

1）高频高功率化。近年来，电子产品的发展趋势是高频化，如计算机的时钟频率已从 30MHz 提高到 100MHz 以上；移动通信从单频道（900MHz）发展成双频道（900MHz、2000MHz）；电视、广播从米波发展到分米波。电子产品的信号频率越高，越容易产生辐射和耦合，而在电子产品设计中，越来越难抑制其产生的干扰，致使电磁干扰加剧。雷达、广播、通信等发射机、差转台、基站为了增大作用距离和提高性能，其发射功率与日俱增，对电磁环境的污染也越来越严重。

2）高速数字化。目前许多电子产品都采用数字电路，而数字电路是常见的电磁干扰源，同时数字电路的抗电磁干扰能力较弱，在电磁干扰下有时会产生误动作。近年数字电路正向高速化发展，数字逻辑电路的频率达到 50MHz 以上；脉冲信号的上升/下降时间不超过信号周期的 5%，这样陡的快速跳变信号包含了更高频率的高次谐波分量，更容易产生电磁干扰。一般来说，高速数字电路会比传统的模拟电路产生更多的干扰。

3）高密度组装。高密度组装方式大大提高了电子元器件、IC、机电部件的堆积密度，密集的组装使电子元器件间的距离大大缩小，引脚间距和布线间距已缩小到 0.2mm，大大加剧了相互间的耦合，因而增加了抗电磁干扰的难度。

4）低电压化。IC 及半导体有源元器件向低电压方向发展，电压降低之后，IC 及半导体有源元器件对瞬变电压、浪涌电压、静电放电等电磁干扰的抵抗能力明显下降。为此，在设计中需要对 IC、CMOS、MOSFET 等元器件采用抗电磁干扰措施，因而对电磁环境和产品设计提出了更高的要求。

互联技术的发展降低了电磁干扰的阈值，例如，大规模集成电路芯片较低的供电电压降低了内部噪声门限，而它们精细的几何尺寸在较低的电平下易受到电弧损坏。更快的同步操作产生更尖的电流脉冲，这会带来在I/O端口产生宽带发射问题。

5）频点密度提高、频带加宽。随着信息化的深入和广泛的发展，使用的电磁波频率点越来越密，频带越来越宽，相互之间更容易出现干扰现象。当今在空间传播的电磁波的频点之密、频谱之宽、空域之广、能量之高均是前所未有的，大大恶化了电磁环境。

6）移动化趋势。电子设备的小型化使源与敏感器靠得很近，这使传播路径缩短，增加了干扰的机会。元器件的小型化增加了它们对干扰的敏感度。由于为了便于携带，电子设备体积越来越小，像移动电话、膝上计算机等设备随处可用，而不一定局限于办公室那样的受控环境，这也带来了复杂的兼容性问题。

目前，汽车都设计有复杂的控制系统，控制系统内的大量的电子电路，如果不能与外界和汽车本身实现电磁兼容，则会引起误动作或事故。现在通信、计算机、音像乃至网络均已移动化，而且数量庞大。庞大的移动化电子设备的应用，使电磁干扰源（各种移动电子产品）可以在任何时间任何地点出现，大大增加了电磁干扰的机会，恶化了电磁环境。

1.2　电磁干扰及传播途径

1.2.1　电磁干扰及分类

1. 电磁干扰

电磁干扰是指任何可能引起装置、设备或系统性能下降，或对有生命物或无生命物产生损害作用的电磁现象。电磁干扰是客观存在的一种物理现象，其产生原因可能是外界因素，也可能是自身的变化。电磁干扰可能是电磁噪声、无用信号或传播媒介自身的变化。造成电磁干扰必须有的三个条件是：干扰源、导致干扰传播的途径及受干扰用电设备自身。因此，要想达到用电设备的电磁兼容，需要消除干扰源或减弱它的强度；破坏干扰传播的途径或减少干扰耦合度；精心设计受干扰用电设备的选择性或提高其抗干扰能力。

从干扰源把电磁能量传输到受干扰对象的两种方式是：传导方式和辐射方式。从接收器的角度看，耦合可分为两类：传导耦合和辐射耦合，传导耦合分为直接传导耦合、公共阻抗耦合。辐射耦合分为场（天线）对天线耦合、场对电缆耦合和电缆对电缆耦合。

电磁干扰传播途径示意图如图1-1所示，在实际情况中，传导耦合和辐射耦合并不是截然不同的，它们可以相互转化。如在金属导线中传输的电流很大时，辐射也会很严重。电磁辐射一词的含义有时也可引申，将电磁感应现象也包含在内。

电磁干扰可以通过任何一种用电设备机壳的开口、通风孔、线缆出入口、测量孔、门框、舱盖、抽屉和面板，以及机壳的非理想连接面等进行辐射。电磁干扰也可由进入用电设备的导线和电缆进行辐射，任何一个良好的电磁能量辐射器也可以作为良好的接收器。电磁干扰根据其来源，可分为自然干扰和人为干扰两大类。典型的自然干扰源有：

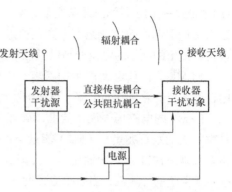

图1-1　电磁干扰传播途径示意图

1）雷击电磁脉冲（LEMP），又称大气噪声。

2）太阳噪声，太阳黑子活动时产生的磁暴。

3）宇宙噪声，来自银河系。

4）静电放电（ESD）。

人为干扰源的类型较多，典型的有：

1）电网操作过电压（SEMP）。

2）核电磁脉冲（NEMP）。

3）高压配电系统对地短路造成的过电压。

4）家用电器、高频设备、电力设备、内燃机、无线电发射和接收设备、高速数字电路等，通过放电噪声、接触噪声、过渡现象、反射现象、非功能性噪声和无用信号等均会造成电磁干扰。

自然干扰以其发生源不可控为特点，例如电子噪声、天电噪声、地球外噪声、沉积静电等。人为干扰以其发生源可知并且可控为特点，例如高频及微波设备、高压设备、开关设备、火花设备、核电磁脉冲等。电磁干扰引起用电设备、传输通道或系统的性能下降，自然和人为的干扰源是通过公共地线阻抗（内阻）的耦合、沿电源线传导的电磁干扰和辐射干扰。

一个系统或系统内某一线路耐受电磁干扰程度可用下式表示：

$$N = GC/I \qquad\qquad (1\text{-}1)$$

式中，G 为噪声源强度；C 为噪声通过某种途径传到受干扰处的耦合因素；I 为受干扰电路的敏感程度。

电磁噪声是指一种明显不传送有用信号的时变电磁现象，它可能与有用信号叠加或组合。任何形式的自然现象或电能装置所发射的电磁能量，能使共享同一环境的人或其他生物受到伤害，或对其他用电设备、分系统或系统发生电磁危害，导致性能降级或失效。

在 IEC61312-1 中将 LEMP 定义为"作为干扰源的闪电电流和闪电电磁场"。在 GB 50057—2010 局部修改条文后，将 LEMP 定义为"作为干扰源的直接雷击和附近雷击所引起的效应。绝大多数是通过连接导体的干扰，如雷电流或部分雷电流，被雷电击中的装置的电位升高以及磁辐射干扰"。

LEMP 是由放电而产生的噪声，由于雷云之间或雷云与大地之间产生火花放电，往往伴随着急剧的电流、电压的瞬时变化，即 di/dt 或 du/dt 很大。与 NEMP 相比，LEMP 的电磁场强度、陡度和破坏范围都弱得多，但雷电这一大气物理现象，每次释放的数百兆焦耳（MJ）能量与足可影响敏感设备的毫焦耳（mJ）能量相比相差悬殊。1971 年美国通用研究公司 R.D. 希尔用仿真试验建立模式证明：雷电干扰对无屏蔽的计算机，当磁感应强度 $B_m = 0.07\text{Gs}$（$1\text{Gs} = 10^{-4}\text{T}$）时，计算机会误动作；当 $B_m = 2.4\text{Gs}$ 时，计算机设备会永久性损坏。

供用电设备或系统总是受外部电磁干扰所困扰，另一方面，供用电设备本身也是强、弱电不等的干扰源。干扰以不同的途径产生，但主要是由电压、电流的突变引起的。如高能量的切换动力电源、短路、大电动机起动引起的电压降，电力系统的断路器在分断短路电流时产生的高频电压分量、控制设备切换时产生的浪涌电压、雷电引起瞬时电压聚变而产生的过电压等。表 1-1 给出了电气设备的各类电磁兼容现象。

表 1-1 电气设备的各类电磁兼容现象

频率	传播	耦合		发射	抗扰度
低频 $0 \leq f < 9\text{kHz}$	传导	共模		3 的倍数谐波（零序）残余电流	工频电压
		差模		谐波、谐间波和换相缺口对电网电能传输的影响	换相缺口、电压波动、跌落和短时中断、瞬时过电压、相位波动、不平衡电压、频率波动、直流分量
	辐射	近场	磁性耦合	磁场	磁场
			容性耦合	电场	电场
		远场			
低频 $9\text{kHz} \leq f$	传导	共模		感应的 RF 电压、电流	感应的 RF 电压、电流单向瞬变
		差模		电场（高阻抗）	感应的 RF 电压、电流单向瞬变
	辐射	近场		磁场（低阻抗）	脉冲磁场、便携式发射机
		远场		电磁场	RF 电磁场
大的频谱	CD = 接触放电，AD = 空气放电				

注：低频和高频之间界限为 9kHz。

2. 电磁干扰分类

对电磁干扰源分类的方法很多，可按照发生源、传播路径、干扰产生的原因、不同设备的工作原理、发生的频率、频率范围和不同的交流电源进行分类。从电磁干扰属性来分，可以分为功能性干扰源和非功能性干扰源。功能性干扰源是指供用电设备实现功能过程中造成的对其他供用电设备的直接干扰；非功能性干扰源是指供用电设备在实现自身功能的同时伴随产生或附加产生的副作用，如开关闭合或切断产生的电弧放电干扰。电磁干扰按频段粗略划分为：0~2kHz：谐波；0~150kHz：电压波动与闪烁；150kHz~30MHz：传导发射；30MHz以上：辐射发射。

电磁干扰按频段较详细划分为以下几种：

1）工频干扰（50Hz），包括输配电以及电力牵引系统，波长为6000km。

2）甚低频干扰（30kHz以下），波长大于10km。

3）载波频段干扰，包括高压直流输电谐波干扰、交流输电谐波干扰以及交流电气线路的谐波干扰等，频率在10~300kHz之间，波长大于1km。

4）射频、视频干扰（300kHz~300MHz），工科医疗设备以及内燃机、电动机、家用电器、照明电器等都在此范围，波长在1~1000m之间。

5）微波干扰（300MHz~300GHz），包括特高频、超高频、极高频干扰，波长为1mm~1m。

6）雷电以及核电磁脉冲干扰，频率由GHz直至接近直流，范围很宽。

从电磁干扰信号频谱宽度来分，可以分为宽带干扰源和窄带干扰源。它们是相对于指定接收器的带宽大或小来加以区别的。干扰信号的带宽大于指定感受器带宽的称为宽带干扰源，反之称为窄带干扰源。窄频带干扰信号波形差不多是单一频率（一般相对于中心频率的频带宽度小于1%），在一定的时间（一般是微秒的量级）间隔内辐射。

最有可能受到影响的用电设备频率在0.3~3GHz之间。当然，在这个频率范围之外的用电设备工作性能也可能受到影响，特别是有谐振的系统，这类电磁辐射也可能有调制。一般称这种辐射为大功率微波辐射（HPM），这个名词包括微波以外的辐射。

宽频带辐射一般是时域上的脉冲，并且是重复式的。宽频带辐射的能量分布在一个很宽广的频带上。例如，超宽带（UWB）脉冲，一般上升时间为0.1ns，下降时间在1ns左右，因此，能量分布在一个非常宽广的频谱上。

窄频带干扰信号的能量集中在单一的频率，很容易产生出每米几百千伏的场强，可以对设备造成永久性的破坏。相反，宽频带电磁干扰的能量分布在各个频率，所以场强相对较弱。正是因为它的能量分布在许多频率上，对一个系统来说，许多频率都可能受到影响，而且这种干扰多半是重复式的，持续几秒钟，甚至几分钟，增加了设备受害的可能性。

电磁干扰可以来自系统内部，也可以来自系统外部，前者称为系统内部的干扰，后者称为系统之间的干扰。在分析电磁干扰时，系统指人们设计、管理和控制的电气设备或电子设备整体。

（1）内部干扰

系统内部干扰源可分为以下几种：

1）电源干扰。电源干扰主要是从电源和电源引线侵入系统的，当系统与其他经常变动的大负载共用电源时，会产生电源噪声。当使用较长的电源传输线时，所产生的电压降及感应电动势等也会形成噪声。系统所需的直流电源，一般均为由交流电经整流、滤波、稳压后提供，有时会因某种原因净化不佳，对系统产生干扰，这种干扰常可使高精度系统的性能下降。

2）地线干扰。地线干扰往往是由系统内设备或元器件共用一条地线而引起的，当系统内各部分电路的电流均流过公共地线时，会在其上产生电压降，形成相互影响的噪声。这种情况在数字电路和模拟电路共地时非常明显。在图 1-2a 中，R_{cm} 是模拟系统和数字系统的公共接地线的电阻。通常，数字系统的入地电流比模拟系统大得多，并且有较大的波动噪声。即使 R_{cm} 很小，数字电路也会在其两端形成较高电压，使模拟系统的接地电压不能为零。

图 1-2b 所示的模拟电路是测量电路的前置放大器，数字系统的入地电流（若为 2A）在 R_{cm}（若为 0.01Ω）上产生电压（20mV），此电压与测量电压 U_s 叠加。若 $U_s = 100$mV，那么测量精度将会低于 20%。

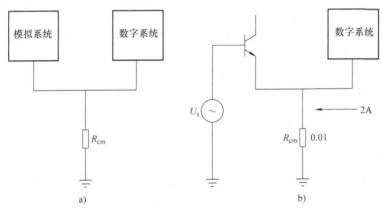

图 1-2 模拟系统与数字系统共地耦合干扰示意图

3）信号通道的耦合干扰。传输信号的传输线若很长，信号在传输过程中很容易受到干扰，导致所传输的信号发生畸变或失真，所产生的干扰主要有：传输线周围空间电磁场对传输线的电磁感应干扰；当两条或两条以上传输信号强弱不同的信号线相互靠得很近时，通过线间分布电容和互感而形成的线间干扰，即传输线的线间的容性和感性耦合干扰。

① 容性（电场）耦合干扰。当干扰源产生的干扰是以电压形式出现时，干扰源与信号电路之间就存在容性（电场）耦合，这时干扰电压经传输线电容耦合到信号电路，形成干扰源。

对于平行导线，由于分布电容较大，容性耦合较严重。在图1-3a中，导线1和导线2是两条平行线，C_1和C_2分别是各线对地的分布电容，C_{12}是两线间分布的耦合电容，U_1是导线1对地电压，R是导线2对地电阻。由图1-3b所示的等效电路可得导线1上的电压耦合到导线2上产生的电压U_2为

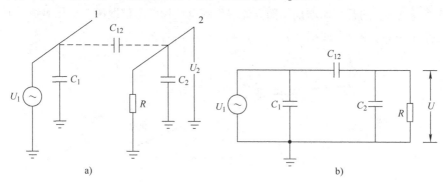

图1-3　平行导线容性耦合示意图

$$U_2 = j\omega C_{12}RU_1/[1+j\omega（C_{12}+C_2）R] \qquad （1\text{-}2）$$

当$R \gg 1/j\omega（C_{12}+C_2）$时，式（1-2）可简化为

$$U_2 = C_{12}U_1/（C_{12}+C_2） \qquad （1\text{-}3）$$

此时U_2按电容分压，当$R \ll 1/j\omega（C_{12}+C_2）$时，则式（1-2）可简化为

$$U_2 = j\omega C_{12}RU_1 \qquad （1\text{-}4）$$

由式（1-2）、式（1-3）、式（1-4）可知，容性耦合干扰随着耦合电容的增大而增大。

② 感性（磁性）耦合干扰。当干扰源是以电流形式出现时，此电流所产生的磁场通过互感耦合对邻近信号形成干扰。导线的磁耦合示意图如图1-4所示，两邻近导线之间存在分布互感M，$M = \Phi/I_1$（其中，I_1是流过导线1的电流，Φ是电流

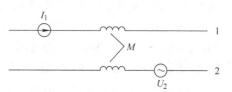

图1-4　导线的磁耦合示意图

I_1产生的与导线2交变的磁通），由互感耦合在导线2上形成的互感电压为：$U_2 = 2\omega MI_1$，此电压在导线上是串联的，U_2与干扰的频率和互感量成正比。

（2）外部干扰

系统外部干扰源可分为以下几种：

1）自然干扰。自然干扰包括雷电、大气层的电场变化、电离层变化以及太阳黑子的电磁辐射等。雷电在传输线上产生幅值很高的高频浪涌电压，对系统形成干扰。太阳黑子的电磁辐射能量很强，可造成无线通信中断。来自宇宙的自然干扰，只有高频才能穿过地球外层的电离层，频率在几十到两百兆赫兹之间，电压一般在

μV 量级，对低频系统影响甚微。

2）放电干扰。局部放电可以分为正电晕放电、负电晕放电和火花放电三种。三种放电的频率特性如图 1-5 所示。电晕放电是由于导体表面的电位梯度过大，引起向空气中放电而产生的高频电磁噪声，其频谱的主要分量在几兆赫兹以下。其强度随着电位梯度的升高而增加，而导体表面的电位梯度不仅取决于电压等级，而且还直接与导线的等效表面积有关。

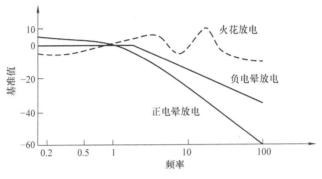

图 1-5　三种放电的频率特性

从图 1-5 中可以看出，正电晕放电产生的噪声随着频率的增加按照正比例规律衰减，对中波广播信号产生干扰。火花放电产生的噪声，从广播频段到电视频段几乎没有衰减，对广播和电视都有影响。最常见的电晕放电来自高压输电线，高压输电线因绝缘失效会产生间隙脉冲电流，形成电晕放电。在输电线垂直方向上的电晕干扰，其电平随频率升高而衰减。当频率低于 1MHz 时，衰减变微弱；当频率高于 1MHz 时，急剧衰减。因此电晕放电干扰对高频系统影响不大，而对低频系统影响较为严重。

导体表面电位的变化越大，越容易发生正电晕放电，因此导体表面上一旦有水滴状突起物，噪声就会增加。因此雨天的噪声比晴天要大，雨越大，噪声越强，但是当降雨量超过 10mm/h 时，噪声就不再增加。

关于输电线的电晕放电已有许多实测数据，基于这些数据，可以求得计算电晕杂波的实用公式。然而关于这种杂波的发生机理、发射及传播特性还不完全清楚，在这方面的理论仍需继续探讨。

输电线产生火花放电的原因有：输电线路局部的绝缘被破坏、绝缘子污秽、线路金具接触不良等，其频谱范围可能高达数百兆赫，其幅度变化范围很大，远大于电晕放电。电气开关触点开断的断续电流也将引起火花放电，这种放电出现在触点通断的瞬间，如电动机电刷同邻近的整流片反复接通和断开，形成很宽频率范围的火花放电干扰。这种干扰虽然被电动机金属外壳屏蔽，但还会有部分通过窄小的空隙处和引出线辐射出来。火花放电干扰具有较大的能量，如小型电钻的干扰电平为 20~80dB（200MHz 以下），可使邻近电视图像不停跳动。

3）辉光放电。辉光放电即气体放电，当两个接点之间的气体被电离，由于离子碰撞而产生辉光放电，肉眼可见到蓝色的辉光。辉光放电所需电压与接点之间的距离、气体类型和气压有关。荧光灯、霓虹灯、闸流管以及工业生产中使用的大型辉光离子氧化炉等，均是利用这一原理制造的辉光放电设备。辉光放电干扰源一般为超高频，如荧光灯的干扰电压可达几十到几千微伏（μV），甚至可达几十毫伏（mV）。

4）弧光放电。弧光放电即金属雾放电，最具典型的弧光放电是金属电焊。弧光放电产生高频振荡，以电波形式形成干扰。这种干扰对系统危害较大，在半径为50m 的范围内，当频率为 0.15~0.5MHz 时，干扰电压最低仍可达 1000μV；当频率为 2.5~150MHz 时，也可达 200μV。

5）电力干扰。随着越来越多的用电设备接入电力主干网，系统会出现一些潜在的干扰。这些干扰包括电力线干扰、电快速瞬变、电涌、电压变化、闪电瞬变和电力线谐波等。各种电气开关通、断时并不都会产生放电现象，但由于通、断时产生强烈的脉冲电流有非常丰富的频率分量，这种干扰可通过电气开关连接线辐射出去。开关通、断时电压、电流的增大或衰减时间 t 越短，噪声的带宽越宽；急速变化的电压及电流的幅值越大，则噪声的幅度越大。特别是在电感性负载的电路中，电路从通转换成断的瞬间，容易产生断续的电磁干扰，噪声波形由小逐渐变大，这对应了开关触点之间的距离由小到大的过程。

在如图 1-6 所示的电路中，直流电压 U_D 在 L 和 R 串联的负载上产生电流 I 时，开关 S 从通转换成断的瞬间，在 L 两端产生比 U_D 大数十倍、有时上百倍的极性相反的尖峰电压（称为电感反冲电压）。当 L 两端有寄生电容时，寄生电容越大，电感两端的电压越低，振荡频率也越低。

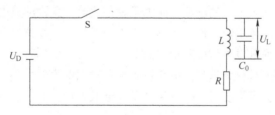

图 1-6 电感电路断开的情况

6）工频干扰。供电设备和输出线都会产生工频干扰，若信号传输线有一段与供电线平行，这种低频干扰就会耦合到信号线上成为干扰。直流电源的输出端也可能出现不同程度的交流干扰，它发生在系统内部。工频电场表现形式主要存在于导线对大地之间，其强度主要取决于电压等级，对于直流输电线路则为一个纯的静电场。由于工频频率很低，波长很长（50Hz 的波长为 6000km），因而距线路虽较远但仍为近场，磁场与电场必须分别考虑。其强度主要取决于导线的载流量，并随距离的增大衰减很快。

7）射频干扰。通信设备、无线电广播、电视、雷达等通过天线会发射电磁波，高频加热设备也会产生射频辐射。电磁波在系统的传输线上以及接收天线上会感应出大小不等的射频信号，有的电磁波在接收天线上产生的电动势比欲接收的信号电动势大上万倍，为此，造成的干扰并不需要很大的发生功率。射频干扰从甚低频到微波波段，无孔不入地辐射至运行中的设备或系统以及周围的环境，给设备或系统以及生态环境带来各种各样的危害。

射频干扰通过空间传播实质上是干扰能量以场的形式向四周传播，场分为近场和远场。近场又称感应场，如果场源是高电压小电流的源，则近场主要是电场，如果场源是低电压大电流的源，则近场主要是磁场。无论场源是什么性质，当离场源距离大于 $\lambda/2\pi$ 以后的场都变成了远场，又称辐射场。对于距离较远系统间的电磁兼容问题，一般都用远场辐射来分析。对于系统内，特别是同一设备内的问题基本上是近场耦合问题。

周围空间的干扰电场和磁场都会在闭合环路中产生感应电压，从而对环路产生干扰。闭合环路产生的感应电压与环路面积成正比，环路面积越大感应电压越大，所以要避免外界噪声场的干扰应尽量减小环路面积。其频率越高产生的感应电压也越大，即高频噪声容易对环路产生干扰。

8）静电放电（ESD）。现代集成电路芯片内，集成的元器件是非常密集的，这些高速的、数以百万计晶体管的灵敏性很高，很容易受到外界静电放电的影响而损坏。静电放电可以以直接或辐射方式干扰设备，直接接触放电一般会引起设备永久性的损坏，辐射引起的静电放电可能引起设备紊乱或工作不正常。

摩擦产生的静电作为能源来说是很小的，但是电压可达数万伏。带有高电位的人接触电子设备时，人体上的电荷会向电子设备放电，急剧的放电电流会造成噪声干扰，而影响电子设备正常工作。当不同介质的材料相互摩擦时，会发生电荷转移而产生静电。当然静电也可能以其他的方式产生，比如受到其他带电体的感应。静电场强的高低取决于材料所携带的电荷量多少和对地电容的大小。当电子设备的场强超过绝缘介质的击穿强度时，会发生电晕放电或火花放电，形成静电干扰，可能导致电子设备损坏。

9）汽车杂波。汽车在工作过程中产生甚高频（VHF）至特高频（UHF）频段的杂波，根据其强度和特性的测定结果，可采取相应措施使广播和电视的质量基本不受影响。但由于电子设备在汽车控制及移动通信设备中的广泛应用，这个问题又被重新提出。汽车点火系统是一个很强的干扰源，这种点火系统产生强烈的冲击电流，从而激励附属电路振荡，并由点火导线辐射出去。这种干扰的频率很高，在20~1000MHz范围内，干扰范围的半径可达50~100m。斯坦福研究所（SRI）对汽车点火系统发射杂波的主要部件火花塞、配电器接点等进行了改进，使处于30~500MHz频段的杂波降低了13~20dB。若配电器的电极间隙为0.27~2.39mm，则杂波可下降10dB。若在负荷电极上增加银接点，或用金属合金覆盖，也可降低杂波。汽车点火系统以外的汽车电器装置也能发出杂波，其特性正在测试研究中。在电气机车运行时，导电弓架与接触线路间的放电也是人为杂波的根源之一。若导电弓架的电流通路用滤波材料包围起来并采取一些辅助措施，可将杂波降低20dB。

10）工业、科学和医疗（ISM）用射频设备杂波。ISM设备是把50Hz交流电通过射频振荡变为射频的变频装置，用于工业感应和电介质加热、医疗电热法和外科手术工具以及超声波发生器、微波炉等。虽然ISM设备本身有屏蔽，但有缝隙、孔洞、管线进出和接地不良等情况，仍将有电磁场泄漏进而形成干扰。

11）核电磁脉冲。核爆炸时有三大效应：冲击波、热辐射（光辐射）和放射性污染，实际上核武器还有第四种效应——电磁脉冲（Electro Magnetic Pulse，EMP）。如果让氢弹在大气层外的高空爆炸，由于没有空气，就不产生冲击波，也不生成热辐射，而放射性尘屑又随距离的二次方而减弱，再经大气层吸收，所以到达地面时已很微弱，对人无害。然而在100km以上的高空进行核爆，可在几百万平方公里的地域上产生很强的电磁脉冲（50~100kV/m）。目前美、俄等国正在研制中的第三代核武器之一就是核电磁脉冲弹，其突出了核爆炸的电磁脉冲效应。如果说一般的核武器以电磁脉冲形式释放的能量仅占核弹总释放能量的$3/10^{10}$~$3/10^5$，而核电磁脉冲弹则可将此值提高到40%。EMP的后果是破坏电气及电子设备。EMP可使军事指挥、控制、通信和情报系统遭到破坏而瘫痪、电力网断路、金属管线及地下电缆通信网等都受到影响。

（3）其他干扰

1）温差电动势。当电流回路的导线采用不同的金属，并且在连接处具有不同的温度时，则在回路内将产生温差电动势。在图1-7中，如一支导线的电阻R为康铜，另一支导线的电阻R_L为铜，则温差电动势$U_0 =$

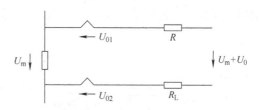

图1-7　温差电动势对测量电压的影响

$U_{01} - U_{02} = 1$~$100\mu V$，此电动势将叠加到测量电压U_m上，使最终结果为$U_m + U_0$。

2）电阻热噪声。电阻热噪声是电阻一类导体由于电子布朗运动而引起的噪声，导体中的电子始终在做随机运动，并与分子一起处于平衡状态。电子的这种随机运动将会产生一个交流成分的热噪声（或称为电阻噪声）。热噪声电压可用下式计算：

$$U = \sqrt{4 \times k \times T \times R \times \Delta f} \qquad (1\text{-}5)$$

式中，k为波尔兹曼常数，$k = 1.3804 \times 10^{-23}$J/K；$T$为绝对温度（K）；$R$为电阻值（Ω）；$\Delta f$为所考虑的频带（Hz）。

当$T = 300$K，$R = 1$MΩ，$\Delta f = 400$Hz时，热噪声电压U为

$$U = \sqrt{4 \times 1.3804 \times 10^{-23} \times 300 \times 10^{6} \times 400} V \approx 2.6 \mu V$$

3）转接干扰。电路转接过程中通常会产生干扰脉冲，此干扰脉冲又可能引起另一次的转接过程，这种转接过程产生的脉冲一般可采用电容或二极管来抑制。

4）微音干扰。机械颤动、接触电阻的变化或电缆电容（或电感）的变化，均会产生微音干扰。

5）压电效应干扰。弯折电缆时，若介质中产生机械力，就会引起压电效应干扰。例如，感应电荷为 $Q = 10^{-10}$A·s，电缆电容率 $C/L = 100$pF/m，电缆长度 $L = 5$m，电缆电容 $C = 500$pF，则弯折电缆时产生的电压为

$$U = Q/C = 10^{-10}/(500 \times 10^{-12}) V = 200 mV$$

1.2.2 干扰的传播途径

1. 电磁干扰传播分类

任何电磁干扰的发生都必然存在干扰能量的传输和传输途径（或传输通道），电磁干扰按传播途径可分为两大类：

1）传导干扰。电子设备产生的干扰信号通过导电介质或公共电源线互相产生干扰。

2）辐射干扰。电子设备产生的干扰信号通过空间耦合把干扰信号传给另一个电网络或电子设备。

从被干扰的敏感设备来看，干扰耦合可分为传导耦合和辐射耦合两大类。图 1-8 示出了一台电子设备典型的干扰传输途径。

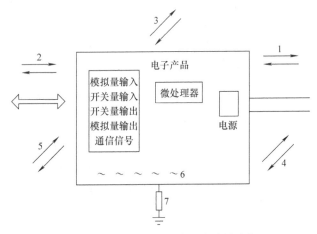

图 1-8 电子设备典型的干扰传输途径

在图 1-8 中，1 为电源线的传导干扰；2 为信号线的传导干扰；3 为设备向外辐射和接收干扰；4 为电源线作为天线向外辐射和接收干扰；5 为信号线作为天线向外

辐射和接收干扰；6 为设备内部干扰；7 为地线混入的干扰。

在实际工程中，两个设备之间发生干扰通常包含着许多种途径的耦合。正因为多种途径的耦合同时存在，反复交叉，共同产生干扰，才使得电磁干扰变得难以控制。

当干扰源的频率较高、干扰信号的波长又比被干扰对象的结构尺寸小，或者干扰源与被干扰者之间的距离 $r \gg \lambda/2\pi$ 时，则可认为干扰源是辐射场，它以平面电磁波形式向外辐射电磁场能量进入被干扰对象的通路。

如果干扰源的频率较低，干扰信号的波长 λ 比被干扰对象的结构尺寸大，或者干扰源与被干扰对象之间的距离 $r \ll \lambda/2\pi$，则可认为干扰源是感应场，它以感应场形式进入被干扰对象的通路。

干扰信号可以通过直接传导方式引入线路、设备或系统，若干扰信号以漏电和耦合形式，则通过绝缘支承物等（包括空气）为媒介，经公共阻抗的耦合进入被干扰的线路、设备或系统。干扰源并不独立存在，在传播过程中又会出现新的复杂噪声。

干扰形成的全过程是由干扰源发出的干扰信号，经过耦合通道到达受干扰设备上。干扰的三个环节，称之为干扰系统的三要素，如图 1-9 所示。要有效地抑制干扰，首先要找到干扰的发源地，防患于发源处是抑制干扰的积极措施。当产生了难以避免的干扰，削弱通道对干扰的耦合以及提高受干扰设备的抗干扰能力就成为非常重要的方法。

图 1-9　干扰系统三要素的关系图

2. 电磁干扰耦合形式

耦合是干扰源与受干扰设备之间的通道，一般来说，切断通道是降低或消除电磁干扰对电子设备干扰的最常用手段，也是最有效的办法。

目标信号在电路中的传输总是以双线方式传输，但就干扰信号来说，它进入电子设备则有两种情况：

① 与目标信号一起沿正常回路窜入工作单元的模式，这一模式称为差模干扰。

② 以传输目标信号的双线作为一线，又以地为另一线所构成的传输回路，让干扰信号进入工作单元的模式，这一模式称为共模干扰。

由于信号回路的双线对地的电特性不一定完全平衡，于是有可能也成为差模干扰。从耦合的途径来说，差模干扰的出现基本上是直接耦合的结果；而共模干扰的出现多是感应耦合和辐射耦合的结果，其强度则直接与回路的几何形态和方向有关。耦合的三种形式如下：

（1）直接耦合

直接耦合是沿导线将干扰源直接传递给受害电子设备的一种耦合方式，很明显，消除这种耦合，绝对不能用切除这根传输线的手段来达到目的，因为这也会失去自身的电信息通路，所以常用"堵"或隔离的措施来抑制由直接耦合侵入的干扰。

当两个电路存在公共阻抗时（公共阻抗主要有共回路导线、共地阻抗和共电源内阻），一个电路的电参数通过公共阻抗对另一个电路的电参数产生了影响。当设备或元器件共用信号线或电源线时，它们之间就会通过公共阻抗产生相互干扰，若共用电源则称共电源阻抗干扰，共用地线则称共地线阻抗干扰。

在图 1-10 中，电路 1 和电路 2 分别与电源各自形成一个电流回路，其中一个电路电流的增加必将使另一个电路的电流减少。电流的不断变化，就会产生变化无常的电场和磁场，引起的电磁噪声通过电源线、地线形成复杂的交叉干扰。

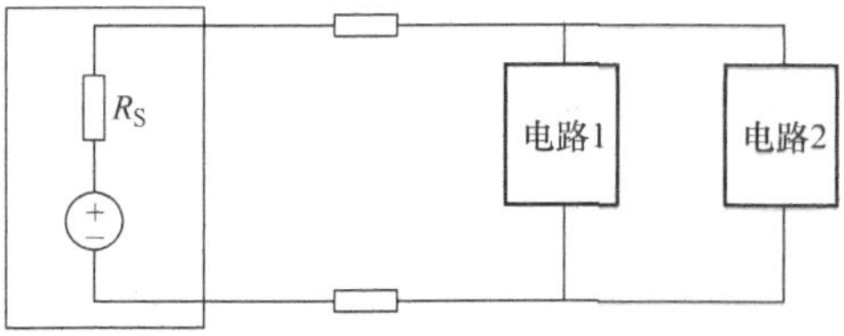

图 1-10　公共阻抗耦合电路

在高频数字系统中，当电路 1 工作时，会在回路公共阻抗上产生高频数字噪声，该噪声在电路 2 的回路中使地线"飘动"。不稳定的地线将严重降低运算放大器、模/数转换器等电路的性能，削弱电源系统共阻抗耦合的措施主要有：

1）降低接入阻抗。电源线的布线要根据电流的大小，尽量加大导线的截面积，使电源线、地线的走向与信号传输方向一致，减少存在噪声单元和其他单元之间的公共电源阻抗，有助于增强抗噪声的能力。电路板要按功能分区，各分区电路地线相互并联，并一点接地。当电路板上有多个电路单元时，应使各单元有独立的地线回路，各单元集中一点与公共地相连。这样各自产生的噪声电流不会流入其他单元，避免相互干扰。

2）使用去耦电容。在嵌入式系统的 PCB 上一般都有多个集成电路，其中某些高速大功率元器件、地线上都会出现很大的噪声电压。抑制噪声的方法是在各集成元器件的电源线和地线间接入去耦电容，以缩短电流的流通途径，降低电阻压降。

（2）感应耦合

感应耦合是以电磁感应方式将干扰源耦合到受干扰电子设备的一种耦合方式，因此，有电感应和磁感应之分。由电感应场或磁感应场传输的能量具有随距离成二次方衰减的特性，因而其能量随传播距离的增加而衰减速度很快；并且其强度存在方向性。所以消除这种干扰的方法是，调整受干扰设备与干扰源之间的相对位置或采用屏蔽技术来实现。

任何两个导体之间都存在着电容，电容值与介质的介电常数 ε 和两个导体的有效面积成正比，与两个导体之间的距离 D 成反比。当两个平行圆导体直径为 d 时，其电容 C 为

$$C = \pi\varepsilon/\ln(D/d) \tag{1-6}$$

当一个导体对地具有电位 U_1，阻抗为 Z_1，另一个导体对地具有阻抗 Z_2，两个导体具有相同地电位，通过两个导体之间的电容，在另一个导体上将产生干扰电压 U_2 为

$$U_2 = U_1Z_2/(Z_1+Z_2+1/j\omega C) \tag{1-7}$$

当阻抗 Z_1 和阻抗 Z_2 中含有电感分量时，产生的干扰电压 U_2 有可能大于导体 1 对地的电位 U_1，电容性耦合的等效电路图如图 1-11 所示。

在上述分析中，只有两导线间的有效耦合长度应远小于信号波长（一般为 1/10）时，才允许使用集中参数的等效电路来分析线间耦合，否则必须应用电磁场理论的传输方程来分析线间耦合。

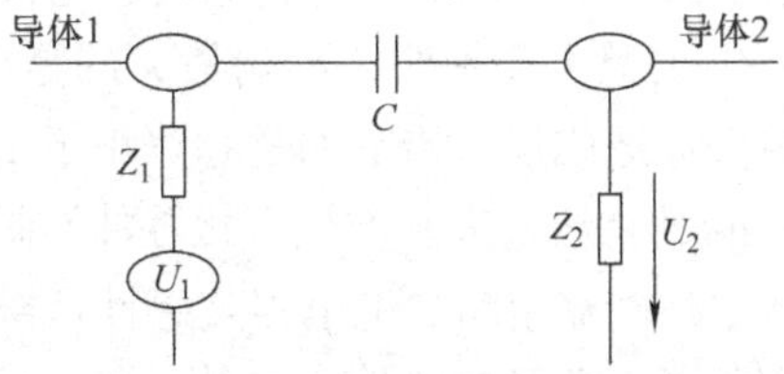

图 1-11　电容性耦合的等效电路图

（3）辐射耦合

常见的辐射耦合有：

① 甲天线发射的电磁波被乙天线意外接收，称为天线对天线耦合。

② 空间电磁场经导线感应而耦合，称为场对线的耦合。

③ 两根平行导线之间的高频信号感应，称为线对线的感应耦合。

电磁辐射场的能量与电磁感应场的能量传输完全不同，辐射场能量存在方式是：电场与磁场在空间位置上共存一处、矢量上相互垂直、时间上同相位。因此可以把它看成为一能量团独立存在，其传播的方向依据左手定则而形成辐射场，并且它的能量损耗只与其传播距离成反比，所以它的传播要比感应场远得多。消除辐射干扰只能采用屏蔽技术，提高受干扰设备的选择性能，也能起到一定作用。

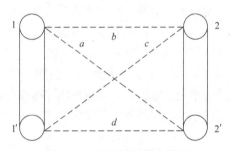

任何两个回路之间都存在着互感，互感值与介质的磁导率 μ 成正比，并与两个回路的几何尺寸有关。两个回路的布局如图 1-12 所示。在图 1-12 中，1～1′ 为第一个回路，2～2′ 为第二个回路，a、b、c、d 为回路的间距。另外设 l 为回路的长度。两个回路的互感 M 为

图 1-12　两个回路的布局图

$$M = \mu l \ln(ac/bd)/2\pi \qquad (1-8)$$

当第一个回路具有电流 i_1，通过两个回路之间的互感 M，在第二个回路上产生的干扰电压 U_2 为

$$U_2 = Mdi_1/dt \qquad (1-9)$$

1.3　传导干扰与辐射干扰

1.3.1　传导干扰

传导干扰是指电压或电流通过干扰源和被干扰对象之间的公共阻抗进入被干扰

对象，公共阻抗通常是干扰频率的函数。干扰经过金属线路、电容器、变压器等直接传导到电路。传导干扰是沿着导体传播的干扰，所以传导干扰的传播要求在干扰源和接收器之间有一完整的电路连接，只要有连接便可能传导电磁干扰。

工程实践表明，影响最大的是电源回路传导的干扰，其中最易导致电子设备故障停运或运行错乱的是脉宽小于1μs的干扰脉冲与瞬变噪声，以及持续时间大于10ns的持续噪声。产生干扰脉冲与瞬变噪声的主要原因有电力负载通断、电容器投入、熔断器熔断、继电器类感性负载切断和雷电等，干扰脉冲与瞬变噪声多为不规则的正、负脉冲或振荡脉冲，其尖峰电压可达0.1~10kV，电流可达100A，以断开感性负载情况最严重。而持续噪声主要有：持续欠电压与过电压、电压缺口、大容量异步电动机起动或雷电引起的扰动等。

1. 传输线

（1）传输线的分布参数特性

1）传输线的电阻。任何导体都存在一定的电阻，在导线中流过直流或低频电流时，电荷在导线横截面上是均匀分布的。当导线中流过高频电流时，由于高频趋肤效应，导线中的电流主要集中在导体的表面，而导线中心几乎没有电流，因此导线的交流电阻将大于直流电阻，且交流电阻与频率的1/2次方成正比。导线的交流电阻可用改变截面积形状的方法来减小，同样截面积的矩形导线比圆形导线具有更大的表面，所以矩形导线的交流电阻比圆形导线小。接地导线常采用扁平矩形导线来代替圆导线，以减小高频电阻。

2）传输线的特性阻抗。传输线具有电阻、电感和电容，对于均匀一致的传输线，电阻、电感和电容均匀地分布在传输线的各个部分，称为分布参数，特性阻抗描述了传输线的分布参数特性，定义为

$$Z_0 = \sqrt{\frac{L}{C}} = \frac{1}{\pi}\sqrt{\frac{\mu}{\varepsilon}\ln\left(\frac{s}{r}\right)} \qquad (1\text{-}10)$$

式中，s为平行双线的间隔；r为导线半径；μ为磁导率；ε为介电常数。式（1-10）适用条件为$s>5r$。

由式（1-10）可知，特性阻抗是表征传输线本身特性的一个物理量，与传输线内的电流、电压无关，只与传输线的结构（线径、线间距）和传输线周围的介质（ε，μ）有关。传输线特性阻抗描述的是传输线的分布参数特性而不是真正的阻抗。PCB上的走线和双绞线的特性阻抗在100~200Ω，同轴电缆为50Ω或75Ω。

（2）短传输线

传输线的分布参数必然会影响传输线中的信号传输，这与传输线的长度密切相关。根据传输线长度与信号频率的关系可把传输线分为长线和短线，当传输线长度$l \leqslant 1/20$信号波长时或传输延迟时间$t_d \leqslant 1/4t_s$（t_s为数字信号脉冲上升时间）时，

传输线可视为短线。

短线可以用集中参数等效电路来分析，即把传输线看成是由集中参数电阻、电感、电容组成的网络，其值大小分别等于单位长度上的分布参数值乘以传输线长度。例如有一对传输线的终端短路，如符合短线条件，则可看成是一个电阻 R 和一个电感 L 串联，总的阻抗为：$Z = R + \mathrm{j}2\pi f L$。对于绝大多数双绞线、同轴电缆、PCB 电路，当频率低于 3kHz 时，传输线路中的电阻起主要作用；当频率高于 3kHz 后电感起主要作用，电阻可以忽略不计。

传输线的等效电路如图 1-13 所示，设其符合短线条件，其中 R_S 是信号源阻抗，R_i、C_i 是负载的输入阻抗，L、C 是传输线的电感和电容，则有 $L = L_0 l$，$C = C_0 l$，其中 L_0 和 C_0 为分布电感和分布电容，l 为传输线长度。由于传输线路中存在电感和电容，数字信号通过传输线时可能会产生振铃现象，即衰减振荡，振荡频率为

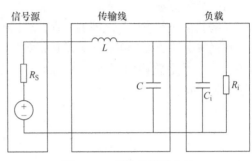

图 1-13　传输线等效电路

$$f = \frac{1}{2}\pi\sqrt{L(C + C_i)} \tag{1-11}$$

振铃波形的上冲与下冲会降低门电路的噪声容限，严重时会使电路产生误动作，所以应该设法克服由传输线分布参数引起的振铃现象。当信号环路中的电阻、电感和电容符合 $R^2 \geq 4L/(C + C_i)$ 时，振铃现象可被抑制。其中 R 为传输线中的总电阻，可以通过在信号源端串接一个抑制电阻以满足上式，等效于增加信号源的阻抗。此时系统阶跃响应的上升时间会略有增加，所以抑制电阻不能取值过大。

（3）长传输线

当传输线的长度不符合短线条件时则称为长线，长线不能用集中参数网络来替代，而要用传输线理论来分析，考虑到阻抗匹配问题，即传输线两端的负载阻抗、源阻抗都应该和传输线特性阻抗 Z_0 相等，否则会产生反射。

当图 1-13 中的传输线不符合短线条件时，即为一个长线系统。设 Z_S 为源阻抗，Z_0 为传输线特性阻抗，Z_L 为负载阻抗，当信号从信号源出发通过传输线到达负载阻抗 Z_L 时，如果 $Z_L = Z_0$，则没有反射，信号能量全部被 Z_L 吸收，这是匹配状态，Z_L 上的电压就是信号的入射电压 U_0。如果 $Z_L \neq Z_0$，即负载端不匹配，则入射能量不能被负载全部吸收，有一部分就被反射回去，即有反射电压存在。

同样，在源端如果 $Z_S = Z_0$ 则是匹配状态，如果不相等则也存在反射。当源端和负载端都不匹配时信号将在源端和负载端来回反复反射，反射波和原信号叠加，

如果传输线传输的是脉冲数字信号，则多重反射将使脉冲边沿产生台阶、上冲和下冲等问题。当出现多重反射时负载端会出现与振铃现象相似的波形，影响系统抗扰性能。

根据式（1-10）可以计算对应于不同脉冲上升时间的最小的长线长度，传输线超过最小长线长度时就要考虑阻抗匹配的问题，具体应用时可以在源端和负载端加入 RCL 网络来匹配传输线的阻抗。

2. 共模和差模信号

（1）差模信号

了解共模和差模信号之间的差别，对正确处理共模干扰和差模干扰是至关重要的。在两线电缆的终端接有负载阻抗，每一线对地的电压为 U_1 和 U_2，差模信号分量为 U_{DIFF}，其电路如图 1-14 所示，其波形如图 1-15 所示。纯差模信号大小相等，相位差是 180°。

$$U_1 = -U_2 \qquad (1-12)$$

$$U_{DIFF} = U_1 - U_2 \qquad (1-13)$$

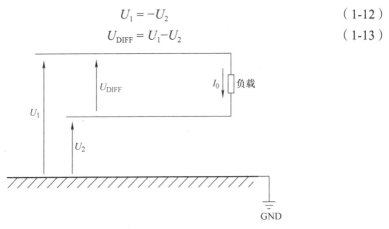

图 1-14　差模信号

因为 U_1 和 U_2 对地是对称的，所以地线上没有电流流过。所有的差模电流（I_{DIFF}）全流过负载。在采用电缆传输信号时，差模信号是作为携带信息的"有用"的信号。两个电压（$U_1 + U_2$）瞬时值之和总是等于零。对纯差模信号而言，它在每一根导线上的电流是以相反方向在一对导线上传送。如果这一对导线是

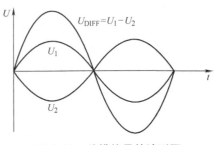

图 1-15　差模信号的波形图

均匀缠绕的，这些相反的电流就会产生大小相等、反向极化的磁场，使它的输出互相抵消。在无屏蔽对绞线系统中的差模信号如图 1-16 所示，在无屏蔽系统中，不含噪声的差模信号不产生射频干扰。

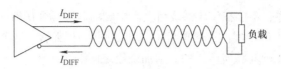

图 1-16　无屏蔽对绞线系统中的差模信号

　　差模干扰主要是由电路中其他部分产生的电磁干扰经过传导或耦合的途径进入信号线回路，如高次谐波、自激振荡、电网干扰等。由于差模干扰电流与正常的信号电流同时、同方向在回路中流动，所以它对信号的干扰是严重的，必须设法抑制。

　　差模传导噪声是电子设备内部噪声电压产生的与信号电流或电源电流相同路径的噪声电流，如图 1-17 所示。减小这种噪声的方法是在信号线和电源线上串联差模扼流圈、并联电容或用电容和电感组成低通滤波器来减小高频噪声，如图 1-18 所示。

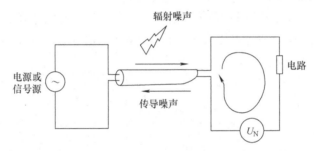

图 1-17　差模噪声

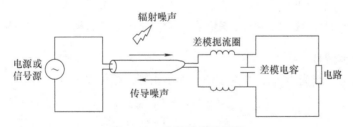

图 1-18　差模噪声的抑制

　　差模辐射噪声是图 1-17 电缆中的信号电流环路所产生的辐射，这种噪声产生的电场强度与电缆到观测点的距离成反比，与频率的二次方成正比，与电流和电流环路的面积成正比。因此，减小这种辐射的方法是在信号输入端加 *LC* 低通滤波器阻止噪声电流流进电缆；使用屏蔽电缆或扁平电缆，在相邻的导线中传输回流电流和信号电流，使环路面积减小。

　　理想变压器是指在变压器一次和二次绕组之间完全磁耦合地传送电能，理想变压器只能传送交变的差模电流。它不能传送共模电流，因为共模电流在变压器绕组两端的电位差为零，不能在变压器绕组上产生磁场。实际变压器一次和二次绕组之间有一个很小但不等于零的耦合电容 C_{WW}，如图 1-19 所示。这个电容是绕组之间存在非电介质和物理间隙所产生的。增加绕组之间的空隙和用低介电常数的材料填满绕组之间的空间就能减小绕组之间电容的数值。电容 C_{WW} 为共模电流提供一条穿过变压器的通道，其阻抗是由电容量的大小和信号频率来决定的。

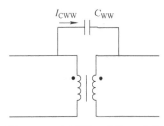

图 1-19　变压器一次和二次绕组之间的耦合电容

差模电流以相反的方向流过共模扼流圈的绕组，建立大小相等、极性相反的磁场，它能使输出相互抵消，如图 1-20 所示。这就使共模扼流圈对差模信号的阻抗为零，差模信号能不受阻地通过共模扼流圈。

从差模信号看，有中心抽头的自耦变压器是两个在相位上相同的对分绕组，如图 1-21 所示。差模电流在其中所形成的磁场，会使其对差模电流呈现高阻抗。相当于对差模信号并联了一个高阻值的阻抗，它对差模信号的大小没有影响。

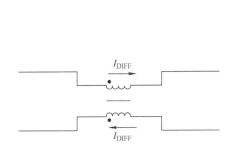

图 1-20　理想共模扼流圈中的差模信号

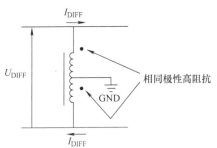

图 1-21　理想自耦变压器中的差模信号

（2）共模信号

共模信号分量为 U_{COM}，纯共模信号大小相等，相位差为 0°：

$$U_1 = U_2 = U_{COM} \qquad (1-14)$$

$$U_3 = 0 \qquad (1-15)$$

共模信号的电路如图 1-22 所示，其波形如图 1-23 所示。因为在负载两端没有电位差，所以没有电流流过负载。所有的共模电流都通过电缆和地之间的寄生电容 C_p 流向地线。在采用电缆传输信号时，因为共模信号不携带信息，所以它是"无用"的信号。两个电压瞬时值之和（U_1+U_2）不等于零。相对于地而言，每一电缆上都有变化的电位差，这变化的电位差会从电缆上发射电磁波。

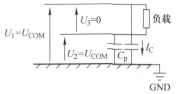

图 1-22　共模信号

共模电流 I_{COM} 在两根导线上以相同的方向流动，并经过寄生电容 C_p 到地返回。在这种情况下，电流产生大小相等、极性相同的磁场，它们的输出不能相互抵消，如图 1-24 所示。共模电流在对绞线的表面产生一个电磁场，它的作用正如天线一样。在无屏蔽中，共模信号产生射频干扰。

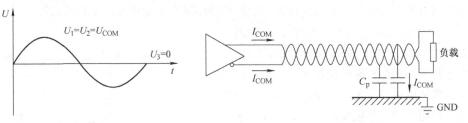

图 1-23　共模信号的波形图　　　　图 1-24　无屏蔽对绞线系统中的共模信号

共模传导噪声是在设备内噪声电压的驱动下，经过大地与设备之间的寄生电容，在大地与电缆之间流动的噪声电流产生的，如图 1-25 所示。减小共模传导噪声的方法是在信号线或电源线中串联共模扼流圈，在地与导线之间并联电容器，组成 LC 滤波器进行滤波，滤去共模传导噪声，其电路如图 1-26 所示。共模扼流圈是将电源线的零线和相线（或回流线和信号线）同方向绕在铁氧体磁心上构成的，它对线间流动的差模信号电流和电源电流阻抗很小，而对两根导线与地之间流过的共模电流阻抗则很大。

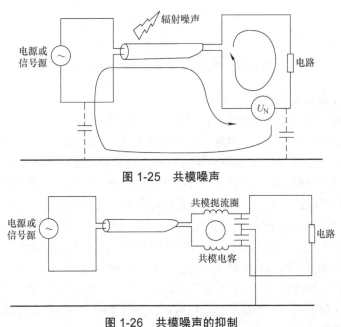

图 1-25　共模噪声

图 1-26　共模噪声的抑制

共模辐射噪声是由于电缆端口上有共模电压，在其驱动下，从大地到电缆之间流动的共模电流产生的。辐射的电场强度与电缆到观测点的距离成反比（当电缆长度比电流的波长短时），与频率和电缆的长度成正比。减小这种辐射的方法有：通过在电路板上使用地线面来降低地线阻抗，在电缆的端口处使用 LC 低通滤波器或共模扼流圈。另外，尽量缩短电缆的长度和使用屏蔽电缆也能减小共模辐射。

共模电流以相同的方向流过共模扼流圈绕组的每一边，如图 1-27 所示，它建立大小相等、相位相同的相加磁场。这一结果使共模扼流圈对共模信号呈现高阻抗，使通过共模扼流圈的共模电流减小，实际减小量（或共模抑制量）取决于共模扼流圈阻抗和负载阻抗大小之比。

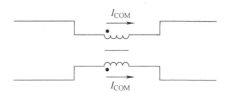

图 1-27　理想共模扼流圈中的共模信号

从共模信号看，有中心抽头的自耦变压器是两个在相位上相反的对分绕组，如图 1-28 所示。这就意味着共模电流在其中会形成大小相等、相位相反的磁场，这一磁场会使共模电流的输出互相抵消，对共模信号呈现零阻抗效应，使共模信号直接短路到地。

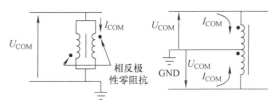

图 1-28　理想自耦变压器中的共模信号

3. 共模干扰和差模干扰

对于交流电系统，共模干扰存在于电源任何一相对大地或中性线对大地间。共模干扰有时也称纵模干扰、不对称干扰或接地干扰。这是载流导体与大地之间的干扰。差模干扰存在于电源相线与中性线及相线与相线之间，差模干扰也称常模干扰、横模干扰或对称干扰。这是载流导体之间的干扰。共模干扰提示了干扰是由辐射或串扰耦合到电路中来的，而差模干扰则提示了干扰是源于同一条电源电路的。

传输导线的两线之间若存在干扰电压，则两根导线上有幅度相同但方向相反的电流（差模电流）。但如果同时在两根导线与地线之间加上干扰电压，两根导线就会流过幅度和方向都相同的电流，这些电流（共模）合在一起经地线流向相反方向。对流过两根导线的电流进行分析可得：一根导线上的差模干扰电流与共模干扰同向，因此相加；另一根导线上的差模噪声与共模噪声反向，因此相减。因此，流经两根导线的电流具有不同的幅度。

对地线的电压、电流与差模、共模电压、电流之间的关系如图 1-29 所示，对于差模电压，一根导线上是线间电压 $U_C/2$，而另一根导线上也是线间电压 $-U_C/2$，因而是平衡的。对于共模电压，两根导线上的电压是相同的。所以当两种模式同时存在时，两根导线对地线的电压也不同。当两根导线对地线电压或电流不同时，可通过下列方法求出两种模式的电压、电流：

$$U_N = (U_1 - U_2)/2U_C = (U_1 + U_2)/2 \tag{1-16}$$

$$I_N = (I_1 - I_2)/2I_C = (I_1 + I_2)/2 \tag{1-17}$$

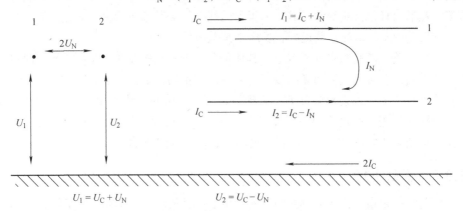

图 1-29 对地线电压、电流与差模、共模电压、电流之间的关系

连接电路的两根导线终端与地线之间存在着阻抗，这两条线的阻抗一旦不平衡，在终端就会出现模式的相互转换。即通过导线传递的一种模式在终端反射时，其中一部分会变换成另一种模式。另外，通常两根导线之间的间隔较小，导线与地线导体之间距离较大。从导线辐射的干扰与差模电流产生的辐射相比，共模电流辐射的强度更大。

通常共模、差模干扰是同时存在的，由于线路阻抗的不平衡，共模、差模干扰在传输中还会相互转换，所以情况十分复杂，这种转换是由电路中传输线对参考端的阻抗是否平衡来决定的。

平衡电路传输示意图如图 1-30 所示，在图 1-30 中的 4 个电阻分别表示传输线在 2 个设备中的对地阻抗。2 个设备相距较远，其地线与机壳连接大地，如果 2 个设备的接地点之间存在噪声信号，则由其产生的噪声电流会沿着 2 条传输线流动，假如设备中传输线对地的阻抗不相等的话，2 条传输线中的噪声

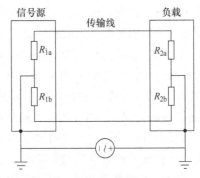

图 1-30 平衡电路传输示意图

电流也不相等，这时共模噪声就变成差模噪声，干扰有用信号。

干扰经长距离传输后，差模分量的衰减要比共模大，这是因为线间阻抗与线地阻抗不同的缘故。出于同一原因，共模干扰在线路传输中还会向邻近空间辐射，差模则不会，因此共模干扰比差模更容易造成电磁干扰。

不同的干扰方式要采取不同的干扰抑制方法才有效，由于共模、差模干扰的抑制方式不同，因此正确辨认干扰的类型是实施正确的抑制方法的前提。判断干扰方式的简便方法是采用电流探头，首先将探头单独环绕每根导线，得出单根导线的感应值；然后再环绕两根导线（其中一根是地线）探测其感应情况。如感应值是增加的，则线路中干扰电流是共模的；反之则是差模的。

共模干扰一般是来自外界或电路其他部分的干扰电磁波在电缆与"地"回路中感应产生的，有时因电缆两端的接"地"电位的不同，也会产生共模干扰。共模干扰会使电缆线向外发出强烈的电磁辐射，干扰电路的其他部分或周边电子设备；如果电路不平衡，在电缆中不同导线上的共模干扰电流的幅度、相位发生差异时，共模干扰则会转变成差模干扰，将严重影响正常信号的质量。

1.3.2 辐射干扰

辐射干扰是指干扰源通过空间传播到敏感设备的干扰，例如，输电线路电晕产生的无线电干扰或电视干扰即属于辐射干扰。电磁辐射干扰近场表现为静电感应与电磁感应导致的干扰，远场则为通过辐射电磁波造成的干扰。任一载流导体周围都产生感应电磁场并向外辐射一定强度的电磁波，相当于一段发射天线。处于电磁场中的任一导体则相当于一段接收天线，会感应一定的电动势，导体的这种天线效应是导致电子设备相互产生电磁辐射干扰的根本原因。

1. 辐射性耦合

辐射则用来表征非传导性的传输，其传输机理可能是天线的"近场"或感应场，而不是辐射场。在干扰电磁场中，磁场通过电感性耦合，电场通过电容性耦合进入电子设备电路中。这样就可以用传导发射和辐射发射来描写发射器的特性，而用接收器的传导敏感度和辐射敏感度来说明接收器的特性。传导发射和传导敏感度的强弱用电压和电流表示，其单位为 V、dBV、dBμV 和 A、dBA、dBμA（V 和 A 分别为伏和安）。辐射发射和辐射敏感度的强弱用场强表示，其单位为 V/m、dBV/m、dBμV/m 或 T（特）、dBpT 等。特是磁通密度单位，dBpT 是指相对于 1pT（皮特）的分贝数。

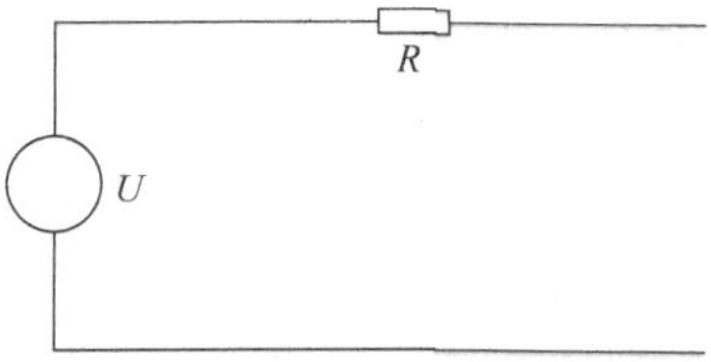

辐射性耦合是电磁场通过空间耦合到被干扰对象的，如被干扰对象是两根导线，它就是接收电场的天线。天线的等效电路图如图 1-31 所示。等效电压源 U（即接收的干扰电压）为

图 1-31　天线的等效电路图

$$U = Eh \qquad\qquad (1\text{-}18)$$

式中，E 为电场强度；h 为天线有效高度。

内阻 R 为

$$R = 1580(h/\lambda)^2 \qquad\qquad (1\text{-}19)$$

式中，λ 为电磁场波长。

如被干扰对象是一环线，通过环线面积 S 的磁场将产生干扰电压 U 为

$$U = \int_0^t B\mathrm{d}S / \mathrm{d}t \qquad\qquad (1\text{-}20)$$

式中，B 为磁感应强度。

天线的所谓极化就是导体或物体在电场力的作用下产生带电现象，这种带电是极化带电，即：导体或物体的一端带正电，而另一端带负电。一般地说，导体或物体被极化带电，只是两端带电，而中心点是不带电的。天线来回极化的工作原理可以等效成一个串联谐振电路，当天线在电场力的作用下被极化带电时，它又相当于一个电容在充电；当天线中的载流子在电场力的作用下来回移动时，它又相当于一个电感，并且在天线的周围会产生磁场。

当天线谐振电路发生谐振时，在天线串联谐振电路中会产生很大的谐振电流和很高的谐振电压（假设谐振电路的品质因数非常高），但实际使用的测量天线品质因数都不高，因为天线还要输出能量，即：需要从天线中取出测试信号。要想从天线中取出信号，可以通过高频信号线（双线）把两根天线串联起来，相当于电缆线连接在两根天线的中间，然后把高频信号线（双线）的另一端作为输出。另一种方法是，将高频信号线（双线）的一条接天线，另一条接大地，高频信号线（双线）的另一端作为输出。前一种天线一般称为半波双振子天线或全波双振子天线，后一种叫半波或全波单振子天线。显然，双振子天线性能要比单振子天线好很多。

当电压方波作用于 LC 串联回路时，方波的前后沿都会对 LC 串联回路产生激励（即接收能量），每次激励过后又会产生阻尼振荡（即损耗能量），当输入电压波形的上升率 $\mathrm{d}u/\mathrm{d}t$ 大于谐振回路波形（正弦波）的上升率时，电路就会产生激励；当输入电压波形的上升率 $\mathrm{d}u/\mathrm{d}t$ 小于谐振回路波形的上升率时，电路就会产生阻尼。

由于每次激励过后振荡回路的能量还没有损耗完，紧接着又来一次新的激励，使振荡电压一次又一次地进行叠加，如果激励的相位与振荡波形的相位能保持同步，则振荡电压的幅度会越来越高，直到激励的能量与电路损耗的能量相等为止。因此，当谐振回路的品质因数 Q 值很高时，谐振电压也可以升得很高，理想的情况是 Q 值无限高（即天线没有损耗），则产生谐振电压的幅度也会升得无限高，但这种情况是不存在的。LC 串联回路产生谐振时的电压幅度与激励波形的相位密切相关，而与激励波形的幅度相关不是特别大。

2. 场干扰

1）远场辐射。干扰源向周围空间的辐射需要根据天线与电波传播理论来计算，系统中常见的几种辐射方式有：

① 单点辐射。单点辐射主要指各向同性的较小的干扰源。

② 平行双线环路辐射。设平行双线环路中流有差模电流，并设线路长度 $l \leqslant \lambda/4$，其辐射场强为

$$E = \frac{120\pi^2 IS}{r\lambda^2} \qquad (1\text{-}21)$$

式中，E 为电场强度（V/m）；I 为电流强度（A）；S 为环路面积（m^2）；r 为到发射源的距离（m）；λ 为波长（m）。

如果 PCB 上有多条高频率长轨线，则可能产生严重的辐射，由式（1-21）可知，减小信号环路面积可以减小辐射，或者增加信号的最大波长来减小辐射，这可以通过延长信号的上升时间来实现。同样，当供电电源环路中有高频电流流过时，电源环路也是很好的辐射源，所以应该在高频噪声源处设置去耦电容，将高频噪声旁路，以免流入电源环路，产生辐射。PCB 上的走线是主要的辐射源，PCB 走线产生的辐射主要是由于逻辑电路中电流的突变，在导线的电感上产生了感应电压，这个电压会产生较强的辐射。另外，由于导线有辐射天线的作用，因此导线的长度越长，辐射的效率越高。

③ 单导线辐射。当平行双线环路中的环路面积足够小时，差模电流产生的辐射可以忽略，而共模电流产生的辐射将成为主要因素，称为单导线辐射。

④ 感应。闭合环路周围空间的干扰电场和磁场，都会在闭合环路中产生感应电压，从而对环路产生干扰。闭合环路产生的感应电压与环路面积成正比，环路面积越大感应电压越高，所以要避免外界噪声场的干扰应尽量减小环路面积。同时频率越高产生的感应电压也越高，即高频噪声容易对环路产生干扰。

2）近场耦合。在同一设备内各部分电路之间距离较近时，其相互干扰常用近场耦合的方式处理，近场条件是离干扰源的距离小于 $\lambda/2\pi$。近场有电场和磁场，通常把干扰源通过电场的耦合看成是电容耦合，通过磁场的耦合看成是互感耦合，对于近场耦合主要采取屏蔽的方法来减小耦合程度。

在磁场频率比较低时（100kHz 以下），通常采用铁磁性材料（如铁、硅钢片、坡莫合金等）进行磁场屏蔽。铁磁性物质的磁导率很大，所以可把磁力线集中在其内部通过。高频磁场采用的屏蔽材料通常为金属良导体，例如铜、铝等。当高频磁场穿过金属板时，在金属板上产生感应电动势，由于金属板的电导率很高，所以产生很大的涡流，涡流又产生反磁场，与穿过金属板的原磁场相互抵消，同时又增加了金属板周围的原磁场，总的效果是使磁力线在金属板四周绕行而过。

1.4　电磁兼容控制技术

1.4.1　抗扰度电平与电磁敏感度

1. 抗扰度电平

抗扰度电平是指将某给定的电磁干扰施加于某一装置、设备或者系统，而其仍然能够正常工作，并保持所需性能等级时的最大干扰电平。也就是说，超过此电平时装置、设备或系统就会出现性能降低。而敏感度电平是指刚刚开始出现性能降低的电平。所以对某一装置、设备或者系统而言，抗扰度电平与敏感度电平是同一个数值。而抗扰度裕量是指装置、设备或者系统的抗扰度限值与电磁兼容电平之间的差值。

抑制电磁干扰的首要措施是找出干扰源，其次是判断干扰入侵的路径（电磁干扰主要有传导和辐射两种方式），工作重点是确定干扰量。解决电磁兼容问题应从产品的开发阶段开始，并贯穿于整个产品或系统的开发、生产全过程。国内外大量的经验表明，在产品或系统的研制生产过程中越早注意解决电磁兼容问题，越可以节约人力与物力。

电磁兼容设计的关键技术是对电磁干扰源的研究，从电磁干扰源处控制其电磁发射是治本的方法。控制干扰源的发射，除了从电磁干扰源产生的机理着手降低其产生电磁噪声的电平外，还需广泛地应用屏蔽（包括隔离）、滤波、接地和浪涌抑制技术。

（1）屏蔽（包括隔离）技术

屏蔽主要运用各种屏蔽材料，把被屏蔽的元器件、组合件、电源线、信号线包围起来，并与大地连接，这种方法对电容性耦合噪声抑制效果很好。切断通过空间的静电耦合、感应耦合或交变电磁场耦合形成的电磁噪声传播途径，应采用隔离技术，隔离主要运用继电器、隔离变压器或光电隔离器等元器件来切断电磁噪声以传导方式的传播途径，其特点是将两部分电路的地线分隔开来，切断通过地线阻抗进行耦合的可能。

采用完善的屏蔽体防止外部辐射，也防止本系统的干扰能量辐射到外部去。屏蔽体必须结合可靠的接地技术，才能发挥作用。应设计合理的接地系统，小信号、大信号和产生干扰的电路应分开接地，接地电阻应尽可能小。屏蔽体应保持完整性，为此对于门、窗、缝、电缆连接处等要进行电搭接处理，对通风孔和电缆孔等也必须妥善处理。

但在很多场合下，信号除了受电噪声干扰以外，主要还受到强交变磁场的影响，除了要考虑电屏蔽以外，还要考虑磁屏蔽，即考虑用铁、镍等导磁性能好的导体进行屏蔽。对于感应与辐射耦合的干扰抑制只能用屏蔽法，但在选材上应注意以下两点：

1）厚度要选得厚一些。在电磁波碰触反射体而发生反射之前，一定要透入反射物体内一定深度后，才能出现反射。相反，若屏蔽体厚度不满足这一厚度将会渗透而进入需要隔离的空间，仍然会被干扰。

2）屏蔽材料要有一定的耗能性，使电磁波进入屏蔽材料后消耗掉，以去除反射，免得又成为另一个干扰源，干扰邻近电路单元。

（2）滤波技术

滤波是在频域上处理电磁噪声的技术，为电磁噪声提供一低阻抗的通路，以达到抑制电磁干扰的目的。例如，电源滤波器对50Hz的电源频率呈现高阻抗，而对电磁噪声频谱呈现低阻抗。滤波就是在电路中插入一个带通滤波器，让目标电信号畅通，其余频段的信号受阻不通。也可选择适宜的铁氧体材料作为元器件的引线接入电路，以使干扰源产生损耗而达到滤除的目的。滤波器的通带应合理选择，尽量减少漏电损耗。滤波技术比屏蔽技术成本低，而且产品体积小，重量轻。

（3）接地技术

接地有两个含义，一个是真正接入大地，另一个是指电路上的某一点，即人为地指定作为地电压参考（0V）点的"地"，其基本上与大地无关连。所以接地有单点接地、多点接地和混合接地之分，另外还有为检测某一电路元器件的电压降是否标准所设定的接地点（参考点），则称为"悬浮地"。

将电子设备中各单元的参考点接在一个点上为单点接地，若电路工作在频率高的场合，常因多根接地线聚在一起，会因连线间的感应、辐射耦合引起干扰。这时，各单元应各自单独接地，即多点接地。但必须注意，在各单元排列上不能出现由于单点接地，使一个单元的某根接地线跨越另一单元内的某些连接线，否则也将引起单元间的"耦合"。若将各单元多点接地后，再构成统一接地，即为混合接地。

（4）浪涌抑制技术

电源浪涌是近年来由于电子设备的广泛应用引起人们极大重视的一种危害形式，电源浪涌并不仅源于雷击，当电力系统出现短路故障、投切大负荷时都会产生电源浪涌，不论是雷击还是线路浪涌发生的概率都很高。系统受浪涌干扰有两种方式：电源线和信号线可能会遭受雷电、电源浪涌干扰，另一种是信号电缆附近受到雷电、电源浪涌干扰，通过分布电容和电感耦合到信号线，在信号线上产生一个很大的脉冲干扰，有时甚至会损坏设备，影响人员安全。针对不同的干扰原因，可以采用不同的措施抑制电源浪涌：

1）对于耦合干扰采用金属电缆管或金属线槽铺设信号线，电缆管或金属线槽要有很好的接地。

2）对于电源线和信号线，则必须在输入端子处采取防浪涌措施，如限幅技术，限幅电平应高于工作电平，并且应双向限幅。

2. 电磁敏感度

在存在电磁干扰的情况下，装置、设备或系统的敏感度高，抗扰度低，将导致其性能下降。敏感度和抗扰度二者是一个问题的两个方面，即从不同角度反映装置、设备或系统的抗干扰能力。若以电平来表示，敏感度电平（刚刚开始出现性能降低时的电平）越小，说明敏感度越高，抗扰度就越低；而抗扰度电平越高，说明抗扰度也越高，敏感度就越低，电磁敏感度也分为辐射敏感度和传导敏感度。

3. 敏感设备

敏感设备是指当受到电磁干扰源所发射的电磁能量作用时，会发生电磁危害、导致性能降级或失效的元器件、设备、分系统或系统，许多元器件、设备、分系统或系统可以既是电磁干扰源又是敏感设备。

1.4.2　电磁兼容设计要点

1. 电磁兼容设计

电磁兼容设计是针对电磁干扰进行的，它与可靠性一样，要保证设备或系统在有电磁干扰的环境下可靠地工作，就必须对它进行电磁兼容设计。电磁兼容设计也是电磁兼容标准规范和认证制度对产品的要求，电磁兼容检测认证合格报告证书是电子、电气产品进入市场必备的通行证。

电磁兼容设计的理论基础是电磁场理论、电路理论和信号分析等，电磁兼容设计包括接地技术、滤波和吸收技术、屏蔽和隔离技术以及结构设计等。电磁兼容设计的基本方法有问题解决法、规范法和系统法。电磁兼容设计的内容包括电磁环境分析、频率选用、电磁兼容指标和电磁兼容设计技术应用等。应用那些已由理论和实践证明的、能保证系统相对地免除电磁干扰的设计方法，可以对干扰加以控制。理论分析、实验室测量和系统性能检查可以验证设计是否符合电磁兼容要求。电磁兼容设计包括：

1）明确设备、系统的电磁兼容指标。本设备、系统在多强的电磁干扰环境中应能正常工作，本设备、系统干扰其他设备、系统的允许指标。

2）在了解本设备、系统干扰源、被干扰对象、干扰的耦合途径的基础上，通过理论分析将这些指标逐级地分配到各分系统、子系统、电路和元器件上。

3）根据实际情况采取相应措施抑制干扰源，隔断干扰途径，提高电路、设备、系统的抗干扰能力。

4）通过实验来验证是否达到了原定的指标要求，若未达到则进一步采取措施，循环多次，直到最后达到原定指标为止。

电磁兼容学科是在早期单纯的抗干扰方法基础上发展形成的，两者的目标都是为了使设备、系统达到在共存的环境中互不发生干涉，最大限度地提高其工作效率。但是早期的抗干扰方法和现代的电磁兼容技术在控制电磁干扰策略上有着本质的差别。

单纯的抗干扰方法在抑制干扰的策略方法上比较简单，或者认识比较肤浅，主要的思路集中在怎样设法抑制干扰的传播上，因此处于极为被动的地位，解决问题的方法也是单纯的对抗式措施。而电磁兼容技术在控制干扰的策略上采取了主动预防、整体规划和"对抗"与"疏导"相结合的方针。人类在征服大自然各种灾难性的危害中，总结出的预防和救治、对抗和疏导等一系列策略，在控制电磁危害中同样是极其有效的思维方法。形成电磁干扰必然具备三个基本要素，即电磁干扰源、耦合途径或传播通道、敏感设备。电磁兼容设计的出发点就是这三个基本要素，针对电磁干扰的三要素，提出了三种解决电磁干扰问题的方法。

1）抑制干扰源产生的电磁干扰（基于滤波、屏蔽和接地技术）。

2）切断干扰的传播途径。

3）提高敏感设备抗电磁干扰的能力（降低对干扰的敏感度）。

为了实现电磁兼容，必须从电磁干扰的三个基本要素出发，运用技术和组织两方面措施：

1）技术措施是从分析电磁干扰源、耦合途径和敏感设备着手，采取有效的技术手段，抑制干扰源、消除或减弱干扰的耦合、降低敏感设备对干扰的响应或提高电磁敏感度电平，对人为干扰进行限制，并验证所采用的技术措施的有效性。技术措施包括系统工程方法、电路技术方法、设计和工艺的总和。其目的是改善电子、电气设备的性能。采用这些方法是为了降低干扰源产生的干扰电平，增加干扰在传播途径上的衰减，降低敏感设备对干扰的敏感度（或提高抗扰度）等。

2）组织措施包括对各设备、系统进行合理的频谱分配、选择设备或系统分布的空间位置，包括制定和采用某些限制规章，目的在于整顿电子、电气设备的工作，以便消除非有意干扰。控制与管理频谱的使用，依据频率、工作时间、天线方向性等规定工作方式，分析电磁环境并选择布置地域，进行电磁兼容管理等。

为了实现电磁兼容必须深入研究以下几个问题：

1）深入研究电磁干扰源，包括其频域和时域特性、产生的机理以及抑制措施等。

2）深入研究电磁干扰的传播特性，即研究电磁干扰如何由干扰源传播到敏感设备，包括对传导干扰和辐射干扰的研究。

3）深入研究敏感设备的抗干扰能力，这种抗干扰能力常用电磁敏感度或抗扰度表征，电磁敏感度电平越小，抗扰度越低，抗干扰能力越差。

4）对测量设备测量方法与数据处理方法的研究。由于电磁干扰十分复杂，测量与评价需要有许多特殊要求，例如测量接收器要有多种检波方式、多种测量带宽、大过载系数、严格的中频滤波特性等，还要求测量场地的传播特性与理论值是否符合等。如何评价测量结果，也是个重点问题，需要应用概率论、数理统计等数学工具。

5）深入研究系统内及系统间的电磁兼容。系统内电磁兼容是指在给定系统内部的分系统、设备及部件之间的电磁兼容，而给定系统与它运行时所处的电磁环境，或与其他系统之间的电磁兼容即系统间的电磁兼容，这方面的研究需要广泛的理论知识与丰富的实践经验。

由于电磁兼容是抗电磁干扰的扩展与延伸，它研究的重点是设备或系统的非预期效果和非工作性能、非预期发射和非预期响应，而在分析干扰的叠加和出现概率时，还需按最不利的情况考虑，即所谓的"最不利原则"，这些都比研究设备或系统的工作性能复杂得多。

电磁干扰是没有一定规律可言的，一般很难准确判断什么地方在哪种情况下会产生干扰。即使对同一原理电路分别设计 PCB，干扰情况也会有所不同，目前设计人员都是采取被动措施，即功能设计完成后，试验不行再想办法。虽然采取了一些措施，但不能从根本上解决问题，例如需要增加元器件而没有合适的位置，迫使原设计不得不放弃而重新设计。为了解决这一矛盾，应采取主动设计，即根据电路事先预设可能产生干扰或被干扰的部位，主动采取一些措施加以预防，最后通过试验确定哪些是必要的，哪些是不必要的，不必要的元器件可以撤除，以降低成本，这种方法可有效缩短设计开发时间，降低开发成本，及早将产品推向市场。

当考虑系统内部电磁兼容时，对电磁干扰三个要素在设计、调试时都要认真考虑，通过电路结构设计、控制噪声源、调整受扰设备之间的位置或距离及耦合途径。在考虑系统间的电磁兼容时，无法通过设计来控制噪声源，只能通过电路结构设计，将受扰设备屏蔽起来，阻隔耦合途径，从而使设备具有抗干扰的能力。系统间的电磁兼容验证，通常是主动制造另一个系统噪声源，发射干扰信号，以检验所设计系统的抗干扰能力，这就是电磁兼容测试。

设备和系统的电磁兼容指标已成为设备和系统设计在研制时的一个重要的技术要求，现在已经有了抑制设备和系统的电磁干扰国际标准，统称为电磁兼容标准，它们可以作为普通设计者在布线和布局设计时抑制电磁辐射和干扰的准则，对于军用电子产品设计者来说，标准会更严格，要求更苛刻。国内外大量的经验表明，在产品的研制生产过程中越早注意解决电磁兼容问题，则越可以节约人力与物力。

基于电磁干扰的三要素，控制干扰源的电磁辐射、切断或抑制电磁干扰的耦合通道、提高敏感设备的抗干扰能力是设备和系统电磁兼容设计的主要内容，具体措施如下：

1）干扰电路。在设计电子设备中的单元电路时，应选用电磁能量辐射小、抗干扰能力强的电路形式。若对于小信号放大器应增大线性动态范围，提高电路的过载能力，减小非线性失真；功率放大器工作在甲类状态时，产生的谐波最小；工作在乙类时，应采用推挽形式来抑制二次谐波；丙类状态用于射频放大，为抑制谐波电平应采用锐调谐、高 Q 滤波器。

2）元器件和电路的合理布局。将容易受到干扰的敏感元器件和单元电路尽可能地远离干扰源，输出与输入端口妥善隔离，高电平电缆和脉冲引线与低电平电缆分开布线。

3）正确的电磁屏蔽。用屏蔽体包封干扰源，可以防止干扰源向外辐射。用屏蔽体包封被干扰电路，可以防止干扰电磁能量进入。电磁屏蔽虽然能够有效地切断近场感应和远场辐射等电磁干扰的传播通道，但它会造成电子设备散热困难，维修不便，成本增加，应根据最佳效比进行设计。

4）良好的接地系统。正确设计单元电路和设备的接地系统、电缆屏蔽层的接地、信号电路屏蔽体的接地等，设计低阻抗的地线，并采用合理的阻隔地环路干扰措施。

5）滤波技术的运用。滤波器的主要功能是将有用信号以外的信号能量进行抑制，借助于滤波器，可以显著减弱干扰源和被干扰电路间的传导干扰电平。

2.抑制电磁干扰的设计要点

（1）抑制电磁干扰源的设计要点

消除干扰源是最彻底消除干扰的办法，但受条件限制，一般难以达到目的，只能从切断耦合、改善受干扰设备自身的设计来减少或降低干扰程度，以达到目的。要想抑制干扰源，首先必须确定何处是干扰源，在越靠近干扰源的地方采取措施，抑制效果越好。一般来说，电流、电压剧变即 di/dt 或 du/dt 大的地方就是干扰源，具体来说继电器开合、电容充电、电动机运转、电路开关等都可能成为干扰源。另外，交流电源也并非是理想的 50Hz 正弦波，而是充满各种频率噪声，是一个不可忽视的干扰源。抑制方法可以采用低噪声电路、瞬态抑制电路、稳压电路等，在元器件的选择上，尽可能采用低噪声、高频特性好、稳定性高的电子元器件，若在抑制电路中选择了不适当的元器件可能会产生新的干扰源。

尽量去掉对设备（或系统）工作用处不大的、潜在的电磁干扰源，减少干扰源的个数。恰当选择元器件和线路的工作模式，尽量使设备工作在特性曲线的线性区域，以使谐波成分降低。对有用的电磁发射或信号输出也要进行功率限制和频带控制，合理选择电磁波发射天线的类型和高度，不盲目追求覆盖面积和信号强度。合理选择电磁脉冲形状，不盲目追求上升时间和幅度。控制设备产生的电弧放电和电火花，宜选用工作电平低的或有触点保护的开关或继电器，应用良好的接地技术来抑制接地干扰、地环路干扰并抑制高频噪声。

（2）抑制干扰耦合的设计要点

把携带电磁噪声的元器件和导线与敏感元器件（或电磁干扰特性测量端口、界面）隔离，缩短干扰耦合路径的长度，应使导线尽量短，必要时使用屏蔽线或加屏蔽套。在布线和结构件设计时注意天线效应，对通过电场耦合的辐射，应尽量减少电路的阻抗。而对通过磁场耦合的辐射，则尽量增加电路的阻抗。应用屏蔽等技术隔离或减少辐射途径的电磁干扰，应用滤波器、脉冲吸收器、隔离变压器和光电耦合器等滤除或减少传导途径的电磁干扰。

电磁干扰耦合途径主要为传导和辐射两种，噪声经导线直接耦合到电路中是最常见的。抑制传导干扰的主要措施是串接滤波器，滤波器分为低通（LPF）、高通（HPF）、带通（BPF）、带阻（BEF）四种，应根据信号与噪声频率的差别选择不同类型的滤波器。如果噪声频率远高于信号频率，应采用 LC 低通滤波器，这种滤波器结构简单，滤除噪声效果也较好。但是对于军用或 TEMPEST 技术以及要求较高的民用产品，则必须采用穿心式滤波器。

穿心式滤波器也称为穿越式滤波器，电路结构有 C 型、T 型和 LC 型，其特点是高频特性优良，可工作在 1GHz 以上。这是由其"同轴"性质决定的，由于它无寄生电感，提高了自谐频率。穿心式滤波器体积小、重量轻，允许电流大，可广泛用于各种不同场合。

对于通过供电电源线传导的噪声可以用电源滤波器来滤除，符合 VDE0871 标准的电源滤波器在 30kHz~30MHz 范围内插入损耗为 20~100dB。电源滤波器不仅可以接在电网输入端，也可以接在噪声源电路的输出端，以抑制噪声传输。电源滤波器端口分高阻和低阻两种端口，应根据输入及负载阻抗不同来选择正确的端口。连接的原则是依照阻抗最大失配，即高阻输入端接滤波器的低阻端，低阻负载端接滤波器的高阻端，反之亦然。

对传输线路及 PCB 的布线设计，应注意进线与出线、信号线与电源线尽量分开。对于重点线路可采用损耗线滤波器、三端子电容、磁环等元器件进行干扰抑制。对于接口端，有带滤波功能的 D 型、圆形、方形连接器产品，这类连接器是在普通连接器上加装电容或电感，构成滤波电路，其特点是不占用 PCB 空间，不增加体积，这对于现代元器件高密度设计极为重要。

对于辐射干扰，主要措施是采用屏蔽技术和分层技术。选择适当的屏蔽材料，在适当的位置屏蔽，对屏蔽效果至关重要。可供选择的屏蔽材料种类繁多，有各种金属板、指形铍铜合金簧片、铜丝网、编织铜带、导电橡胶、导电胶、导电玻璃等。在屏蔽设计时应根据需要选择，屏蔽设计应充分考虑门窗、通风口、进出线口的屏蔽与搭接。

（3）敏感设备的设计要点

对于干扰源的各种电磁防护措施，一般也同样适用于敏感设备，可以采用滤波、脉冲吸收、内部屏蔽、隔离技术、内部去耦电路及线路和结构的合理布局等来抑制电磁干扰。此外，在设计中尽量少用低电平元器件，不盲目选择高速元器件，去掉那些不十分需要的敏感部件，适当控制输入灵敏度等。

电磁敏感设备的敏感度有其两面性；一方面是人们希望接收装置灵敏度高，以提高对信号的接收能力；另一方面，接收装置的灵敏度高受噪声影响的可能性也就越大。因此，应根据具体情况采用降额设计、回避设计、网络钝化、功能钝化等方法。

3. 电磁兼容控制策略与设计准则

（1）电磁兼容控制策略

对于电磁干扰的抑制方法很多，可以选择一种或多种综合运用。但不论选择什么方法都应从设计之初就系统地考虑电磁兼容，若在产品开始研制时即进行电磁兼容设计，大约90%的传导和辐射干扰都可以得到控制。根据可靠性、安全性、质量要求、环境控制、效率和费用之间权衡，选择适当的电磁干扰抑制技术是设备和系统电磁兼容研究的内容。

电磁兼容控制是一项系统工程，应该在设备和系统设计、研制、生产、使用与维护的各阶段都充分地予以考虑和实施才可能有效。科学而先进的电磁兼容工程管理是有效控制技术的重要组成部分，在控制方法上，除了采用诸如屏蔽、接地、搭接、合理布线等方法以外，还可以采取回避和疏导技术，如空间方位分离、频率划分与回避、滤波、吸收和旁路等，有时这些回避和疏导技术简单实用，可以代替成本费用昂贵而质量体积较大的硬件措施，可收到事半功倍的效果。

在解决电磁干扰问题的时机上，应该由设备研制后期暴露出不兼容问题而采取挽救修补措施的被动控制方法，转变成在设备设计初始阶段就开展预测分析和设计，预先检验计算，并全面规划实施细则和步骤，做到防患于未然。将电磁兼容设计和可靠性设计，维护性、维修性设计与产品的基本功能结构设计同时进行，并行开展。电磁兼容控制技术是现代并行工程的组成内容之一，电磁兼容控制策略与控制技术方案可分为如下几类：

1）传输通道抑制。具体方法有滤波、屏蔽、搭接、接地、布线。

2）空间分离。地点位置控制、自然地形隔离、方位角控制、电场矢量方向控制。

3）时间分隔。时间共用准则、雷达脉冲同步、主动时间分隔、被动时间分隔。

4）频率管理。频率管制、滤波、频率调制、数字传输、光电转换。

5）电气隔离。变压器隔离、光电隔离、继电器隔离、DC/DC变换。

（2）电磁兼容设计准则

在电磁兼容设计时要遵循以下准则：

1）阻止电磁辐射进入设备。屏蔽系统内部产生互相辐射干扰的通道，以减少空间耦合。

2）防止外部设备、系统产生的干扰，如各种脉冲调制信号（雷达、无线电波、电视信号）、电磁场变化等因素的影响，必须对电磁效应敏感的元器件和部件采取屏蔽保护，比如外壳屏蔽、电缆滤波和内部的电缆屏蔽。

3）合理设计电路，正确地选择元器件和电路，准确地计算元器件和电路的各种参数，制定识别和隔离临界电路的措施，以及采用抑制干扰的技术方案，尽量选择高的工作信号电平，符合元器件和电路的实际载荷能力，注意电路的接口设计。

4）采用高稳定度的稳压电源，提高电源电压灵敏度，减少因电源波动所引起的线性误差、增益误差和调整误差等，确保精度的稳定可靠。

5）正确接地与电路布局，考虑到不同频率段干扰的特点和电路的种类、电路的接地点可选择浮动接地、一点接地、多点接地。合理的电路布局是正确布置元器件的位置和方向，不同用途、不同电平的连接线，如输入线与输出线，弱电线与强电线要远离，更不能平行，高频线要尽量短，传输线要加屏蔽，接地线要短而粗。对于一个复杂的系统（既包括不同频率的工作电路，也包括微电、弱电和强电的不同子系统）要合理布局，对系统内不同电路的地线应分小信号、大信号，屏蔽电路、功率电路分别设置。

总之，电磁兼容设计是多种多样的，有一点必须明确，那就是要有针对性，要行之有效。电磁兼容设计的目的是使设备、系统在预期的电磁环境中能正常工作、无性能降低或故障，并对电磁环境中的任何事物不构成电磁干扰。

4. 电磁兼容设计的基本方法与规则

（1）电磁兼容设计的基本方法

在设备、系统的开发中，要考虑到设备、系统、分系统与周围环境之间的相互干扰。每个设计者都应意识到电磁干扰问题，在设备、系统的开发与设计过程中，采取正确的防护措施减小设备、系统本身的电磁干扰发射，有 80% 的干扰问题可以在设计与开发过程中解决。否则，当整个设备、系统完成以后，将要花双倍的力气去解决设备、系统的干扰问题，抗扰度问题也是这样。电磁兼容设计又可分为设备、系统内和设备、系统间两部分，主要是对设备、系统之间及设备、系统内部的电磁兼容进行分析、预测、控制和评估，实现电磁兼容和最佳性能比。

如果在电子线路设计时只考虑产品的功能，而没有将功能和电磁兼容综合考虑，就会使电子产品在完成其功能的同时，也产生了大量的功能性干扰及其他干扰，而且不能满足敏感度要求。

电磁兼容设计的基本方法是：首先是根据产品设计对电磁兼容提出的要求和相应的指标，依据电磁兼容的有关标准和规范，将设计产品的电磁兼容指标要求分解成元器件级、电路级、模块级和产品级的指标要求，再按照各级要实现的功能要求，逐级分层次地进行设计。

电磁兼容设计应考虑的问题很多，但其关键问题是如何提高电子产品的抗扰度和防止电磁泄漏。通常采取的措施是：设备或系统本身应选用互相干扰最小的设备、电路和部件，并进行合理的布局，再通过接地、屏蔽及滤波技术，抑制与隔离电磁干扰。

在研究开发新产品的过程中，仅按照理想情况进行目标功能和一般性能设计是不够的。因各种电子、电气设备（或含有电子、电气部分的设备）工作在实际的电磁环境中，必然受到外界的电磁干扰，同时它本身又作为干扰源去干扰别的设备。电磁兼容设计就是针对电磁干扰来进行的，它与可靠性一样，要保证设备或系统在存在电磁干扰的情况下可靠地工作，就必须对它进行电磁兼容设计。

（2）电磁兼容的设计规则

1）很重要的一条电磁兼容设计通用规则是：所有类型的噪声都尽可能靠近源而又尽可能远离电路敏感部分处进行解决，这当然意味着确定这些噪声源是非常重要的。

2）在许多采用微控制器的系统中，微控制器是唯一的快速数字电路。在这样的系统中，最主要的内部噪声源是微控制器本身，对此可在靠近微控制器处采取措施抑制其产生的 RF 能量，以减少到达 I/O 电缆和系统其他可能作为发射天线部分的 RF 能量。

3）接收噪声通常来自系统外面，系统设计者应在系统输入和电源线处采取措施抑制接收噪声。对于自带专用电缆的系统，应针对自带的专用电缆采取措施抑制接收噪声。这方面的应用实例是计算机与监视器的连接电缆（在监视器连接到计算机的视频图形阵列（VGA）插头附近放置了一个过滤器），对于其他系统，可在 I/O 接口处采取措施抑制接收噪声。

4）避免噪声问题的最好方法是首先不产生噪声，但这通常并不可行。大多数类型的噪声是设备或系统的其他部分预期行为的副作用，因此不能避免。所有的电流，不管是交流还是直流、高功率还是低功率、信号还是噪声，总是试图找到最容易接地的路线。在许多电磁兼容设计技术背后的基本思想是控制所有信号接地的路线，并保证这条路线远离可能受到干扰的信号和电路。对于发射的噪声，这意味着保证在噪声离开设备或系统以前，将找到接地路线。对于接收噪声，这意味着保证在噪声到达设备或系统的敏感部分以前，将找到接地路线。

5）一次处理所有电磁兼容问题是一项非常复杂的任务，因此可把系统分成更小的分系统或区，分别进行处理。在某些情况中，区可以仅是 PCB 的不同区域。重要的是控制某个区内发生的事情，以及这些区如何相互影响。对于每个区，设计者应该知道这个区可能发出什么样的噪声，进出一个区的所有线可能需要哪种过滤器。知道噪声可能如何从一个区辐射到另一个区也很重要，对于发出很大噪声的或非常敏感的电路在本地采取屏蔽措施是非常必要的。切分系统可以采用以下方法：

① 这些区可以彼此远离来放置，把产生噪声的电路与敏感的电路分开。

② 这些区可以放在彼此的内部，进出最内部区的噪声必须通过若干层的过滤器或屏蔽，总的噪声降低将比用一层所接收的更有效。

6）RF 抗扰性。长的 I/O 和电源电缆通常可以充当很好的天线，把外部的噪声传入系统。对于没有屏蔽的设备或系统，长的 PCB 线路径也可以充当天线。噪声一旦进入设备或系统内，便可耦合到其他更敏感的信号线中。因此在设计中应采取下列措施降低进入设备或系统的 RF 能量：

① 串接电感或铁氧体磁珠降低到达微控制器引脚的高频（HF）噪声量，它们对高频（HF）具有高阻抗，而对低频率信号具有低阻抗。

② 线路中的去耦电容器与线路等效电阻或线路等效电感器结合，将形成低通滤波器。如果设备或系统被屏蔽，电容器应该直接连接到屏蔽上，将有效地阻止噪声进入系统。

③ 现在许多厂家都提供在同一封装内结合电感器和电容器的专用电磁兼容过滤器，它们形状多样，参数值也多样。

7）ESD 和瞬变。一条线路中的 ESD 和瞬变可能会影响到附近其他线路中信号的传输。RF 过滤器对 ESD 和瞬变具有抑制作用，但要把 4kV 的峰值降低到 4V，需要一个非常大的过滤器。虽然可以通过串联电阻器实现，但这并不是好的选择，因在输入线路上串联电阻器将增加地线的阻抗。而采用过电压保护器是一种更好的解决方案。过电压保护器有许多类型可供选择，只要被保护线路的电压在指定的限制内，过电压保护器将有很高的接地阻抗，但是当电压超过限制电压值时，过电压保护器将转换到很低的阻抗值，使瞬变电压被有效地短接到地。

5. 电磁兼容设计方法

基本的电磁兼容设计方法有三种：问题解决法、规范法和系统法。

1）问题解决法是过去应用较多的方法，它是在发现产品在检测中出现问题后进行改进。这种方法虽然具有针对性，但很可能导致成本上升，并影响产品及早上市。

2）规范法是在产品开发阶段就按照有关电磁兼容标准规范的要求进行设计，使产品可能出现的问题得到早期解决。

3）系统法是近些年兴起的一种设计方法，它在产品的初始设计阶段，对产品的每一个可能影响产品电磁兼容的元器件、模块及线路建立数学模型，利用辅助设计工具对其电磁兼容进行分析预测和控制分配，从而为整个产品满足电磁兼容要求打下良好基础。

无论是规范法或是系统法设计，其有效性都应是以最后产品或系统的实际运行情况或检验结果为准则，必要时还是需要结合问题解决法才能完成设计目标。电磁兼容设计的主要参数有：限额值、安全裕度和费效比，电磁兼容设计的内容包括：

1）分析设备或系统所处的电磁环境和要求，正确选择设计的主攻方向。

2）精心选择产品所使用的频率。

3）制定电磁兼容要求和控制计划。

4）对元器件、模块、电路采取合理的干扰抑制和防护技术。

在产品的电磁兼容设计中，采取有针对性的抑制电磁干扰的方法如下：

1）针对雷电、电力系统故障引起的暂态电压干扰以及核电磁脉冲干扰的电磁兼容的设计方法是：采用分流技术，使干扰能量在无危害或少危害的通路泄放，以减轻干扰强度。当采用分流、屏蔽、搭接、接地措施后，干扰电压或电流对设备仍有可能造成危险时，需采用限压、限流、限幅、均位等保护技术。

2）对于高压、超高压和特高压输电线路产生干扰的电磁兼容设计方法是：将导线电晕干扰、绝缘子和金具的电晕干扰限制在规定的范围内，对其短路工况和操作过电压工况下引起对附近通信和信号线的干扰，应根据计算（必要时需进行实测）限制在允许值以下。在超出允许值的情况下，需采取保护措施（包括分流、屏蔽、接地、搭接，必要时在弱电线上安装放电器），有时甚至要拆迁通信线和信号线，或是使输电线路绕行。

3）防静电的电磁兼容的设计方法是：

① 防止静电产生，例如阻止静电荷积累、泄放积累的静电荷，采用防静电地板和静电消除器等。

② 采用静电屏蔽和接地措施，将静电产生的电荷分流或泄放。

③ 采用耐静电电压值高的元器件。

④ 采用静电保护措施，例如增加串联电阻以降低静电放电电流，增加并联元器件以把静电放电电流分流，对静电作用下易损元器件应采取硬件和软件防护措施。

4）电路性耦合的电磁兼容设计方法是：

① 对共电源内阻产生的电磁干扰，可以用不同的电源分别供电的方法，以去除共电源内阻产生的电路性耦合。

② 对共回路导线产生的电磁干扰，可以用对导线阻抗加以限制或去耦的方法，以减低共回路导线产生的电路性耦合。共回路导线的阻抗包括电阻和电感，限制电阻的方法是增大共回路导线的截面积、减小共回路导线的长度和降低接触电阻；限制电感的方法是减小共回路导线的长度和回线的距离；电路去耦的方法是去掉共回路导线，将不同的回路仅在一点连接。对共地阻抗产生的电磁干扰，可以用降低共地阻抗的方法，以去除共地阻抗产生的电路性耦合。

5）电感性耦合的电磁兼容设计方法是：

① 尽可能减小干扰源电流的变化速度。

② 尽可能使两个回路的互感最小，为此应尽量加大两个回路间的距离，缩短两个回路的长度，避免两个回路平行走线，缩小两个回路的面积，并减低重合度。

③ 平衡。采用平衡的方法可以减小或免除电感性耦合的电磁干扰，采用的平衡方法有：磁场去耦，即使被干扰回路耦合的干扰源磁场最少，例如安排两个回路

垂直放置，可达到磁场去耦的目的；采用磁场抵消技术，因为干扰磁场引起的感应电流在相邻绞线回路的同一根导线上方向相反，产生的磁场相互抵消。为对磁场干扰取得较好的抑制效果，屏蔽双绞线的节距不可太大，即单位长度绞合数越多，磁场抵消效果越好。

6）电容性耦合的电磁兼容设计方法是：

① 尽可能减小干扰源电压的幅值和干扰源的变化速度。

② 若一个导体对地具有电位 U_1、阻抗 Z_1，另一个导体对地具有阻抗 Z_2，在设计时应使 Z_1 和 Z_2 尽可能大，且 Z_1 远大于 Z_2。

③ 耦合电容设计得尽可能小，尽量加大两个导体间的距离，缩短两个导体的长度，避免两个导体平行走线。

④ 当干扰源和被干扰对象的基准电位是互相独立时，可以采用平衡方法，即使干扰源和被干扰对象的耦合电容平衡，以免除电容性耦合的电磁干扰。采用的平衡方法有：干扰源和被干扰对象均采用绞合导线，采用四芯导线，使干扰源和被干扰对象的导线交叉对称。

7）辐射性耦合的电磁兼容设计方法是：

① 采用空间分离的方法，即把相互容易干扰的设备和导线尽量安排得远一些，并调整电磁场矢量方向，使接收设备耦合的干扰电磁场最低。

② 采用时间分离的方法，即使产生辐射的设备和易接收辐射的设备在不同的时间工作。

③ 采用频率分离的方法，即使产生辐射的设备和易接收辐射的设备的工作频率不同。

④ 采用屏蔽技术，即用屏蔽材料将被干扰对象封闭起来，使其内部电磁场强低于允许值。

⑤ 减小天线有效高度。

⑥ 减少环线面积。

⑦ 严格控制无线电发射的方位角度，以减小无线电发射源干扰的空间范围。

⑧ 采用完整的电磁屏蔽和可靠的接地措施，以减少无线电发射源的泄漏干扰。

8）暂态过程（暂态过程是由于电路机械触点的分合、负载的通断和电路的快速切换等导致电路电压或电流发生快速变化，而成为电磁干扰源）的电磁兼容设计方法有：

① 电路机械触点的熄火花电路。电路机械触点的熄火花电路由电阻（R）和电容（C）串联组成，其原理是用电容转换触点分断时负载电感（L）上的能量，从而避免在触点上产生过电压和电弧造成的电磁干扰，最终由电阻吸收这部分能量。电路参数计算如下：

$$R > 2(L/C)^{1/2} \tag{1-22}$$

$$C_1 = 4L/R^2 \tag{1-23}$$

$$C_2 = (I_m/300)^2 L \tag{1-24}$$

式中，R 为电阻（Ω）；L 为负载电感（μH）；I_m 为负载电感中的最大电流（A）；C 取 C_1、C_2 中大者，单位均为 μF。

② 电感负载的续流电路和吸收电路。直流电路电感负载的续流电路是用二极管反并联在电感负载上，当切断电感负载时，其上的电流经二极管续流，不会产生过电压而危及电路上的其他元器件。其电路参数计算如下：

$$I_F > 2I_N \tag{1-25}$$

$$U_{RRM} > 2U_N \tag{1-26}$$

式中，I_F 为二极管正向平均电流；U_{RRM} 为二极管反向重复峰值电压；I_N 为电感负载的额定电流；U_N 为电感负载的额定电压。

如果用压敏电阻代替二极管，其效果会更好。因为压敏电阻吸收能量更快，从而减小了动作响应时间。选用压敏电阻时应正确选择压敏电阻的标称电压、压敏电阻的压比、压敏电阻的吸收能量能力及压敏电阻的前沿响应时间，压敏电阻应当尽量紧靠电感安装。

③ 电容负载的限流电路。电容负载的限流电路由电阻（R）和开关并联组成，其原理是用电阻限制电容负载开始投入时的短路电流，从而避免短路电流造成的电磁干扰，经过时间（t）将开关闭合，切除限流电阻。其电路参数计算如下：

$$R > 2U_N/I_N \tag{1-27}$$

$$t > 3RC \tag{1-28}$$

式中，I_N 为负载的额定电流；U_N 为电源的额定电压；C 为负载的电容。

④ 电路快速切换的电磁兼容措施。电路快速切换（包括晶闸管换流、直流斩波、二极管关断时的电荷存储效应等）将导致电压或电流的快速变化，而成为电磁干扰源。对此可采用的电磁兼容措施是：串联缓冲电感，以降低电流变化率；并联缓冲电容，以降低电压变化率；用 LC 谐振电路代替直流斩波，以降低电流变化率或电压变化率。

第 ② 章

低压供电系统电磁兼容设计

2.1 低压配电系统接地方式及抗雷电干扰技术

2.1.1 低压配电系统方案及接地方式

1. 低压配电系统方案及供电质量

（1）低压配电系统方案

用电设备的用电负荷等级和供电要求应满足《供配电系统设计规范》GB 50052—2009，低压配电系统应采用电压等级 220V/380V、工频 50Hz 的 TN-S 或 TN-C-S 系统。低压配电系统的方案设计应考虑系统扩展、升级的可能，并应预留备用容量。对于要求高可靠性的低压配电系统，最理想的技术措施是在配电设备前端增加交流不间断电源 UPS，在下列各种情况中，该措施应是必不可少的。

1）对供电可靠性要求较高，采用备用电源自动投入方式或柴油发电机组应急自启动方式仍不能满足要求时。

2）一般稳压、稳频设备不能满足要求时。

3）需要保证顺序断电安全停机时。

4）用电系统有实时性和联网运行时。

（2）供电质量

供电质量对用电设备的正常运行具有十分重要的意义，而供电质量主要包括：稳态电压偏移范围、稳态频率偏移范围、电压波形畸变率、允许断电持续时间、三相电压不平衡度等要素，这些要素根据用电负载的性能、用途和运行方式（是否联网）等情况可以划分为 A、B、C 三级，见表 2-1。

表 2-1 电源等级的划分

项目等级	A	B	C
稳态电压偏移范围（%）	±2	±5	+7/−13
稳态频率偏移范围 /Hz	±0.2	±0.5	±1
电压波形畸变率（%）	3~5	5~8	8~10
允许断电持续时间 /ms	0~4	4~200	200~1500
三相电压不平衡度（%）	0.5	1	1.5

为了提高用电设备的供电质量，在供电系统方案设计时应该注意以下事项：

1）根据负荷性质应分别供电，设计独立、专用的低压馈电线路供电。

2）供电电源应靠近用电设备的电源部分。

3）单相负荷应均匀地分配在三相上，三相负荷不平衡度应小于15%。

4）对于要求高质量、高可靠性的用电负荷，应限制接入非线性负荷，以保持电源的正弦性。

2.低压配电系统接地方式及接地电阻

（1）低压配电系统接地方式

对低压配电系统而言，配电变压器的中性点是接地的（称为工作接地）。从电气安全角度来看，在一定的条件下，可与电气设备的接地共同作用。当发生接地故障时，产生的电流可使配电系统中的保护设备在适当的时间内动作，切断电源，用以保证安全。低压配电系统的接地部分有：

1）中性线（N）。与系统中性点相连，并能起输送电能作用的导体。

2）保护中性线（PEN）。兼有保护线和中性线作用的导体。

3）电源接地点。将电源可以接地的一点（通常是中性点）可靠接地。

我国低压配电系统的接地方式按IEC规定，其分类仍然是以低压配电系统和电气设备的接地组合来分，一般分为TN、TT、IT系统等。上述字母表示的含义：

第一个字母表示电源接地点与地的关系，其中T表示直接接地；I表示不接地或通过阻抗接地。

第二个字母表示电气设备的外露可导电部分与地的关系，其中T表示与电源接地点无连接的单独直接接地；N表示直接与电源系统接地点或与该点引出的导体连接。

1）TN系统。在TN系统中，所有电气设备的外露可导电部分均接到保护线上，并与电源的接地点相连，这个接地点通常是配电系统的中性点。在TN系统中称作保护接零，当故障使电气设备金属外壳带电时，形成相线和零线短路，回路电阻小，电流大，能使熔断器熔体迅速熔断或保护装置动作切断电源。根据中性线与保护线是否合并的情况，TN系统又分为以下三种：

① TN-C系统。在TN-C系统中，保护线与中性线合并为PEN线，具有简单、经济的优点。当发生接地短路故障时，故障电流大，可使电流保护装置动作，切断电源。该系统对于单相负荷及三相不平衡负荷的线路，PEN线总有电流流过，其产生的压降，将会呈现在电气设备的金属外壳上，对敏感性电子设备不利。此外，PEN线上微弱的电流在危险的环境中可能引起爆炸，所以有爆炸危险环境不能使用TN-C系统。

② TN-S系统。在TN-S系统中，保护线和中性线分开，系统造价略贵。除具有TN-C系统的优点外，由于正常时PE线不通过负荷电流，故与PE线相连的电气设备金属外壳在正常运行时不带电，所以适用于数据处理和精密电子仪器设备的

供电，也可用于爆炸危险环境中。在民用建筑内部、家用电器等都有单独的接地端子，采用 TN-S 供电既方便又安全。

③ TN-C-S 系统。在 TN-C-S 系统中，PEN 线在某一连接点起分开为保护线（PE）和中性线（N），分开以后 N 线应对地绝缘。为防止 PE 线与 N 线混淆，应分别给 PE 线和 PEN 线涂上黄绿相间的色标，N 线涂以浅蓝色色标。此外，自分开点后，PE 线不能再与 N 线合并。TN-C-S 系统是一个广泛采用的配电系统，无论在工矿企业还是在民用建筑中，其线路结构简单，又能保证一定安全水平。

2）T-T 系统。在 T-T 系统中，配电系统部分有一个直接接地点，一般是变压器中性点。T-T 系统中的电气设备金属外壳用单独的接地棒接地，与配电系统在接地上无电气联系，称为保护接地，T-T 系统适用于对电位敏感的数据处理设备和精密电子设备的供电。

3）IT 系统。在 IT 系统中，配电系统不接地或通过阻抗接地，IT 系统中的电气设备外露可导电部分可直接接地或通过保护线接到配电系统的接地体上，这也是保护接地。由于该系统出现第一次故障时故障电流小，电气设备金属外壳不会产生危险性的接触电压，因此可以不切断电源，使电气设备继续运行，并可通过报警装置通知检修人员对线路或设备进行检查至消除故障。

（2）接地体的接地电阻

1）接地体。埋入地中并直接与大地接触的金属导体，称为接地体。当作接地体用的是直接与大地接触的金属构件、金属管、钢筋混凝土建筑物的基础、金属管道等设施称为自然接地体。一般情况下，在能确保接地的连续可靠前提下，且接地电阻符合要求时，应充分利用自然接地体。配电系统中的接地装置，除了利用自然接地体外，还应敷设人工接地体。在利用自然接地体时，应注意接地体的可靠性，应注意某些自然接地体的变化对接地体可靠性的影响，可燃液体、气体、供暖系统管道等禁止作为接地体。人工接地体可采用水平敷设的圆钢、扁钢，垂直敷设的角钢、钢管、圆钢，也可采用金属接地板，接地体应作镀锌防腐处理。

2）接地电阻。人工接地体或自然接地体的对地电阻和接地引线电阻的总和称为接地体的接地电阻，在低压配电系统中，配电变压器中性点的接地电阻一般应小于 4Ω，但当配电变压器容量不大于 $100kV \cdot A$ 时，接地电阻可不大于 10Ω。

对于 TN-C 系统，保护中性线的重复接地电阻不大于 10Ω。当变压器容量不大于 $100kV \cdot A$ 时，重复接地不少于 3 处时，允许接地电阻不大于 30Ω。

对于 TT 系统，当设备绝缘损坏发生单相接地时，其金属外壳带有一定电压，为此应采用漏电保护以保证安全。而金属设备外壳的接地电阻值，应根据允许的接触电压和漏电保护整定电流来计算。

对于 IT 系统，发生单相故障接地时，故障电流小，不必因此而停电，但必须装设能发出接地故障声响的报警装置。而其用电设备的金属外壳的接地电阻，应根据允许的接触电压和相线与外露可导电部分之间发生故障的故障电流来计算。

2.1.2 低压配电系统抗雷电干扰技术

雷电或大容量电气设备的操作在低压配电系统内外部产生浪涌,其对低压配电系统(我国低压配电系统标准:AC 220/380V,50Hz)和用电设备的影响已成为人们关注的焦点。低压配电系统的外部浪涌主要来自雷击放电,由一次或若干次单独的闪电组成,每次闪电都携带若干幅值很高、持续时间很短的电流。一个典型的雷电放电将包括二次或三次的闪电,每次闪电之间大约相隔1/20s的时间。大多数闪电电流在10~100kA之间,其持续时间一般小于100μs。

低压配电系统的内部浪涌主要来自低压配电系统中大容量设备、变频设备和非线性用电设备的使用,给低压配电系统带来日益严重的内部浪涌问题。低压配电系统的内外部浪涌对一些敏感的电子设备,即便是很窄的过电压冲击也会造成设备的电源部分或全部电子设备损坏。

根据 GB 50343—2012《建筑物电子信息系统防雷技术规范》中有关防雷分区的划分,针对重要系统的防雷应分为三个区,分别加以考虑。只做单级防雷可能会带来因雷电流过大而导致的泄流后残压过大、损坏设备或者保护能力不足引起设备损坏。低压配电系统采用多级防雷保护,可防范从直击雷到工业浪涌的各级过电压的侵袭。

低压配电系统的防雷系统,主要是为了防止雷电波通过供电线路对用电设备造成的危害,为避免高电压经过避雷器对地泄放后的残压过大,或因更大的雷电流在击毁避雷器后继续毁坏后续设备,以及防止线缆遭受二次感应,应采取分级保护、逐级泄流原则。

1)在建筑物的电源总进线处安装放电电流较大的首级电源避雷器。

2)在建筑物的重要楼层或重要设备的电源进线处加装次级或末级电源避雷器。

为了确保遭受雷击时,高电压首先经过首级电源避雷器,然后再经过次级或末级电源避雷器,首级电源避雷器和次级电源避雷器之间的距离要大于5~15m,如果两者间距不够,可采用带线圈(退耦)的防雷箱,这样可以避免次级或末级电源避雷器首先遭受雷击而损坏。

1. 第一级电源防雷设计

根据国家有关低压防雷的有关规定,外接金属线路进入建筑物之前应埋地穿金属管(槽)15m以上的距离进入建筑物,且要在建筑物的线路总进入端加装低压总电源SPD,将由外部线路可能引入的雷击高电压引至大地泄放,以确保后接用电设备的安全。

入户电力变压器低压侧安装的SPD作为第一级保护时应为三相电压开关型SPD,其雷电通流量不应低于60kA。一般要求该级电源保护器具备100kA/相以上的最大冲击容量，要求的限制电压应小于 1500V，称为 CLASSI 级 SPD。这些 SPD 是专为承受雷电和感应雷击的大电流和高能量浪涌能量吸收而设计的，可将大量的浪涌电流分流到大地，它们仅提供限制电压（冲击电流流过 SPD 时，线路上出现的最大电压称为限制电压），为中等级别的保护。因为 CLASSI 级的保护器主要是对大浪涌电流的吸收，仅靠 CLASSI 级的保护器是不能完全保护低压配电系统内部的敏感用电设备的。第一级电源避雷器可防范 $10/350\mu s$、100kA 的雷电波，达到 IEC 规定的最高防护标准；一级 SPD 的技术参数为：雷电通流量 $\geq$ 100kA（$10/350\mu s$）；残压峰值 $\leq$ 2.5kV；响应时间 $\leq$ 100ns。

对于三相电源 B 级 SPD，三相进线的每条线路应有 60kA 以上的通流容量，可将数万甚至数十万伏的过电压限制到几千伏以内，SPD 并联安装在总配电柜进线端处，做直击雷和传导雷的防护。在设计中选用箱式三相电源 SPD，型号为 YF-X380B120（或选用模块式三相电源 SPD，型号为 YF-M380/120），此级 SPD 并联安装，标称通流容量为 60kA（$8/20\mu s$），对后接用电设备的功率不限，可以对通过线路传输的直击雷和高强度感应雷实施泄放保护。

2. 第二级电源防雷设计

虽然已经在总电源进线端安装了第一级的 SPD，但是当受到较大雷电流侵入时，第一级 SPD 可将绝大部分雷电流由地线泄放，而剩余的雷电残压还是相当高，因此第一级 SPD 的安装，可以减少大面积的雷击破坏事故，但是并不能确保后接设备的万无一失；假设由配电室总电源至建筑物的电源线路全部为三相配线，也存在感应雷电流和雷电波的二次入侵的可能，需要在分配电柜安装电源第二级 SPD。

第二级 SPD 作为次级 SPD，可将几千伏的过电压进一步限制到 2kV 以内，雷电多发地带的建筑物需要具有 40kA 的通流容量，将第一级 SPD 泄放后出现的雷电残压以及电源线路中感应的雷电流给予再次泄放。在设计中三相线路选用 YF-X380B80 箱式三相电源 SPD，标称通流容量为 40kA；单相线路可选用 YF-X220B80 箱式单相电源 SPD，标称通流容量为 40kA；此级 SPD 并联安装，对后接设备的功率不限。

分配电柜线路输出端的 SPD 作为第二级保护时应为限压型 SPD，其雷电通流量不应低于 20kA；应该是安装在向重要或敏感用电设备供电的分路配电设备处的 SPD。这些 SPD 对于通过供电入口浪涌放电器的剩余浪涌能量进行更完善的吸收，对于瞬态过电压具有极好的抑制作用。该处使用的 SPD 要求的最大冲击容量为 45kA/ 相以上，要求的限制电压应小于 1200V，称为 CLASSII 级 SPD。一般的用户供电系统做到第二级保护就可以达到用电设备运行的要求了（参见 UL1449-C2 的有关条款）。第二级电源避雷器采用 C 类保护器进行相 - 中、相 - 地、中 - 地的全模式保护。二级 SPD 的技术参数为：雷电通流量 $\geq$ 40kA（$8/20\mu s$）；残压峰值 $\leq$ 1000V；响应时间 $\leq$ 25ns。

3. 第三级电源防雷设计

第三级电源防雷设计是系统防雷设计中最容易被忽视的地方，现代的电子设备都使用很多的集成电路和精密的元器件，这些元器件的击穿电压往往只是几十伏，最大允许工作电流也只有 mA 级，若不做第三级的防雷，经过一、二级防雷而进入设备的雷击残压仍将有千伏之上，这将对后接设备造成很大的冲击，并导致设备损坏。作为第三级的 SPD，在设计中三相线路选用 YF-X380B40 箱式三相电源 SPD，标称通流容量为 20kA，此级 SPD 并联安装，对后接设备的功率不限。单相的用电设备，可以选用 YF-X220B40 箱式单相电源 SPD，标称通流容量为 20kA，作为第三级电源雷电防护。

在电子信息设备的交流电源进线端安装 SPD 作为第三级保护时，其雷电通流量不应低于 10kA；也可在用电设备内部电源部分使用一个内置式的 SPD，以达到完全消除微小的瞬态过电压的目的。该处使用的 SPD 要求的最大冲击容量为 20kA/相或更低一些，要求的限制电压应小于 1000V。

4. 末级电源防雷设计

针对一些较贵重的弱电设备，虽然前面已做好三级防雷，但仍有一些雷击残压进入设备，为防止设备因雷电流的冲击而损坏，应采用防雷插座，型号为 YF-CZ/6，最大通流容量为 10kA。对于微波通信设备、移动基站通信设备及雷达设备等使用的整流电源，视其工作电压的保护需要，宜分别选用与工作电压适配的直流 SPD，作为末级保护。

5. 低压配电系统防雷设计注意事项

低压配电系统防雷与接地应符合以下规定：

1）进、出计算机机房或控制室的电源线路不宜采用架空线路。

2）电子信息系统或控制系统的设备由 TN 交流配电系统供电时，配电线路必须采用 TN-S 系统的接地方式。

3）配电线路、设备的耐冲击过电压额定值应符合相关规定。

4）在直击雷非防护区（LPZ0A）或直击雷防护区（LPZ0B）与第一防护区（LPZ1）交界处应安装通过 I 级分类试验的浪涌保护器或限压型浪涌保护器作为第一级保护；第一防护区之间的各分区（含 LPZ1 区）交界处应安装限压型浪涌保护器。使用直流电源的用电设备，视其工作电压要求，宜安装适配的直流电源浪涌保护器。

5）浪涌保护器连接导线应平直，其长度不宜大于 0.5m。当电压开关型浪涌保护器到限压型浪涌保护器之间的线路长度小于 10m、限压型浪涌保护器之间的线路长度小于 5m 时，在两级浪涌保护器之间应加装退耦装置。当浪涌保护器具有能量自动配合功能时，浪涌保护器之间的线路长度不受限制。浪涌保护器应有过电流保护装置，并宜有劣化显示功能。

6）浪涌保护器安装的数量，应根据被保护设备的抗扰度和雷电防护分级确定。

7）用于电源线路的浪涌保护器标称放电电流参数值应符合相关规定。

2.2 低压供电系统抗干扰解决方案

2.2.1 低压配电系统浪涌抑制技术

在低压配电系统的过电压保护中，通常第一级采用放电间隙，以泄放大的雷电流；在第二级采用限压元器件，将残压控制在设备的冲击绝缘水平以下。由于限压元器件的响应时间较快，一般为25ns左右，而放电间隙的响应时间则比较慢，约为100ns。如何才能保证第一级保护比第二级保护先动作，是SPD配置中的关键技术。雷电侵入波沿着电力电缆侵入，首先到达放电间隙，由于放电间隙响应时延，侵入波将继续向前行进，应该保证的是在侵入波到达限压元器件之前让放电间隙动作。

1. TN-C 配电系统分级 SPD 配置

TN-C 配电系统分级 SPD 配置（EDINVDE0100-534/A1.标准 1996-10）如图 2-1 所示，在图 2-1 中，1 为第一级配电；2 为第二级配电；3 为第三级配电；4 为总接地汇流排；5 为一级 SPD；6 为保护地线；7 为单相负载；8 为二级 SPD；9 为三级 SPD；9a 为间隙避雷器；10 为单相负载；*1 为防雷地线；*2 为分路接地排；RB 为楼内接地；RA 为远端接地；F₁、F₂ 为熔断器。

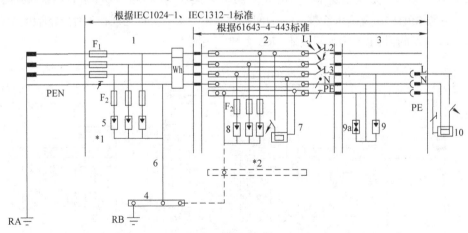

图 2-1 TN-C 配电系统分级 SPD 配置

2. TN-S 配电系统分级 SPD 配置

TN-S 配电系统分级 SPD 配置（EDINVDE0100-534/A1.标准）如图 2-2 所示，在图 2-2 中，1 为第一级配电；2 为第二级配电；3 为第三级配电；4 为总接地汇流排；

5 为一级 SPD；6 为保护地线；7 为单相负载；8 为二级 SPD；9 为三级 SPD；9a 为间隙避雷器；10 为单相负载；*1 为防雷地线；*2 为分路接地排；F_1、F_2 为熔断器；RA 为远端接地；RB 为楼内接地。

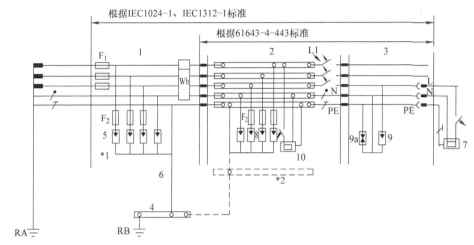

图 2-2　TN-S 配电系统分级 SPD 配置

3. TT 配电系统分级 SPD 配置 1

TT 配电系统分级 SPD 配置 1（EDINVDE0100-534/A1. 标准）如图 2-3 所示，在图 2-3 中，1 为第一级配电；2 为第二级配电；3 为第三级配电；4 为总接地汇流排；5 为一级 SPD；5a 为间隙避雷器；6 为保护地线；7 为单相负载；8 为二级 SPD；9 为三级 SPD；10 为单相负载；10a 为间隙避雷器；*1 为防雷地线；*2 为分路接地排；F_1、F_2 为熔断器；RA 为远端接地；RB 为楼内接地。

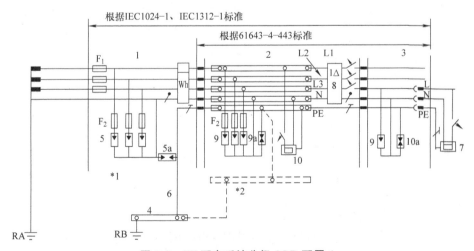

图 2-3　TT 配电系统分级 SPD 配置 1

4. TT 配电系统分级 SPD 配置 2

TT 配电系统分级 SPD 配置 2（EDINVDE0100-534/A1. 标准）如图 2-4 所示，在图 2-4 中，1 为第一级配电；2 为第二级配电；3 为第三级配电；4 为总接地汇流排；5 为一级 SPD；5a 为间隙避雷器；6 为保护地线；7 为单相负载；8 为二级 SPD；9 为三级 SPD；10 为单相负载；10a 为间隙避雷器；11 为分接地汇流排；*1 为防雷地线；*2 为分路接地排；F$_1$、F$_2$ 为熔断器；RA 为远端接地；RB 为楼内接地。

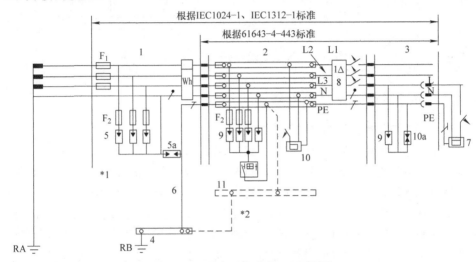

图 2-4　TT 配电系统分级 SPD 配置 2

5. TN-C-S 配电系统避雷器配置

TN-C-S 配电系统是 TN-C 和 TN-S 两种配电系统的组合，第一部分是 TN-C 配电系统，第二部分是 TN-S 配电系统，分界面在 N 线与 PE 线的连接点。TN-C-S 配电系统一般用在有区域变电所供电的场所，进户线之前采用 TN-C 配电系统，进户处作重复接地，进户后变成 TN-S 配电系统。

根据《低压配电设计规范》有关条文，建筑电气设计在选用 TN 配电系统时应作等电位联结，消除自建筑物外沿 PEN 线或 PE 线窜入的危险故障电压，同时减少保护电器动作不可靠带来的危险及有利于消除外界电磁场引起的干扰，改善用电设备的电源质量。

TN-C-S 配电系统的 N 线（中性线）、PE 线（地线），是在变压器低压侧就合为一条 PEN 线，此位置只需在相线与 PEN 线之间加装避雷器，在进入建筑物总配电柜后，PEN 线分 N 线和 PE 线两条进行独立布线，PEN 线接于建筑物内总等电位接地母排并入地。因此进入配电柜以后，N 线对 PE 线就需要安装避雷器，如图 2-5 所示。此时可选 ZYSPD40K385B/3、ZYSPD20K385C/4。

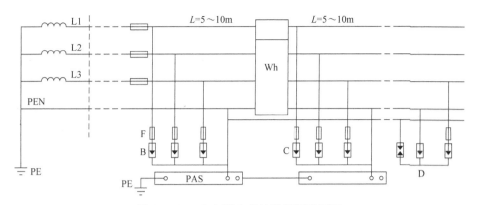

图 2-5　TN-C-S 配电系统避雷器配置图

2.2.2　低压供电系统的隔离解决方案

1. 低压交流供电系统的隔离解决方案

在交流电网中存在着大量的谐波、雷击浪涌、高频干扰等噪声，所以对由交流电源供电的电气电子设备，都应采取抑制来自交流电源干扰的措施。采用电源隔离变压器可以有效地抑制窜入交流电源中的噪声干扰。但是，普通变压器却不能完全起到抗干扰的作用，这是因为，虽然一次绕组和二次绕组之间是绝缘的，能够阻止一次侧的噪声电压、电流直接传输到二次侧，有隔离作用。然而，由于变压器存在分布电容（绕组与铁心之间、绕组之间、层匝之间和引线之间），交流电网中的噪声会通过分布电容耦合到二次侧。为了抑制噪声，必须在绕组间加屏蔽层，这样就能有效地抑制噪声，消除干扰，提高供电质量。

由交流电源供电的电气电子设备，防止噪声干扰的最简单又行之有效的方法，便是使用隔离变压器来加以隔离。隔离变压器一般指为防止各种干扰通过电路传导而设计的具有电路隔离的变压器，隔离变压器除了能消除电源、空中各种射频的噪声外，它对电源开关瞬间浪涌也有很好的滤除效果，只是滤除频率和电源滤波器不尽相同。隔离变压器如果以隔离特性来区分，可分为下列三种：

1）绝缘变压器。在变压器的一次侧与二次侧之间加上一层特殊的绝缘体，以将一次侧传导至二次侧的噪声予以适度衰减。不过，这种方式并无法将所有的噪声隔离，如差模干扰是无法滤除的。

2）屏蔽变压器。由于电源变压器一、二次侧间存在分布电容，进入电源变压器一次侧的高频干扰能通过分布电容耦合到电源变压器的二次侧。在电源变压器一、二次侧间增加静电屏蔽后，该屏蔽与绕组间形成新的分布电容。将屏蔽接地，可以将高频干扰通过这一新的分布电容引入地，从而起到抑制抗电磁干扰的作用。静电屏蔽应选择导电性好的材料，且首尾端不可闭合，以免造成短路。屏蔽变压器与绝缘变压器相比较，屏蔽变压器对高频干扰的特性虽然更优异，但依然还是无法滤除差模噪声。

不加屏蔽层和加屏蔽层的隔离变压器分布电容的情况如图 2-6a、b 所示，在图 2-6a 中，隔离变压器不加屏蔽层，C_{12} 是一次绕组和二次绕组之间的分布电容，在共模电压 U_{1C} 的作用下，二次绕组所耦合的共模噪声电压为 U_{2C}，C_{2E} 是二次侧的对地电容，则从图 2-6a 中可知二次侧的共模噪声电压 U_{2C} 为

$$U_{2C} = U_{1C} \times C_{12}/(C_{12} + C_{2E}) \tag{2-1}$$

在图 2-6b 中，隔离变压器加屏蔽层，其中 C_{10}、C_{20} 分别代表一次绕组和二次绕组对屏蔽层的分布电容，Z_E 是屏蔽层的对地阻抗，C_{2E} 是二次侧的对地电容，则从图 2-6b 中可知二次侧的共模噪声电压 U_{2C} 为

$$U_{2C} = [U_{1C} \times Z_E/(Z_E + 1/\mathrm{j}\omega C_{10})][C_{2E}/(C_{20} + C_{2E})] \tag{2-2}$$

由于 Z_E 是屏蔽层的对地阻抗，在低频范围内，$Z_E \ll 1/(\mathrm{j}\omega C_{10})$，所以 $U_{2C} \to 0$。由此可见，采取屏蔽措施后，通过隔离变压器的共模噪声电压被大大削弱了。

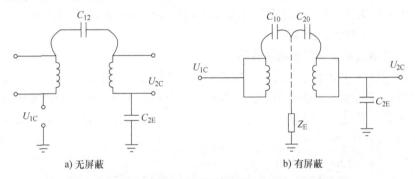

a) 无屏蔽　　　　　　　　　b) 有屏蔽

图 2-6　不加屏蔽层加屏蔽层的隔离变压器分布电容图

在可靠性要求很高或电源干扰特别严重的环境中，可以安装一台带屏蔽层的隔离变压器，以减少用电设备与地之间的干扰。隔离变压器主要是针对来自电源的传导干扰，可以将绝大部分的传导干扰阻隔在隔离变压器之前。

采用 1:1 隔离变压器供电是抑制传导干扰的有效措施，特别是对电网尖峰脉冲干扰有很好的抑制效果。隔离变压器屏蔽及接地方式如图 2-7 所示，其抗干扰的原理是一次侧对高频干扰呈现很高的阻抗，而位于一、二次绕组之间的金属屏蔽层又阻隔了一、二次侧所产生的分布电容，因此一次绕组只有对屏蔽层的分布电容存在，高频干扰通过这个分布电容而被旁路入地。

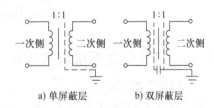

a) 单屏蔽层　　　　b) 双屏蔽层

图 2-7　1:1 隔离变压器屏蔽及接地方式图

采用 1:1 隔离变压器抑制干扰的效果往往取决于屏蔽层的工艺，屏蔽层最好选用 0.2mm 厚的纯铜板材，一、二次侧各加一个屏蔽层。通常，一次侧的屏蔽层通过一个电容器与二次侧的屏蔽层接到一起，再接到二次侧的地上。也可以将一次侧的屏蔽层接一次侧的地线，二次侧的屏蔽层接二次侧的地线。

3）噪声滤除变压器。噪声滤除变压器不但采用静电屏蔽，又在最外围加上电磁屏蔽。噪声滤除变压器能有效地隔离共模干扰，但是对于随电网传导来的差模干扰，仅有衰减能力。噪声滤除变压器的铁心与一般的电源变压器并不相同，它的磁导率是经过特别的设计，使其在某一特定频率（数 kHz）以上时会骤然下降，所以在这个特定频率以上的噪声会被相对地衰减，频率越高衰减量越大。如果能与 LC 滤波器串联使用，效果将会更佳。

随着技术的进步，目前已研制成功了专门抑制噪声的隔离变压器，这是一种绕组和变压器整体都有屏蔽层的多层屏蔽变压器。这类变压器的结构、铁心材料、形状及其线圈位置都比较特殊，它可以切断高频噪声漏磁通和绕组的交链，从而使差模噪声不易感应到二次侧，这种变压器既能切断共模噪声电压，又能切断差模噪声电压，是比较理想的隔离变压器。

2. 直流供电系统的隔离解决方案

当控制装置和电子电气设备的内部子系统之间需要相互隔离时，它们各自的直流供电电源间也应该相互隔离，其隔离方式有：在交流侧使用隔离变压器，如图 2-8a 所示；或使用直流电压隔离器（即 DC/DC 变换器），如图 2-8b 所示。

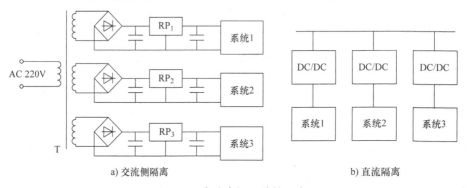

a) 交流侧隔离　　　　　　　　　　　　　　b) 直流隔离

图 2-8　直流电源系统的隔离

2.2.3　UPS 供电系统解决方案

1. 对 UPS 的要求

针对不间断电源设备（Uninterruptible Power System，UPS）的电磁兼容特性，目前的相关标准主要有国际无线电干扰特别委员会的 CISPR22《信息设备的无线电干扰的测量方法和限值》、CISPR-24《信息设备的抗扰度测量方法和限值》和欧洲的 EN50091-2《UPS 的电磁兼容要求》，我国与 CISPR 标准相关的有 GB 9254—2008《信息技术设备的无线电骚扰限值和测量方法》和 GB/T 17618—2015《信息技术设备抗扰度限值和测量方法》。虽然标准不同，但是它们都是以 CISPR 为依据的，因此标准的基本限值是相同的，对 UPS 主要的要求具体如下：

1）输入电源端子的传导干扰限值。国标和 CISPR 标准对输入电源端子的传导干扰限值要求见表 2-2，表 2-2 中的限值没有考虑 UPS 的容量，而在欧标 EN59001-2 中则按 UPS 的功率容量区分为两种限值，即 25A 以下的和 25A 以上的限值不同，相对比较合理。

表 2-2　输入电源端子的传导干扰限值

限值级别	A 级		B 级	
	限值 /dBμV		限值 /dBμV	
频率范围 /MHz	准峰值	平均值	准峰值	平均值
0.15~0.5	79	66	66~56	56~46
0.5~5	73	60	56	46
5~30	73	60	60	50

2）辐射干扰限值。国标和 CISPR 对辐射干扰限值的要求见表 2-3。

表 2-3　辐射干扰限值（10m）

频率 /MHz	准峰值 /dB（μV/m）	
	A 级	B 级
30~230	40	30
230~1000	47	37

3）蓄电池端干扰。对于 UPS 蓄电池端的干扰，可以将它当作 UPS 系统的组成部分，所有 UPS 的测试指标是基于 UPS 系统的，因此可以不单独考虑。

4）通信接口干扰。对于 UPS 通信接口端的干扰，一般与强电信号无直接关系，较易符合相关要求，没有给出具体的限值。

5）输出电源端干扰。对于 UPS 输出电源端子的传导干扰，目前的国标和 CISPR 标准没有给出很明确的要求，通常做法是采用输入电源端子的干扰限值，但测试方法有些差异；而在欧洲标准中，则明确规定为在输入电源端子的限值上加 14dB。

UPS 最适合的应用领域是电网突然掉电，而用电设备不能停止工作或者需要一个充足的时间保护重要数据的场合。随着技术的进步，目前的 UPS 除了不间断供电之外，还具备过电压、欠电压保护功能，软件监控功能等，其中在线式 UPS 还具备与电网隔离、抗干扰特性。

在线式 UPS 框图如图 2-9 所示，在正常工作时，电子开关 S 接到触点 1 上，用电负载由 UPS 逆变供电，一旦 UPS 发生故障，电子开关 S 立即转换到触点 2 上，用电负载由市电供电。这种在正常情况下由 UPS 逆变器供电，市电作为备用的方法是最有效的电源抗干扰方法。因为 UPS 逆变器的输出电压非常稳定和"干净"，所以完全隔离了工业现场供电电源的各种干扰，而且抗雷击效果也较其他的方式好。由于逆变器输出的交流电压与市电同步锁相，因此，开关由 1 切换到 2 位置时，不会引起大的干扰。

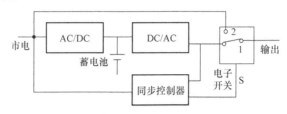

图 2-9 在线式 UPS 框图

2. 干扰源的消除和降低

UPS 主要由变压器、电感、高频变换器（AC/DC 变换、DC/AC 逆变器、PFC 的高频变换电路、DC/DC 变换器）构成，这些单元电路都易成为干扰源，尤其是其中的变压器、电感、高频电流回路，因此，合理地设计相应变压器和电感的参数、加工工艺和在整机中的布局，将大幅度降低单元电路的干扰强度，合理地设计高频电路的 PCB 布局、布线也可以改善 UPS 的电磁兼容性。对于功率变换器中的驱动电路，可以在不影响效率和内阻的情况下加大驱动电阻，增加开关电源的上升、下降沿时间，从而减少电压、电流的高频谐波含量。

（1）传导途径的抑制

由于所有的传导干扰只有通过传导途径才可能作用到 UPS 输入、输出的电源端子，因此，尽量减少传递途径也是减低 UPS 干扰的有效方法。例如，将所有的干扰源安装在离 UPS 输入、输出端子较远的位置，UPS 的输入、输出线不敷设在干扰源附近，在干扰源的进出位置进行抑制，通过屏蔽手段将干扰源和其他部分进行空间隔离。

（2）直接干扰抑制

在 UPS 输入、输出回路采用相应的电磁干扰滤波器件，如电感、高频电容、专用滤波器等将可以再次有效减少 UPS 整机对外的传导干扰，实践表明，只要适当加大滤波器的相关参数和衰减 dB 值，一般都可以将 UPS 的传导干扰降低到标准的限值以内。滤波器应靠近 UPS 的输入、输出端安装，因为即使是多几厘米长的接线也会增大干扰，插座式的滤波器将是最为理想的选择。另外，在滤波器中的电容或外加的电磁干扰滤波电容最好是无感的，以增强滤波效果。

（3）辐射源的抑制

在 UPS 中，辐射源的辐射强度抑制方法基本同抑制传导的方法相同，因为干扰源本身既有传导干扰又有辐射干扰；另外，对于辐射干扰，对辐射源采取适当的屏蔽措施，可降低辐射干扰的电平和能量。根据电磁场原理，一个接地良好理想密闭的金属六面壳体的内外电磁场不存在相互干扰，因此 UPS 的外壳应采用金属材料，且各个面之间应良好连接，保证为一个等电动势体，这样即可十分有效地减弱UPS 对外的辐射干扰。一般对于电磁兼容要求严格的场合，UPS 的壳体不宜采用塑料制作。

（4）进出 UPS 连线处理

由于 UPS 必须有输入、输出端子、蓄电池扩展端子，用于连接导线进出 UPS 的外壳，因此这些连接导线的防干扰处理十分重要，将直接影响到能否符合标准要求，一般应在这些连接导线上适当地设置高频磁环和高频电容，以改善其电磁兼容性。

（5）UPS 的雷电防护

在 UPS 实际应用中，经常出现不仅不能有效地保护电源而且自己也常被雷击坏的现象，因 UPS 为其他设备提供不间断、净化电源，安装在用电设备的前端，所以当雷电直击到低压电源线或在电缆上产生感应雷电时，电源导线上的过电流、过电压经过低压配电系统，首先冲击 UPS，而 UPS 的稳压范围一般单相在160~260V，三相在 320~460V 之间。要防止瞬间 10~20kV 的雷电冲击波的过电压幅值是不可能的，这就是 UPS 遭雷击坏的主要原因。因此应在 UPS 的输入端安装避雷器件，以达到保护 UPS 的目的。

部分 UPS 内部根据国际 IEC801-5 的标准（抑制吸收电源供电线路输入端的雷电电压及电流的强浪涌，其冲击电流为 20kA，冲击电压为 6kV，波形为 8/20μs）安装有标准的避雷器件，这类 UPS 是不可能完善地保护 UPS 自身及其供电的设备免遭雷电侵害的。

根据 UPS 的工程应用实践和长期测定的统计资料表明，直击雷在一般低压架空线路上产生的过电压幅值高达 100kV，通信线路上高达 40~60kV。感应雷电过电压幅值在无屏蔽架空线上可达 20kV，在无屏蔽地下电缆上可达 10kV，可想而知，即使 UPS 装有符合 IEC801-5 标准的避雷器件，假如其电源线路前端（配电室、房、柜、箱）没有加装有效的高能量避雷器件，这类 UPS 同样会遭受雷击损坏的。为此，应在 UPS 电源端安装适当容量的低压电源避雷器，构成第三级防护，以保证UPS 的安全可靠运行。

3. UPS 供电系统的配置

在实时控制的系统中，系统突然断电的后果不堪设想，应在系统电源中配置UPS。由于 UPS 容量有限，一般仅将其供电范围保证在控制系统主机、通信模块、远程 I/O 站的各个机架和控制系统相关的外部设备上。

UPS 供电系统的配置一般指的是在 UPS 供电系统中配置了哪些硬件，在高性能和高可靠性硬件"配置"的基础上，再加上合理的"设置"，UPS 系统才能启动

第2章

和运行，在能运行的基础上再进行 UPS 系统管理上的优化"配置"。

由于后备式和在线互动式 UPS 在应用上的局限性，考虑到实时控制系统在工业生产中的重要性，不考虑后备式和在线互动式 UPS。根据负载设备的配置位置，通常选用大容量的 UPS 集中供电方案。其原因是：

1）大容量 UPS 的平均无故障时间较长，一般大于 200000h，故障率较低。

2）UPS 的每单位千伏安的价格，随着 UPS 容量的增大而下降。

3）大容量 UPS 方便管理，维护较有保障。

4）有利于用户更经济合理地使用蓄电池。

由于大部分工业企业的用电环境波动较大，在设计中选用允许供电电网波动范围大的 UPS 机型，可以更好地适应供电电网恶劣的供电环境。选用 UPS 过载能力强和具有优良抗输出短路能力的机型，因只要 UPS 执行供电电网交流旁路供电与逆变器供电之间的切换操作，就总是存在着出故障的概率。选用的 UPS 抗过载能力越强，客观上 UPS 的切换机会就越少，随之而来的是 UPS 的故障率越低。并要配置适当的抗瞬态浪涌抑制器，以便更好地保护控制设备。

选用 UPS 输出中性线对地线电位低的机型，可以获得尽可能高的数据传输速率，降低数据传输的误码率。根据控制系统不同级别的要求，组成具有不同网控功能的智能化 UPS 供电系统。

UPS 虽然可靠性很高，一般单台 UPS 的平均无故障时间在 10 万 h 以上，但由于供电条件的变化，UPS 本身电气器件的老化，个别元器件过早失效等都会引起 UPS 故障。为了保证 UPS 供电系统稳定及高可靠地工作，优选双机热备份 UPS 供电系统，如图 2-10 所示，其特点如下：

1）可靠性比单机高，达到双重安全保障。

2）若发生停电或一台 UPS 故障，另一台 UPS 仍可提供高质量的供电。

3）维护时，仍保持 UPS 的正常功能。

4）两台 UPS 寿命皆延长。

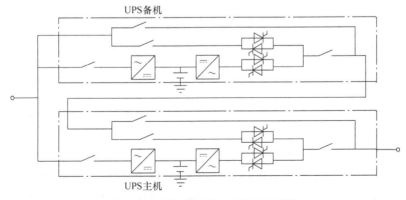

图 2-10　双机热备份 UPS 供电系统

在图 2-10 所示的双机热备份 UPS 供电系统中，UPS 备机的输出端接至 UPS 主机的"旁路电源"输入端，两台 UPS 的"交流电源"输入端接至同一市电电源。在双机热备份 UPS 供电系统正常工作时，由 UPS 主机给负载提供电源。当 UPS 主机内部出现故障，如 DC 电压过低、过热、逆变器输出电压超出允许范围、逆变器失效等，或者 UPS 主机由蓄电池供电时，蓄电池电量耗尽，此时 UPS 主机会发出告警，UPS 输出端静态开关会自动切换至旁路，由 UPS 备机为负载提供所需电源。

当异常状况消除后，静态开关会自动从旁路（UPS 备机）转入 UPS 主机的逆变器输出端，此时由主机 UPS 继续为负载提供电源。在停电、一台 UPS 故障、系统维护等情况发生时，静态开关的切换在控制电路的控制下，确保不会在切换时有任何断电情况发生。

UPS 应设置在不易燃性室内，要尽量靠近控制设备负载，设置时的具体保持距离如图 2-11 所示。蓄电池要遵照消防法规设在不易燃专用室内，免维护蓄电池可以设置在与 UPS 装置相同的场所，蓄电池设置时的保持距离如图 2-12 所示。UPS 设备的维护空间是：前面 1200mm 以上，后面 100mm 以上，上面 500mm 以上。

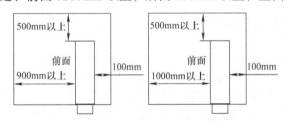

图 2-11　UPS 设备设置时的保持距离

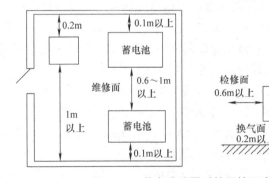

图 2-12　蓄电池设置时的保持距离

UPS 工作的室温为 0~40℃，考虑到 UPS 可靠性与寿命，室温应保持在 25℃。由于蓄电池释放氧气，因此，要增加有适当面积的换气孔，把氧气浓度控制在危险浓度以下。UPS 的可靠性与空调设备的可靠性有关，空调设备功率应根据 UPS 设备的发热量来确定，发热量等于 UPS 自身发热 + 配电设备发热 + 电缆发热，其中

UPS 自身发热量占的比例较大，可由下式计算：

$$Q = P_\mathrm{i} \times \phi \times K \tag{2-3}$$

式中，Q 为 UPS 发热量（kJ/s）；P_i 为 UPS 输出功率（kV·A）；ϕ 为 UPS 输出功率因数；$K = 1/\eta - 1$，η 为 UPS 总效率。

当 UPS 室内温度上升或空调发生故障时，应考虑必要的对策。

根据用电负荷容量，设计 UPS 的配电系统及配电回路，UPS 配电系统的配电线缆一般采用辐射暗敷设方式，配电线缆导线的线径应根据负载连续工作的电流选择，但要与主断路器的保护功能相配合，一般将主干线的允许电压降控制在 2% 以内。

UPS 负载侧的要求是，UPS 输出为非接地系统时，旁路供电电路也应采用非接地系统。若旁路供电电路为接地系统，则需要采用隔离变压器，反之，UPS 输出为接地系统，旁路也必须为接地系统，若为非接地系统，则要用隔离变压器。

2.3 浪涌保护器（SPD）的应用

2.3.1 SPD 的特性参数

1. SPD 类型

SPD 的英语全称是 Surge Protective Device，其译意为浪涌保护器，是限制雷电反击、侵入波、雷电感应和操作过电压而产生的瞬时过电压和泄放浪涌电流（沿线路传送的电流、电压或功率的暂态波。其特性是先快速上升后缓慢下降）的器件。

SPD 在正常情况下呈现高阻状态，当电路遭遇雷击或出现过电压时，SPD 在纳秒级时间内实现低阻导通，瞬间将能量泄放入大地。同时将过电压控制到一定水平。当瞬态过电压消失后，SPD 会立即恢复到高阻状态，熄灭在过电压通过后产生的工频续流。SPD 依据其动作原理、特性可分为下列三类：

1）间隙式浪涌吸收器：间隙式浪涌吸收器的吸收电流范围在 500A~500kA 之间。

2）半导体式浪涌吸收器：分为 O-Varistor（吸收电流范围 200A~20kA）、SiC-Varistor（吸收电流范围 100A~10kA）、Se-Surge Absorber（吸收电流范围 10A~1kA）、双向稳压二极管（吸收电流范围 1~50A）。

3）滤波式浪涌吸收器：分为 CR（电容加电阻，吸收电流范围 1~50A）与 CL（电容加电感，吸收电流范围 10A~1kA）两种，这也是电子设备电源中最常见的浪涌吸收装置。

（1）SPD 按所使用的元器件特性分类

1）电压开关型（VST）SPD。电压开关型 SPD 在没有浪涌时具有高阻抗，有浪涌电压时能立即变成低阻抗，电压开关型 SPD 常用的元器件有放电间隙、气体放电管、闸流管（硅可控整流器）和三端双向晶闸管开关元器件。这类 SPD 有时也称"短路型 SPD"，一般可用于 LPZ0 区、LPZ1 区。电压开关型 SPD 电路符号如图 2-13a 所示。

2）电压限制型（VLT）SPD。电压限制型 SPD（又称限压型 SPD）在没有浪涌时具有高阻抗，但随着浪涌电流和电压的上升其阻抗将持续地减小。常用的电压限制型 SPD 有压敏电阻和抑制二极管，这类 SPD 有时也称为"钳位型SPD"，一般可用于 LPZ1 区、LPZ2 区等，电压限制型 SPD 电路符号如图 2-13b所示。

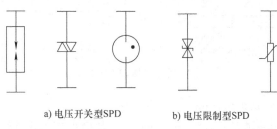

a) 电压开关型SPD   b) 电压限制型SPD

图 2-13　电压开关型和电压限制型 SPD 电路符号

3）复合型 SPD。复合型 SPD 是由电压开关型 SPD 和电压限制型 SPD 组成的，其特性随所加电压的特性可以表现为电压开关型、电压限制型或两者皆有。

（2）SPD 按端口分类

1）一端口 SPD。如图 2-14 所示，其与被保护电路并联，有分开输入和输出端，在这些端子之间设有特殊的串联阻抗。

2）多端口 SPD。如图 2-15 所示，有两组输入和输出端子，在这些端子之间有特殊的串联阻抗。

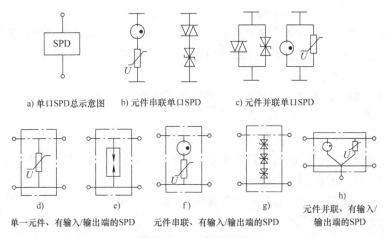

a) 单口SPD总示意图   b) 元件串联单口SPD   c) 元件并联单口SPD

d)　　　　e)　　　　f)　　　　g)　　　　h)
元件并联、有输入/
输出端的SPD

单一元件、有输入/输出端的SPD　　元件串联、有输入/输出端的SPD

图 2-14　一端口 SPD

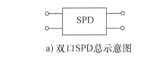

a) 双口SPD总示意图

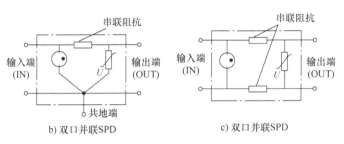

b) 双口并联SPD　　　　　　　　　　　c) 双口并联SPD

图 2-15　多端口 SPD

（3）电源 SPD 按放电电流分类

1）耐受 10/350μs 波的产品。10/350μs 波形是模拟直击雷波形，波形能量大，目前有空气间隙型和压敏电阻型产品。

2）耐受 8/20μs 波的产品。8/20μs 波形是模拟感应雷波形，是目前使用较多的波形。常见放电电流参数有 100kA、80kA、60kA、40kA、20kA 等。

（4）电源 SPD 按保护级别分类

1）单级式。根据雷电防护级别，此种 SPD 仅实现单级保护功能，每一级均需安装相应级别 SPD 后，才实现了雷电防护的完整防护。

2）复合式。由于 SPD 设计具有能量协调功能，能够协调不同级别之间的能量配合，因此可同时实现一、二级或一、二、三级的雷电防护，而无须用退耦器。

（5）电源 SPD 按外形结构分类

1）模块式。可根据电网接线方式，自由组合，选择不同数量和种类 SPD。

2）箱式。将一组或两组模块式 SPD 置于一个防雷箱体中，适用于配电柜或设备柜空间不足的场合。

2. SPD 的Ⅰ、Ⅱ和Ⅲ级试验及产品的主要术语定义

（1）SPD Ⅰ、Ⅱ和Ⅲ级试验

SPD 需通过Ⅰ、Ⅱ和Ⅲ级试验：

Ⅰ级分类试验：对试品进行标称放电电流 I_n、1.2/50μs 冲击电压和最大冲击电流 I_{imp} 试验，I_{imp} 的波形为 10/350μs。

Ⅱ级分类试验：对试品进行标称放电电流 I_n、1.2/50μs 冲击电压和最大放电电流 I_{max} 试验，I_{max} 的波形为 8/20μs。

Ⅲ级分类试验：对试品进行混合波（1.2/50μs、8/20μs）试验。

Ⅰ级分类试验用于模拟导入的部分雷电流冲击，经Ⅰ级分类试验的SPD一般安装在有防雷装置的建筑物入户处，Ⅱ级和Ⅲ级分类试验用于承受持续时间短的雷击电磁脉冲，此类SPD一般安装在建筑物室内。

（2）SPD产品的主要术语定义

SPD产品的术语很多，其中较常用的术语有：

1）标称放电电流I_n。I_n为流过SPD的模拟雷电流波的波头时间和半值时间之比等于8/20μs电流波的峰值，用于Ⅱ级试验的SPD分级以及Ⅰ级、Ⅱ级试验的SPD的预处理试验。对于Ⅰ级分类实验I_n不小于15kA，对于Ⅱ级分类实验I_n不小于5kA。

2）最大放电电流I_{max}。I_{max}用于SPD的Ⅱ级分类试验，流过SPD的电流具有8/20μs波形的电流峰值，其值按Ⅱ级动作负载的程序确定，I_{max}大于I_n。

3）冲击电流I_{imp}。I_{imp}用于SPD的Ⅰ级分类试验，SPD的电流具有10/350μs电流波峰值电流，反映了SPD的耐直击雷能力。由电流峰值I_{peak}和电荷量Q确定，即采用10/350μs波形模拟了雷电流电流幅值I_{peak}和雷电流的电荷量$Q = 0.5I_{peak}$，其试验应根据动作负载试验的程序进行，其值可根据建筑物防雷等级和进入建筑物的各种设施（导电物、电力线、通信线等）进行分流计算。

4）最大持续工作电压U_C。U_C是可持续加于SPD两端的最大交流电压有效值和直流电压，超过此值运行，SPD将遭受致热损坏。在220/380V三相系统中，选择SPD的最大持续运行电压U_C应依据不同的接地系统类型来选择，如表2-4所示。建筑物的配电系统一般采用TN-S制，所以SPD的最大持续运行电压$U_C \geq 1.15U_0$，故选用275V的SPD。

表2-4　最大持续运行电压U_C

U_C	接地系统			
	TT	TN-S	TN-C	IT
共模保护（MC）	$\geq 1.55U_0$	$\geq 1.55U_0$	$\geq 1.55U_0$	$\geq 1.55U_0$
差模保护（MD）	$\geq 1.55U_0$	$\geq 1.55U_0$	—	—

注：U_C为最大工作电压；U_0为相线、中性线间的标称电压，在220/380V三相系统中$U_C = 220$V；U为线间电压，$U = 380$V；共模保护（MC）指的是相线对地和中性线对地的保护；差模保护（MD）指的是相线对中性线间的保护，对TT系统和TN-S系统是必需的。

5）残压U_r和保护电压U_p。残压U_r是指在额定放电电流I_n下的残压值；U_p表征SPD限制接线端子间电压的性能参数，其值可从优选值中选择，该值应大于限制电压的最高值。保护电压U_p与U_C电压和U_r有关，$U_r < U_p$，保护电压的选择与被保护设备的耐压值有关。根据氧化锌压敏电阻特性，当选用压敏电阻的最大持续工作电压U_C值高时，其U_p和U_r也会相应提高，如在放电电流为10kA（8/20μs）时：

$U_C = 275V$，U_r（10kA，8/20μs）≤ 1200V；

$U_C = 385V$，U_r（10kA，8/20μs）≤ 1600V；

$U_C = 440V$，U_r（10kA，8/20μs）≤ 1800V。

对于电源保护器而言，可分为一、二、三、四级保护，保护级别决定其安装位置，在信息系统中保护级别需与被保护系统和设备的耐压能力相匹配。

6）限制电压。在 SPD 上施加规定波形和幅值的冲击电压时，在 SPD 接线端测得的最大电压峰值。

7）残压峰值 U_{res}。U_{res} 是放电电流在 SPD 端子间呈现的电压峰值。

8）SPD 的脱离器。当 SPD 失效时，把 SPD 从电源系统断开所需的装置。

9）持续运行电流。持续运行电流是指在 SPD 加上 U_C 时，流入 SPD 保护元器件的电流和流入与其并联的内部电路的电流之和。

10）续流 I_f。当 SPD 放电动作刚结束瞬间，流过 SPD 的由供电电源提供的工频电流。

2.3.2　SPD 配置原则及要点

1. SPD 配置原则

SPD 配置的原则如下：

1）若电源进线为架空线，则在电源总配电柜处安装标称通流容量 ≥ 20kA（10/350μs 波形）的开关型 SPD 作为一级防护，其放电电压 $U_{SG} ≥ 4U_C$（U_C：最大工作电压），响应时间 ≤ 100ns。也可安装标称通流容量 ≥ 80kA（8/20μs 波形）的限压型 SPD 作为一级防护，其标称导通电压 $U_n ≥ 4U_C$、响应时间 ≤ 100ns。

2）若电源进线为埋地引入电缆，且长度大于 50m，则在电源总配电柜处安装标称通流容量 ≥ 60kA（8/20μs 波形）、标称导通电压 $U_n ≥ 4U_C$、响应时间 ≤ 100ns 的 SPD 作为一级防护。

3）在分配电柜上应安装标称通流容量 ≥ 40kA（8/20μs 波形）、标称导通电压 $U_n ≥ 3U_C$、响应时间 ≤ 50ns 的 SPD 作为二级防护。

4）在用电设备前应安装标称通流容量 ≥ 20kA（8/20μs 波形）、标称导通电压 $U_n ≥ 2.5U_C$、响应时间 ≤ 50ns 的 SPD 作为三级防护。

5）在重要的电子设备或计算机机房，在 UPS 输入端安装标称通流容量 ≥ 10kA（8/20μs 波形）、标称导通电压 $U_n ≥ 2U_C$、响应时间 ≤ 50ns 的 SPD 作为精细防护。

6）采用低压二次直流电源供电的设备，应在设备上安装低压直流 SPD 作为直流电源防护，其标称通流容量 ≥ 10kA（8/20μs 波形），标称导通电压 $U_n ≥ 1.5U_Z$（U_Z：直流工作电压），响应时间 ≤ 50ns。

为防止 SPD 老化造成短路，安装 SPD 的线路上应设有过电流保护装置，并应选用有劣化显示功能的 SPD。供电系统的 SPD 技术性能参数见表 2-5。

表 2-5　供电系统的 SPD 技术性能参数

防雷等级	应采用保护级数	第一级通流容量 /kA		第二级通流容量 /kA	第三级通流容量 /kA	第四级通流容量 /kA	其他
		架空进线	埋地进线				
A 级	四级	20~40（10/350μs）、60（8/20μs）	40~100（8/20μs）	20~40（8/20μs）	10~20（8/20μs）	UPS 后装功率>1.2 倍设备总用电量的 SPD	第一级埋地进线 >50m；第四级 SPD 应带滤波
B 级	三级	10~20（10/350μs）、60（8/20μs）	40~60（8/20μs）	20~40（8/20μs）	10~20（8/20μs）	UPS 后装功率>1.2 倍设备总用电量的 SPD	第一级埋地进线 >50m；第四级 SPD 应带滤波
C 级	二级	10~20（10/350μs）、60（8/20μs）	20~40（8/20μs）				埋地进线 >50m
D 级	一级	20~40（8/20μs）					
SPD 的自保护要求	1.SPD 应有当自身泄漏电流超标时能从电路自动切除的装置 2.SPD 的外封装材料应为阻燃型材料						

注：SPD 应有劣化显示和故障自动切除功能。

2. 供电系统 SPD 配置要点

供电系统 SPD 配置的要点如下：

1）SPD 两端的引线应做到最短。当发生雷击时，被保护设备和系统所受到的浪涌电压是 SPD 的最大钳压加上其两端引线的感应电压：$U = U_{L1} + U_p + U_{L2}$，如图 2-16 所示。

由于雷击电磁波是一种高频电磁波，会在引线高频阻抗上感应很高的电压，为使最大浪涌电压足够低，其两端的引线应

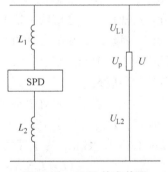

图 2-16　SPD 的安装图

做到最短，总长不应超过 0.5m。因此，在工程设计时，若进线母线在配电柜的柜顶，应将 SPD 装于配电柜的上部，并与柜内最近的接地母线连接。

2）两级保护。若用电设备与电源进线端的 SPD 之间的距离较远（两者间距大于 30m），SPD 的电压保护水平 U_p 加上其两端引线的感应电压，以及反射波效率不足以保护用电设备，所以利用级联技术，在分配电柜或用电设备配电柜内再装设一级 SPD，通流容量为 8kA。

3）两级 SPD 的间距。由于在供电线路上多处安装了 SPD，其选用原则是上一级 SPD 的参数高于下一级参数。为了使上级 SPD 泄放更多的雷电能量，必须延迟雷电波过早地到达下级 SPD，否则下级 SPD 过早启动，会遭到过多的雷电能量而不能保护设备，甚至烧毁。雷电侵入波在电缆中的传播速度为 $v = 1.5 \times 10^8 \text{m/s}$，放电间隙的动作响应时间 T 为 100ns，限压元器件的响应时间为 25ns，那么，雷电侵入波在这个时间差（100-25）ns 内向前行进的距离 S 为

$$S = v \times T = (1.5 \times 10^8 \text{m/s}) \times (75 \times 10^{-9} \text{s}) = 11.25\text{m}$$

也就是说，如果第一级保护器件和第二级保护器件之间的距离（电缆）大于 11.25m，就能够保证前级保护先动作，从而达到将大的雷电流先泄放掉的目的。由于 SPD 的实际响应时间有一定的误差，故应将前、后级保护器件间的距离考虑得更长一些（15m 是比较合适的）。

如果前后两级保护均为限压型器件，响应时间均为 25ns，但考虑到其实际响应时间的误差（可假定为 25ns），那么为了保证前级先动作，则两级保护间的距离应该为

$$S = v \times T = (1.5 \times 10^8 \text{m/s}) \times (25 \times 10^{-9} \text{s}) = 3.75\text{m}$$

根据上面的计算，电压开关型 SPD 与限压型 SPD 之间的线路长度不小于 10m 似乎稍小了些，而限压型 SPD 之间的线路长度不小于 5m 则是合适的。

在国标《建筑物防雷设计规范》GB 50057—2010 中规定："在一般情况下，当在线路上多处安装 SPD 且无准确数据时，电压开关型 SPD 与限压型 SPD 之间的线路长度不宜小于 10m，限压型 SPD 之间的线路长度不宜小于 5m"；另外，在原信息产业部行业标准《通信局（站）防雷与接地工程设计规范》YD 5098—2005 中规定："当上一级 SPD 为开关型 SPD，次级 SPD 采用限压型 SPD 时，两者之间的电缆线间距应大于 10m。当上一级 SPD 与次级 SPD 都采用限压型 SPD 时，两者之间的电缆线间距应大于 5m"。

在实际的工程中，有时很难保证第一级保护器件（间隙型）和第二级保护器件之间的距离（电缆）大于 15m，因此，经常采用集中电感来等效这个距离。导线的电感 $L_0 \approx 1.6 \times 10^{-6} \text{H/m}$，为了等效 15m 长导线分布参数的电感量，集中电感应为

$$L = L_0 \times S = 1.6 \times 10^{-6} \text{H/m} \times 15\text{m} = 24\mu\text{H}$$

也就是说，可以用电感量为 24μH 的集中电感来等效 15m 长的导线。

如果前后两级均为限压型器件，若用集中电感来等效，则电感量应为

$$L = L_0 \times S = 1.6 \times 10^{-6} \text{H/m} \times 5\text{m} = 8\mu\text{H}$$

侵入波遇到电感将发生折射和反射，从能量的角度出发，一部分能量被反射回去，那么折射过来继续前进的能量必然会减小。同时，电感能够使侵入波的波头陡度降低，这也是对过电压保护有利的一个因素。

4）SPD 的保护。为了防止 SPD 因各种因素损坏或由于暂态过电压而烧毁，

SPD 每级都应设置保护装置。可采用断路器或熔断器进行保护，保护器的断流容量均大于该处最大短路电流。特性曲线选用 C 型脱扣曲线，应能耐受 SPD 浪涌电流的冲击而不损坏。

要实现合理地选用和安装 SPD 器件，必须对工程作一个系统的评估，确定系统和设备需耐受的预期最大的浪涌电流。根据不同的配电系统来选择和安装 SPD，在设计中应使 SPD 的参数与被保护设备相匹配，选择技术性能比较高的产品，来保证所保护的设备安全、可靠地运行。

2.3.3　SPD 的选择原则及步骤

1. SPD 选择原则

SPD 是用于防护用电设备遭受雷电闪击及其他干扰造成的传导浪涌过电压的有效手段，进入建筑物的电源线应在 LPZB 与 LPZ1、LPZ1 与 LPZ2 区交界处，以及终端设备的前端根据 IEC1312 雷电电磁脉冲防护标准，安装上不同类别的 SPD。

选择 SPD 的原则是：被保护设备耐冲击电压值 >SPD 电压保护水平值 >SPD 限制电压值 >SPD_{1mA} 直流参考电压值 >SPD 最高持续电压值 > 电源最大故障过电压值 > 电网正常波动值。

在设计中应遵循分级保护的原则，例如对于电源部分的雷电防护，至少应采取开关型 SPD 与限压型 SPD 前后两级进行保护，各级 SPD 之间要做到有效配合，当两级 SPD 之间电源线的距离未达规定要求时，应在两级 SPD 之间采用适当退耦措施。建筑物引入电源的雷电防护，应由外及内，即从总电源配电柜到设备前端要分级保护，从粗保护到精细保护。

在选用 SPD 时要考虑供电系统的形式、额定电压等因素，LPZB 与 LPZ1 区交界处的 SPD 必须是经过 10/350μs 波形冲击试验达标的产品。在选择 SPD 时需要考虑多种综合因素，虽然国家有一定规范，但在国内外的文献中，选择 SPD 的方法不尽相同，根据 GB 50057—2010 第二章和附表六规定，选择首次和首次后的雷电流，应按全部雷电流的 50% 入地泄散，其余电流平均分配的原则（包括第二级，应加支路）进行计算标称放电流（通流容量）。

因为潮湿的环境可导致 SPD 特性变化，在设计选用中应考虑其工作环境是否符合要求（太湿的环境应考虑定时去湿）。并应选用可显示 SPD 的各种状态的（在 SPD 的面板上带有绿色和红色指示）SPD，绿色为正常，红色表示已损坏。

SPD 选用全保护模式，即具有 L（相线）-PE（保护线）、L-N（中性线）及 N-PE 线间的全保护，可保障无论雷电过电压发生在哪个线间，都会有效保护用电设备。同时，具有全保护的 SPD 可以一起启动泄放能量，避免了因没有采用全面保护措施系统因 SPD 启动上的差异而造成损坏，从而延长了 SPD 的寿命。

2. SPD 选择步骤

SPD 选型的实质是正确确定电压保护水平（残压）及最大放电电流，保持残压应小于被保护设备的耐压等级，从而可靠地保护设备，SPD 选择步骤是：

1）确定防雷等级。收集该地区雷暴强度 N_g 以及最大放电电流发生的概率 P、被保护设备耐受冲击水平、被保护设备价值（应根据国家经济水平而定）、被保护设备的重要性等信息，以便从规范中确定首次雷击及首次雷击以后的雷电流参量，亦可由年均雷暴日 T 来查取雷电流幅值的雷击概率（从实测的雷电流幅值的雷击概率曲线上）。

2）明确引入建筑物内各类管线及芯数，查取规范中进入建筑物的各种设施之间的雷电流分配，并估算出各管线的雷电流分流值。

3）明确被保护对象的耐冲击电压水平（查规范表 6.4.4）。

4）明确防雷区界面。根据不同界面选用不同级别分类试验的 SPD，应使流经 SPD 的实际雷电电流值小于以下值：Ⅰ级分类试验下，雷电流波形可采用 10/350μs 波；Ⅱ级分类试验下，雷电流波形可采用 8/20μs 波。

5）确定最大持续运行电压。SPD 用于低压配电系统中各电气设备、线路，应明确低压配电系统的接地形式。

6）根据 U_c 和浪涌发生时流经 SPD 的实际电流 I 值，确定出 SPD 的残压 $U_{(残压)}$ 值。

7）计算 SPD 引线感应电压 $L \times di/dt$（L 为每米直导线电感，di/dt 为最大电流陡度），可根据首次及首次以后雷击的雷电流参量确定，取其最大值。

8）计算最大浪涌电压，最大浪涌电压 $= U_{(残压)} + L \times di/dt <$ 设备耐受电压。

9）注意 SPD 的工频续流能力及 SPD 的暂态能量的耐受能力。

3. SPD 选择要点

（1）SPD 的最大放电电流 I_{max}

SPD 的最大放电电流 I_{max} 可根据当地的雷暴强度 N_g（或年均雷暴日 T_d）以及环境因素作适当选择，用于电源进线端 SPD 的最大放电电流 I_{max} 可按以下实况确定：

1）视是否在建筑物或其附近安装了避雷设施，如果安装有避雷设施则视其与建筑物的距离，若距离大于 50m，则为"不装"。

2）视建筑物的类型和地区是楼群多的地方还是少的地方，或是大工业区，或是小型工业区还是农村等。若是第三产业区或工业区，主要应考核供电要求是否严格，供电的连续性要求是否高等。

3）建筑物处在雷暴日的范围，如处在 25 天 / 年，25~50 天 / 年等，与雷暴日的年发生次数有关（雷暴日指一年中发生雷电的次数）。

根据 1）~3）选择 SPD 的 I_{max}（kA），并考虑不同的电源供电形式，综合考虑选择不同的 SPD。

（2）SPD 的电压保护水平 U_p

SPD 的电压保护水平是一个表征 SPD 限制电压的性能参数，它是从一系列的推荐值的列表中选取出来的。针对每一只 SPD 可以理解为残压值越低越好，选用的保护水平值应低于被保护设备或线路耐冲击的电压值。在选择时应考虑 SPD 耐压能力，其耐压能力应符合下式的要求：

$$U_\mathrm{smax}<U_\mathrm{p}<U_\mathrm{choc} \tag{2-4}$$

式中，U_choc 为被保护设备的冲击耐受电压值；U_smax 为接地系统类别和电网的最高运行电压；U_p 为 SPD 的电压保护水平。

根据 IEC60364-4，220/380V 三相配电系统的设备耐冲击过电压额定值见表 2-6。

表 2-6　220/380V 三相配电系统的设备耐冲击过电压额定值

类别	Ⅳ类	Ⅲ类	Ⅱ类	Ⅰ类
冲击耐压	较低	一般	高	很高
负载类型	电子设备电视、音响、录像机、计算机等通信设备	家用设备洗衣机、电冰箱、电动工具、加热器	工业设备电动机、配电柜、电源插头、变压器等	工业电器计量仪表、一次回路过电流保护设备
冲击耐压 /kV	1.5	2.5	4	6

根据表 2-6，配电设备的冲击耐压为 4kV，通信机房和计算机机房内的设备为 1.5kV，所选 SPD 的 U_p 均必须小于相应的冲击耐压。

（3）SPD 的最大持续运行电压 U_C 及工频过电压范围

1）在 220/380V 三相系统中，SPD 的最大持续运行电压 U_C 应依据不同的接地系统类型来选择。若建筑物的配电系统采用 TN-S 制，则 SPD 的最大持续运行电压 $U_\mathrm{C} \geq 1.5U_0$，故选用 275V 的 SPD。

2）SPD 工频过电压范围选择，在选择时必须有效保证不会因工频过电压而烧毁 SPD，因为 SPD 是防瞬态过电压（μs 级）器件，属于暂态过电压，工频过电压（ms 级）的能量是瞬态过电压的能量的几百倍，它会烧毁 SPD，因此应选择较高工频工作电压的 SPD。

（4）SPD 通流容量

电源保护用 SPD 的通流容量（冲击电流稳定性）是重要技术指标，SPD 通流容量有 10~480kA 等各个级别，电源进线端应选用通流容量为 65kA 的 SPD，分配电柜应选用通流容量为 8kA 的 SPD。应选择性价比高的产品，利用保护级间的合理配置来提高被保护系统的整体性能。因为冲击通流容量较小的 SPD，一般价格远低于冲击通流容量大的 SPD。选用耐反复冲击次数高的 SPD，在通过标称放电电流时，SPD 可使用 20 次不损坏；在通过最大放电电流时，可使用 1 次或 2 次不损坏。

（5）SPD 的响应时间

SPD 在处理快速瞬态变化时，响应时间是最重要的。选用 SPD 的响应时间要快，一般要求其响应时间 ≤ 25ns。SPD 通过电压与其响应时间有关，SPD 的响应时间慢，其通过电压就会变高。在 SPD 选择时，响应时间并不是唯一的考虑因素，还有连接导线上存在的感应电压下降问题。在各种 SPD 设计中，对于瞬变环境，通过 SPD 的能量也会受到 SPD 钳位电压的影响，在选择时不应仅基于响应时间和额定电压，而且还应认真考虑具体环境。

IEEE C62.33 中定义的响应时间，是一个用来表征"过冲"特性的物理量，与通常意义上的响应时间是完全不同的另外一个概念。在冲击电流波前很陡、数值又很大时，测量带引线 SPD 的限制电压的结果表明，其大于 8/20 标准波时的限制电压，这种电压增量称作"过冲"。尽管 SPD 的材料对陡冲击的响应时间有所不同，但差别不大。造成"过冲"的主要原因是 SPD 在载流引线周围建立起了磁场，此磁场在器件引线和被保护线路之间的环路中，或者在引线与模拟被保护线路的测量电路之间的环路感应出电压。

在 SPD 典型的使用情况下，一定的引线长度是不可避免的，这种附加电压将加在 SPD 后面的被保护线路上，所以在冲击波的波前很陡而数值又很大的条件下测量限制电压时，必须认识到电压"过冲"对于引线长度和环路耦合的依赖关系，而不能把"过冲"作为 SPD 内在的特性来看待。

国际电工委员会（IEC）关于 SPD 的技术标准 IEC61643-1 和 IEC6163-21 都没有引入"响应时间"这一参数，而在 IEEE 技术标准 C62.62 中明确指出，波前响应的技术要求对 SPD 的典型应用而言是没有必要的，可能引起技术要求上的误导，因此如无特别要求，不规定该技术要求，也不进行试验、测量、计算或其他认证。这是因为：对于冲击保护这一目的而言，在规定条件下测得的限制电压，才是十分重要的特性。

SPD 对波前的响应特性不仅与 SPD 的内部电抗以及对冲击电压起限制作用的非线性元器件的导电机理有关，还与侵入冲击波的上升速率和冲击源阻抗有关，此外，连接线的长短和接线方式也有重要影响。

（6）多级 SPD 的动作顺序

当单级 SPD 不能将入侵的冲击过电压抑制到规定保护电平以下时，就要采用含有二级、三级或更多级的 SPD。多级 SPD 的动作顺序取决于以下因素：

1）入侵冲击波的波形，主要是电流波前的电流变化率（$\mathrm{d}i/\mathrm{d}t$）。

2）多级 SPD 内非线性元器件的导通电压 U_{n1} 和 U_{n2} 的相对大小。

3）隔离阻抗 Z_S 的性质，是电阻还是电感，以及它们的大小。

当隔离阻抗 Z_S 为电阻 R_S 时，多数情况是第二级先导通，第二级导通后，当冲击电流 I 上升到 $i \times R_S + U_{n2} \geqslant U_{n1}$ 时，第一级才导通。第一级导通后，由于在大电流下第一级的等效阻抗比 R_S 加第二级的等效阻抗之和小得多，因而大部分冲击电流经第一级泄放，而经第二级泄放的电流则要小得多。若第一级为气体放电管，它导通后的残压通常低于第二级的导通电压 U_{n2}，于是第二级截止，剩余冲击电流全部经第一级气体放电管泄放。

若隔离阻抗 Z_S 为电感 L_S，且侵入电流一开始的上升速度相当快，条件 $L_S \times (\mathrm{d}i/\mathrm{d}t) + U_{n2} > U_{n1}$ 得到满足，则第一级先导通。若第一级导通时的限制电压为 $U_{C1(1)}$，则以后随着入侵冲击电流升速（$\mathrm{d}i/\mathrm{d}t$）的下降，当条件 $U_{C1(1)} \geqslant L_S \times (\mathrm{d}i/\mathrm{d}t) + U_{n2}$ 得到满足时，第二级才导通。第二级导通后，将输出端的电压抑制在一个较低的电平上。

4. 安装 SPD 位置及使用时应注意的事项

SPD 安装的位置和连接导线要求如下：

1）电源线路的各级 SPD 应分别安装在被保护设备电源线路的前端，SPD 各接线端应分别与配电柜内线路的同名端相线连接。SPD 的接地端与配电柜的保护接地线（PE）的接地端子板连接，配电柜接地端子板应与所处防雷区的等电位接地端子板连接。各级电源 SPD 连接导线应平直，其长度不宜超过 0.5m。

2）带有接线端子的电源 SPD 应采用压接；带有接线柱的 SPD 宜采用线鼻子与接线柱连接。

3）SPD 的连接导线最小截面积宜符合表 2-7 的规定。

表 2-7　SPD 的连接导线最小截面积

防护级别	SPD 的类型	导线截面积 /mm²	
		SPD 连接相线铜导线	SPD 接地端连接铜导线
第一级	开关型或限压型	16	25
第二级	限压型	10	16
第三级	限压型	6	10
第四级	限压型	4	6

注：组合型 SPD 参照相应保护级别的截面积选择

使用 SPD 时应注意以下事项：

1）应在不同使用范围内选用不同性能的 SPD，在选用 SPD 时要考虑供电系统、额定电压等因素。

2）SPD 保护必须是多级的，例如对电子设备电源部分的雷电保护，至少需要泄流型 SPD 与限压型 SPD 前后两级进行保护。

3）为使各级 SPD 之间做到有效配合，当两级 SPD 之间电源线或通信线距离未达规范时，应在两级 SPD 之间采用适当退耦措施。

4）在城市、郊区、山区的电源条件下，在选用过电压型 SPD 时应考虑网点供电电源不稳定因素，选用合适工作电压的 SPD。

5）SPD 应严格依据厂方的要求进行安装，只有正确安装 SPD 才能达到预期的效果。

5. SPD 与接地汇集排连接

（1）并联 SPD 与串联 SPD 的区别

1）并联 SPD。并联型 SPD，是用导线将 SPD 并联在电源线与接地线上。由于雷电流波随时间的变化率 di/dt 极大，导线上的分布电感 $L×di/dt$ 在导线上形成电位差。1m 长导线（截面积 10mm²），流过 1kA 的雷电流，约产生 0.1kV 的电位差。

在一般的安装环境，对并联型 SPD 来说，连接导线长度大都在 2m 左右（包括接至接地汇集排）。假设 10kA 的电流流过 SPD，导线电位差为 $2×0.1×10kV=$ 2kV，SPD 本身的电位差为 1kV，这样加在设备端的电位差为 2kV+1kV = 3kV，如图 2-17 所示，此电压足以损坏设备，因此，连接 SPD 的导线长度应越短越好。

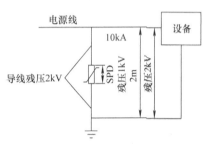

图 2-17　SPD 残压组成图

2）串联 SPD。串联型 SPD 具有输入和输出接线端子，当雷电波侵入电源线时，SPD 回路立即产生释放动作。串联型 SPD 电气原理图如图 2-18 所示，使过电压、过电流得到有效抑制，并使各线路间的电位差基本保持不变，雷击后自动恢复到正常状态，同时计数器记录雷击次数。

图 2-18　电气原理图

由于串联型 SPD 由多级泄流和钳位组成防护电路，在电源输入端接受 20kA 冲击下，输出端的电位可达到 1000V 以下，是用电设备理想的过电压、过电流保护装置。

（2）接地汇集排连接方法

1）正确的接地汇集方法。在图 2-19 中，由于两个 SPD 的安装位置靠近接地汇集排 G，所以接地连接"A~G"和"C~G"可以做到最短连接、地线上电位差最小；设备保护接地线"B~G"虽然较长，但无电流流过，B、G 两点电位相等，被保护设备安全。

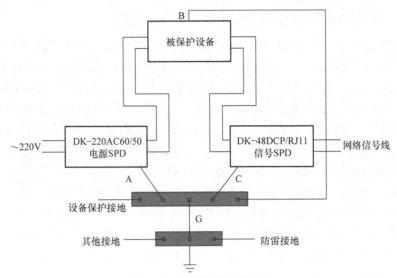

图 2-19　正确的接地汇集法

2）错误的接地汇集方法。在图 2-20 中，由于接地汇集排 G 靠近电源 SPD，电源 SPD 的接地线"A~G"可以做到足够短，但由于信号 SPD 远离接地汇集排 G，造成其接地连接"C~G"较长。当信号 SPD 泄放雷电流时，将在连线"C~G"上产生较高的对地电位差，使得"C~G"间的电位差大于信号接口的耐压而损坏。解决的办法是：将网络信号线加长，把信号 SPD 的接地点移至接地汇集点 C 上，缩短连线"C~G"的长度。

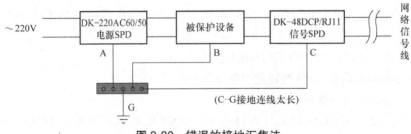

图 2-20　错误的接地汇集法

（3）SPD 接地汇集注意事项

1）为了做到接地电位相等，被保护设备与 SPD 必须共用一个接地汇集排。

2）为了减小 SPD 泄放的雷电流在接地引线上形成的电位差，SPD 的接地线应尽可能短且粗。

3）为了做到被保护设备的地电位与接地汇集相等，设备的保护接地线不能有电流流过，接地连接可适当加长。

4）避雷针（带）引下线和其他干扰电流不能流过设备与 SPD 用的接地汇集排，以免造成接地汇集排上各连接点电位不相等。

2.3.4 建筑物入口处 SPD 的配置及能量配合

随着强制性国标 GB 50057—2010 的全面实施及 IEC、IEEE 等陆续对一些规范和标准做了修改和补充，使对建筑物内电子系统的瞬态浪涌保护设计有了依据。由于雷击时的能量的主要部分集中在了首次雷击波（10/350μs），所以 GB 50057—2010 在附录中把首次雷击波的参数作为雷击电流的参数，而 8/20μs 波形并非自然界具有的波形，前中国电力科学研究院许颖副院长的解释是："60 年以前在氧化锌（ZnO）压敏电阻诞生前，对碳化硅（SiC）压敏电阻做 1.2/50μs 绝缘冲击电压实验时，短路电流近似于 8/20μs 波形，故把 8/20μs 定为 I_n 的波形"。也有人提出 8/20μs 波形为感应雷波形，但雷电波同时也是行进波，由于存在波阻抗，波形在传输过程中半波时间只会被展宽而不是变窄，所以 8/20μs 波形不可能是模拟的感应雷波形。

美国标准 IEEE 在电源保护中只考虑有远处落雷的雷电流波形为 8/20μs，但在 2002 年版的 IEEE PC62.41.1/D4 和 IEEE PC63.41.2/D4 标准中增加了建筑物直击雷和邻近雷击时的雷击冲击电流 I_{imp}（10/350μs）。

IEC 和 IEEE 的会员国包括了全世界大多数国家，现在可以明确建筑物的外部防雷装置遭到直击雷及邻近雷击时，建筑物入口处选择 SPD 的参数必须考虑雷击冲击电流 I_{imp}（10/350μs），而在建筑物内的 SPD 才可以选择 8/20μs 波形的 II 级分类试验产品。

在建筑物入口处 SPD 设计选型中，若没有经过 10/350μs 波形测试的 I 级分类试验的 SPD 时，可以用 8/20μs 波形测试的 II 级分类试验产品替代，其能量相差约为 20 倍，IEEE PC63.41.2/D4 规定 10/350μs 与 8/20μs 的兑换率为 1:10。即一个 I_n 为 20kA（8/20μs）的 II 级分类产品，可替代 I_{imp} 为 2kA（10/350μs）的 I 级分类产品。但按照 IEC 标准，在建筑物入口处的 SPD，如果每相 I_{peak}（10/350μs）大于 4kA 时，不能用 II 级分类试验的 SPD（8/20μs）替代。

1. 建筑物入口处 SPD 的容量和电压保护水平 U_p

（1）建筑物入口处雷电流的估算

首先按照 IEC/TC81 的新标准体系 IEC62305 的草案的要求："SPD 应满足如下条件：在 LPZ0/X 的界面上的 SPD，按 I 级分类试验的要求确定规格参数；在 LPZX/Y（$X > 0$，$Y > 0$）界面上的 SPD，按 II 级分类试验的要求确定规格参数；SPD 本身性能要求应符合 IEC61643 的要求"。

对进入建筑物的外来导电物以及电力线和通信线，应估计在等电位各连接点上的雷电流分部。在不可能估算的地方，可假设全部雷电流（10/350μs）的 50% 流入被保护建筑物的 LPS（外部防雷装置）接地装置，雷电流 I 的另 50% I_1（10/350μs）分别进入建筑物的各种设施（外来导电物、电力线和通信线等）。流入每一个设施的电流 I_1 为 I_1/n（式中 n 是上述设施的个数）。为估算流经无屏蔽电缆线的电流 i_v，电缆电流要除以芯线数 m，即

$$i_V = I_1/\left(m \times n\right) \qquad (2\text{-}5)$$

对于一般民用性质的建筑物，通信线可不考虑列入 n 的计算，因为它不影响其他设施的雷电流分配。同时对于电源线的屏蔽效果，IEC 规定屏蔽材料的磁导率为 0.5H/m，国标 GB 50057—2010 为 0.3H/m。按 GB 50057—2010 的防雷类别分别选用不同的雷电流参数，即：一类选 200kA，二类选 150kA，三类选 100kA（均为 10/350μs 波形）。以一类防雷建筑物为例：若一类防雷建筑物里仅有电源系统，该电源系统将承受 50% 的雷电流，假设电源系统仅有两条导线（L、PEN），则每根导线要承受 50kA（10/350μs）的电流，这是安装在电源端口的 SPD 要承受雷电流能量最大的情况。此时雷电流的参数为：电流峰值 50kA（10/350μs）、电量（库仑量）25As、单位能量 0.625MJ/Ω。

如果电源系统为 4 根导线（L1、L2、L3、PEN），则每根导线要承受 35kA（10/350μs）；若电源系统为 5 根导线（L1、L2、L3、N、PE），则每根导线要承受 25kA（10/350μs）；当电源系统为屏蔽导线时，每根线要至少承受 7.5kA（10/350μs）。

（2）入口处 SPD 的电压保护水平 U_p

GB 50057—2010 第 6.4.4 条中规定，在建筑物进线处和其他防雷区界面处的最大浪涌电压（即浪涌防护器的最大钳压加上其两端引线的感应电压）应与所属系统的基本绝缘水平和设备允许的最大浪涌电压协调一致。在不同界面上的各 SPD 还应与其相应的能量承受能力相一致，当无法获得设备的耐冲击电压时，220/380V 三相配电系统的设备按表 2-8 选用。

表 2-8　220/380V 三相系统各种设备冲击过电压额定值

设备的位置	电源处的设备	配电线路和最后分支线的设备	用电设备	特殊需要保护的设备
耐冲击过电压类别	Ⅳ类	Ⅲ类	Ⅱ类	Ⅰ类
耐冲击电压额定值 /kV	6	4	2.5	1.5

电源系统的绝缘配合如图 2-21 所示，从图 2-21 及表 2-8，可知建筑物入口处属于Ⅳ类耐冲击过电压，所对应的Ⅰ级分类试验 SPD 的 U_p 应小于 6kV，就可满足要求。实际上采用的Ⅰ级分类试验产品多属于开关型 SPD，而采用的火花间隙的 U_p 小于 4kV 已经符合Ⅳ类耐冲击过电压。

但在实际使用中，由于耐冲击电压试验采用的波形为 1.2/50μs 的电压波，而雷击是一个电流源，电

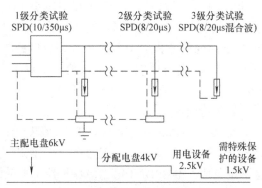

图 2-21　电源系统绝缘配合图

压仅为电流的函数，当 SPD 承受雷击电流时，SPD 的浪涌电压钳压持续的时间近似于 8/20μs 或 10/350μs，它们的宽度要比 1.2/50μs 的电压波要宽，所以此时被保护设备的实际耐受浪涌电压的能力低于用 1.2/50μs 的电压波冲击试验确定的类别。针对这一问题，在 2002 年 IEC 的标准中使这个问题得以解决。在 2002 年颁布的 IEC/TC64/1226/FDIS（2002-01-25）和 IEC60364-5-53 的标准中对安装 SPD 有一些新的要求，其主要内容见表 2-9。

表 2-9　根据系统结构安装浪涌防护器（SPD）

在以下各线之间安装 SPD	SPD 安装处的系统结构							
	TT		TN-C	TN-S		有中性线的 IT		无中性线的 IT
	按以下形式连接			按以下形式连接		按以下形式连接		
	CT1	CT2		CT1	CT2	CT1	CT2	
每根相线与中性线之间	+	0	NA	+	0	+	0	+
每根相线与 PE 线之间	0	NA	NA	0	NA	0	NA	0
中性线与 PE 线之间	0	0	NA	0	0	0	0	NA
每根相线与 PEN 线之间	NA	NA	0	NA	NA	NA	NA	NA
各相线之间	+	+	+	+	+	+	+	+

注：0—必须；NA—不适用；+—非强制性的，可附加选用。

从表 2-9 中可以看出，在新规范中 TN-S 既可以采用 4+0 的保护模式也可以采用与 TT 一样的 3+1 保护模式。电压保护水平的选择是：不论是远处落雷、直击雷或邻近雷击以及操作过电压，安装在电气装置的起点或其附近的 SPD，其 U_p 不应大于表 2-8 中的 II 类，对 220/380V 装置，U_p 不应大于 2.5kV。对表 2-9 的 CT2 连接形式，上述要求也适用于相线与 PE 线之间总的电压保护水平。当用一组 SPD 达不到所要求的保护水平时，应增加安装符合能量配合要求的附加 SPD 来保证所要求的保护水平。

当建筑物防雷装置发生直击雷或其邻近遭雷击时，雷击冲击电流 I_{imp}（10/350μs）可按 GB 50057—2010 中的要求计算选取。若不能得出该电流值，每个 SPD 的 I_{imp} 对每种保护模式都不应小于 12.5kA。对于表 2-9 中 CT2 列，连接于中性线与 PE 线之间的每个 SPD 的 I_{imp} 可根据 GB 50057—2010 按接于相线与 PE 线之间的每个 SPD 计算值乘以相应倍数选取，对于三相系统乘以 4，对于单相系统乘以 2。若不能得出该电流值，则对于三相系统，每个 SPD 的 I_{imp} 不应小于 50kA，对于单相系统不应小于 25kA。

2. 能量配合

在 IEC61312-3 的雷电电磁脉冲的保护第三部分：对浪涌防护器的要求中："7. 能量配合、7.1 能量配合的一般目的"中指出"如果对 $0 \sim I_{max1}$（I_{peak1}）之间的每一个浪涌电流值，由 SPD2（第二级保护器）耗散的能量低于或等于 SPD2 的最大耐受能量（对去耦元器件也是如此），则实现了能量的配合"。这个最大耐受能量定义为

SPD 所能耐受的不致引起性能恶化的最大能量。可以从试验结果获得（在试验中对于 I 级测试采用 I_{imp} 值；对于 II 级测试采用 I_{max} 值，在不致引起 SPD 性能恶化通过的最大能量）。

在 IEC-61643-11 "电压开关型 SPD 之间的配合及与电压限制型 SPD 的配合"中指出，"去耦元器件可采用分立设备，也可采用防雷区界面和设备之间线缆的自然电阻和电感"，并给出了计算公式及结论，开关型与限压型之间线缆长度应为 5~10m，限压型 SPD 之间线缆长度应为 3~5m，如达不到时，可串接足够电感量的去耦元器件。

能量配合的目的是：因 SPD 是非线性器件；由于结构和性能的不同其各有特点（表 2-10），为了保证响应速度快、特征能量小的 SPD 在工作时通过的能量不超过自身最大承受能量并及时响应，并把余下的更大的能量交换到反应慢但可以承受更大能量的 SPD 上。

表 2-10　SPD 器件的响应速度及特征能量

典型器件	响应速度 /ns	特征能量 /J
分立器件		典型值 Typical
放电间隙	100	1000000
气体放电管	80	<1000
氧化物压敏电阻	25	550~600
TVS	1	<100

在 IEC61312-3 的雷电电磁脉冲保护第三部分：对浪涌防护器的要求中："7. 能量配合、7.3 保护系统的基本配合方案的方案 3"中指出："一个具有不连续伏安特性的组件（开关型 SPD，例如放电间隙）后续的 SPD 为具有连续伏安特性的组件（限压型 SPD）的特点是第一个 SPD 的开关作用，使原来的电流脉冲（10/350μs）的半值时间减小，从而大大减小了后续 SPD 的载荷量"，如图 2-22 所示，所以能量配合还可以大大提高限压型 SPD 的寿命。

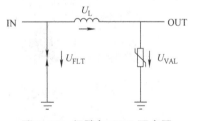

图 2-22　间隙与 SPD 配合图

U_{FLT}—放电间隙响应电压　U_L—电感动态电压
U_{VAL}—MOV 的残压

目前，国内的防雷设计往往没有考虑能量配合，例如采用两级压敏电阻做保护时，由于它们属于限压型 SPD 间的配合，如果没有去耦，则第一级 SPD 形同虚设，不会起到保护作用。同时，通过压敏电阻的并联来增大电源 SPD 的通流量也是不可取的，可以把 SPD 的并联看作去耦距离为无限短的两级 SPD，由于没有能量配合也无法提高冲击能量。氧化物压敏电阻的非线性及伏安特性的离散性（IEC 容许压敏电压有 ±10% 的误差）决定了并联后每增加一倍的数量的 SPD，SPD 的通流量 I_n 最多增加 1.2 倍。

（1）自感解耦（静态伏安特性配合）

放电间隙的放电取决于氧化物压敏电阻两端的残压（U_{VAL}）以及去耦元器件两端的动态压降 U_L。在触发放电前，$U_{FLT}=U_{VAL}+U_L$，若超过放电间隙的动态放电电压，就实现了配合，这只取决于氧化物压敏电阻的特性、浪涌的上升陡度及幅值、去耦元器件的性质（如空气心电感或铁心电感或电阻）。

自感去耦时的浪涌能量分配（为 $I\text{-}t$ 波形）如图 2-23 所示，在图 2-23 中，电流波形的面积代表的物理含义为

$$Q = \int t_1 \times t_2 \times i \times L di/dt \qquad (2\text{-}6)$$

式中，Q 为电荷量；t_1 为波前时间；t_2 为视在半峰时间；i 为浪涌电流；L 为去耦电感。

同时由于：

$$W（比能）= \int t_1 \times t_2 \times i^2 \times L di/dt \qquad (2\text{-}7)$$

Q 与 W 具有直接的数学关系，所以可以用 $I\text{-}t$ 波形面积定性地比较浪涌能量的分配。能量交换的时间点取决于浪涌电流的陡度，A 点为理想的交换点，这时限压型 SPD 所受到的能量等于它自身可以承受的最大值 $W = W_{max}$。B 点为提前交换点，这时氧化物压敏电阻所受到的能量 $W \ll W_{max}$。当然这时氧化物压敏电阻的寿命会大大延长，残压也会比 A 点中的氧化物压敏电阻低得多。

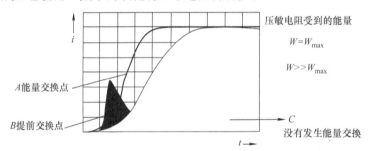

图 2-23　自感去耦时浪涌能量分配

在图 2-23 中的 C 区为未能交换的情况，这时氧化物压敏电阻将承受所有的浪涌能量 $W \gg W_{max}$，这时氧化物压敏电阻一定会被损坏，同时前面的开关型 SPD 也无法正常响应。

（2）去耦元器件的性能分析

为实现能量配合目的，要采用电感作为去耦元器件，这时必须考虑浪涌电流的上升时间及峰值幅度（如 10/350μs，8/20μs）。di/dt 越大，去耦所需的电感越小。对于去耦电感，目前有两种：空气心电感、铁心电感。

铁心电感的电感量 $L_{FE}=\mu_r \times L_{air}$（磁导率 μ_r 不是常数，取决于频率、磁场强度、

交变场应力等，L_{air} 为铁心电感）。频率对于电感的影响主要是在单一频率下的电流（例如正弦波）。而发生浪涌时，对于能量配合来说，时间对于电感的影响（电感瞬态特性理论）才更重要，一个铁心电感在一个很高的瞬变电流的作用下磁心会立刻饱和，同时电感量也会快速减少达到空气心电感的电感量。

依照电感特性理论，在瞬态场电流的作用下，每个电感会产生时变电感量 L_S，这个电感量在铁心电感器中的变化（dL_S/dt）非常大。而由频率决定的磁导率 μ_r 和涡旋感应电流也会导致各种不同电感量的时间特性。从试验情况可以知道，金属心电感产生的能量交换点靠前，配合效果要好于空气心。但是金属心电感必须设计成具有瞬态特性的，并且常态的电感量要很大。由于目前技术发展水平的限制，电感去耦还是存在着一些不足：

1）能量控制点要依靠于电流的陡度。

2）线路的额定电流受限制于电感心的额定电流（例如：LT-63，额定电流为 63A）。

3）能源浪费（热能），工频电流会流过电感心。

4）占用一定的安装空间。

3. 主动能量控制

主动能量控制的核心是一个属于 B+C 类的 SPD，该类 SPD 将在最新的 IEC/TC81 标准中推出。该 SPD 是在一个用特殊合金材料的环形间隙的电极间加装了一个主动能量控制器，是对以前的电压开关型 SPD 进行的改进，以使其 U_p 不大于 2.5kV，是综合了放电间隙和氧化锌压敏电阻的优点，将这二者组合在一起，而且不用退耦元器件的一种新产品，主动能量控制的起弧电平控制器如图 2-24 所示。

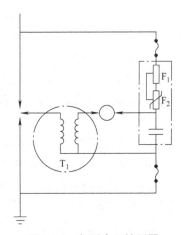

主动能量控制应用于三相系统的参数：雷电冲击电流 I_{imp}（10/350）为 35kA 每相，电压保护水平 $U_p \le 0.9kV$，短路电流能力为 25kArms。$U_p \le 0.9kV$ 已达到 GB 50057—2010 的表 6.4.4 中的 I 类绝缘耐压水平。主动能量控制的技术特性如下：

图 2-24　起弧电平控制器

1）当电压 $U<U_p$ 时，主动能量控制的保护元器件不动作。

2）当 $U \ge U_p$，而且 $W_{trigger}<W_{activ}$ 时，限制过电压由氧化锌压敏电阻完成，放电间隙不用动作 [$W_{trigger}$ 为与氧化锌压敏电阻组合在一起的触发单元产生的触发能量（J），W_{activ} 为使触发放电间隙动作的能量]。

3）当 $U \ge U_p$，而且 $W_{trigger} \ge W_{activ}$ 时，触发放电间隙动作，紧接着主放电间隙动作，使氧化锌压敏电阻流过的电流减少，而不使其损坏。

主动能量控制与传统的能量分配原理（去耦器分配能量）的一个重要区别是：主动能量控制的能量交换点由氧化物压敏电阻的残压决定，所以只要控制好氧化物压敏电阻的最大能量与交换电平的关系，就可以很好地控制能量的分配。也就是说，对于传统的能量配合，其交换点取决于浪涌电流的陡度（波形），而主动能量控制则不管是什么波形的浪涌（10/350、8/20），甚至是直流波形，只要是氧化物压敏电阻的伏安特性曲线上的电压与交换电平相一致，就可以主动控制能量的分配。

由于主动能量控制的核心是一个 B+C 类的 SPD，所以它既具有 C 类 SPD 的响应速度和低保护电平，同时又具有 B 类保护器兆焦耳（MJ）级的能量级别。图 2-25 为按照 I 类分级试验（CLASS I）50kA、10/350 波形测试的结果，其残压不到 900V。该 SPD 在原信息产业部通信产品防护性能质量监督检验中心按照 II 类分级试验（CLASS II）120kA、8/20μs 波形测试通过，其残压不到 1000V。

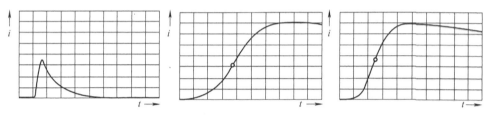

图 2-25　按照 I 类分级试验
（CLASS I）50kA、10/350 波形测试

4. 关于续流遮断

在 GB 50057—2010 中要求 SPD 具有熄灭在雷电流通过后产生的工频续流的能力，工频续流通常发生在工频电网正弦波的相位为 30~70°/210~260° 的工频斜率绝对值大的角度区间，在这个角度前后 10° 角相位范围内发生浪涌极易引起网络后续电流。由于工频电网的电流波形与电压波形有相位差，在电流或电压波形过零点时，电压或电流相对应不过零点，所以短路电流过零点后会反向拉弧继续短路。

为了遮断工频续流，必须同时满足高频电流分量过零熄弧理论和工频电流过零熄弧理论，Phoenix Contact 公司的 FLASHTRAB 系列产品，采用反方向分弧高频电流分量强制过零熄弧技术，很好地解决了这个问题，它可以在发生工频续流的同一工频周期的 150° 相位 ±15° 左右强制切断工频续流，时间为 5~8ms。

依照 IEC/TC81 的相关标准和国标 GB 50057—2010 及 IEEEPC 系列标准，在选择建筑物入口处的浪涌防护器时，为了符合 IEC 最新标准的要求，在选择中最重要的是多级保护，而多级保护的核心就是能量配合。能量的控制和分配是关键，而主动能量控制技术科学地解决了这一关键问题。

第③章

接地设计

3.1 地线与接地技术

3.1.1 地线的定义与接地目的

接地属于线路设计的范畴，对产品电磁兼容有着至关重要的意义，可以说，合理的接地是最经济、最有效的电磁兼容设计技术。在设计的一开始就考虑布局与地线是解决电磁干扰问题最廉价和最有效的方法，良好的地线系统设计不但不会增加成本，而且还能够提高抗扰度、减小干扰发射。

接地技术最早是应用在强电系统（电力系统、输变电设备、电气设备）中，为了设备和人身的安全将接地线直接接入大地。由于大地的电容非常大，一般情况下可以将大地的电位视为零电位。后来，接地技术延伸应用到弱电系统中。将电气、电子设备的接地线直接接在大地上或者接在一个作为参考电位的导体上，当电流通过该参考电位时，不应产生电压降。然而由于不合理的接地，反而会引入电磁干扰，比如共地线干扰、地环路干扰等，从而导致电气、电子设备工作不正常。可见，接地技术是电气、电子设备电磁兼容技术的重要内容之一。

1. 地线的定义

有些资料中对地线的定义是：地线是作为电路电位基准点的等电位体。这个定义是不符合实际情况的，因为实际地线上的电位并不是恒定的。如果用仪表测量一下地线上各点之间的电位，会发现地线上各点的电位可能相差很大，正是这些电位差才造成了电路工作异常。

HENRY（亨利）给地线下了一个更加符合实际的定义，他将地线定义为：信号流回源的低阻抗路径。这个定义中突出了地线中电流的流动，按照这个定义，很容易理解地线中电位差产生的原因。因为地线的阻抗总不会是零，当一个电流通过有限阻抗时，就会产生电压降。因此，应该将地线上的电位想象成如大海中的波浪一样，此起彼伏。

地线是信号电流回流信号源的路径，既然地线是电流的一个路径，那么根据欧姆定律，地线上是有电压的；既然地线上有电压，就说明地线不是一个等电位体。这样，在设计电路时，关于地线电位一定的假设就不再成立，因此电路会出现各种错误，这就是地线干扰的实质。

"地线"是对接地的实施，即按一定的要求，用必要的金属导体或导线把电路中的某些"地"电位点连接起来，或是将电气、电子设备的某一部位（如外壳）和大地连接起来。狭义上讲，"接地"即与地球保持"同电位"；广义上讲，"接地"是电路系统中的"等电位点或等电位面"，是电路系统的基准电位，但不一定为大地电位。

大地是一个电阻非常低、电容量非常大的物体，拥有吸收无限电荷的能力，而且在吸收大量电荷后仍能保持电位不变，因此适合作为电气系统中的参考电位体。这种"地"是"电气地"，并不等于"地理地"，但却包含在"地理地"之中，"电气地"的范围是随着大地结构的组成和大地与带电体接触的情况而定的。

与大地紧密接触并形成电气接触的一个或一组导电体称为接地极，通常采用圆钢或角钢，也可采用铜棒或铜板。当流入地中的电流 I 通过接地极向大地作半球形散开时，由于这个半球形的球面在距接地极越近的地方越小，越远的地方越大，所以在距接地极越近的地方电阻越大，而在距接地极越远的地方电阻越小。试验证明：在距单根接地极 20m 以外的地方，呈半球形的球面已经很大，实际已没有什么电阻存在，不再有什么电压降了。换句话说，该处的电位已接近于零。这个电位等于零的"电气地"称为"地电位"。若接地极不是单根而是由多根组成时，屏蔽系数增大，上述 20m 的距离可能会增大。流散区是指电流通过接地极向大地流散时产生明显电位梯度的土壤范围，地电位是指流散区以外的土壤区域。在接地极分布很密的地方，很难存在电位等于零的"电气地"。

接地可以理解为一个等电位点或等电位面，是电路或系统的基准电位，但不一定为大地电位。接地有设备内部的信号接地和设备接大地，两者概念不同，目的也不同。地的经典定义是：作为电路或系统基准的等电位点或平面。设备的信号接地，可能是以设备中的一点或一块金属作为信号的接地参考点，它为设备中的所有信号提供了一个公共参考电位。在工程实践中，除认真考虑设备内部的信号接地外，通常还将设备的信号地、机壳与大地连在一起，以大地作为设备的接地参考点。

在现代接地概念中，对于线路工程师来说，接地通常是线路电压的参考点；对于系统设计师来说，它常常是机柜或机架；对于电气工程师来说，它是绿色安全地线或接到大地的意思。一个比较通用的定义是：接地是电流返回其源的低阻抗通道。

2. 接地的目的

接地技术在现代电力、电子领域得到了广泛而深入的应用，电气、电子设备的"地"通常有两种含义：一种是"大地"（安全地），另一种是"系统基准地"（信号地）。接地就是指在系统与某个电位基准面之间建立低阻的导电通路。"接大地"是以地球的电位为基准，并以大地作为零电位，把电气、电子设备的金属外壳、电路基准点与大地相连。由于大地的电容非常大，一般认为大地的电势为零。把接地平面与大地连接，往往是考虑提高电路工作的稳定性、静电泄放，为工作人员提供安全保障。

在电子设备中的接地一般不是指真实意义上与地球相连的接地，接地点是电路中的共用参考点，这一点的电压为0V，电路中其他各点的电压高低都是以这一参考点为基准的，一般在电路图中所标出的各点电压数据都是相对接地端的大小，这样可以大大方便修理中的电压测量。相同接地点之间的连线称为地线。

最初引入接地技术的是为了防止电力或电子等设备遭雷击而采取的保护性措施，目的是把雷电产生的雷击电流通过避雷针引入到大地，从而起到保护建筑物的作用。同时，接地也是保护人身安全的一种有效手段，当某种原因（如电线绝缘不良、线路老化等）引起的相线和设备外壳碰触时，设备的外壳就会有危险电压产生，由此生成的故障电流就会流经 PE 线到大地，从而起到保护作用。

随着电力电子技术和其他数字技术的发展，在接地系统中只考虑防雷和安全已远远不能满足要求了。比如在通信系统中，大量的电子设备之间信号的互连要求各电子设备都要有一个基准"地"作为信号的参考地。而且随着电子设备的复杂化，信号频率越来越高，因此，在接地设计中，信号之间的电磁兼容问题必须给予特别关注，否则，接地不当就会严重影响系统运行的可靠性和稳定性，为此，在高速信号的信号回流技术中也引入了"地"的概念。

接地就是在两点间建立传导通路，以便将电子设备或元器件连接到某些叫作"地"的参考点上。接地为信号组成电压基准网络（典型情况下，模拟电路为 $\pm 100\mathrm{mV}$，数字电路为 $\pm 200\mathrm{mV}$），其承载信号回流、承载功率回流。接地为天线形成基准面，保持天线附近的高频电位。接地可保护人和设备不受雷电伤害；保护人和设备不受电源线路故障的伤害，并泄放静电。因此对于接地系统必须优化设计，以满足上述这些要求，同时使引起噪声问题的信号之间的无用耦合最小。

接地是提高电气、电子设备电磁兼容性的重要手段之一，正确的接地既能抑制外部电磁干扰的影响，又能防止电气、电子设备向外部发射电磁波。而错误的接地常常会引入非常严重的干扰，甚至会使电气、电子设备无法正常工作。尤其是成套控制设备和自动化控制系统，因为有多种控制装置分散布置在许多地方，所以它们各自的接地往往会形成十分复杂的接地网络，接地不仅需要在系统设计时周密考虑，而且在安装调试时也要仔细检查和做适当的调整。接地目的有如下三个：

1）接地使整个电路系统中的所有单元电路都有一个公共的参考零电位，保证电路系统能稳定地工作。

2）防止外界电磁场的干扰。电气、电子设备的某些部位与大地相连可以起到抑制外部干扰的作用，机壳接地可以使得由于静电感应而积累在机壳上的大量电

第3章

荷通过大地泄放，否则这些电荷形成的高压可能引起设备内部的火花放电而造成干扰。另外，对于电路的屏蔽体选择合适的接地方式，可获得良好的屏蔽效果，避免设备在外界电磁环境作用下使设备对大地的电位发生变化，造成设备工作的不稳定。例如，将静电屏蔽层接地可以抑制变化电场的干扰。

3）保证设备操作人员的人身安全。当工频交流电源的输入电压因绝缘不良或其他原因直接与机壳相通时，接地可避免操作人员的触电事故发生。此外，很多医疗设备都与病人的人体直接相连，当机壳带有110V或220V电压时，将发生致命危险。以确保人员和设备的安全为目的的接地称为"保护接地"，它必须可靠地接在大地电位上。一般地说，电气、电子设备的金属外壳、底盘、机座的接地都属于保护接地的范畴。

由此可见，设备接大地除了是对人员安全、设备安全的考虑外，也是抑制干扰发生的重要手段。良好的接地可以保护设备或系统的正常工作以及人身安全，并可以抑制各种电磁干扰和雷击危害等。所以接地设计是非常重要的，但也是难度较大的课题。

地线的种类很多，有逻辑地、信号地、屏蔽地、保护地等，接地的方式也可分为单点接地、多点接地、混合接地和悬浮地等。理想的接地面应为零电位，各接地点之间无电位差。但实际上，任何"地"或接地线都有电阻，当有电流通过时，就会产生压降，使地线上的电位不为零，两个接地点之间就存在地电压。当电路多点接地，并有信号联系时，就将产生地环路干扰电压。

电子设备中各级电路电流的传输、信息转换要求有一个参考的电位，这个电位还可防止外界电磁场信号的侵入，常称这个电位为"逻辑地"。这个"地"不一定是"地理地"，可能是电子设备的金属机壳、底座、印制电路板上的地线或建筑物内的总接地端子、接地干线等。逻辑地可与大地接触，也可不接触，而"电气地"必须与大地接触。

将电力系统或电气装置的某一部分经接地线连接到接地极称为"接地"，电气装置是一定空间中若干相互连接的电气设备的组合。电气设备是发电、变电、输电、配电或用电的任何设备，例如电机、变压器、电器、测量仪表、保护装置、布线材料等。电力系统中的接地点一般是中性点，也可能是相线上某一点。

电气装置的接地部分则为外露导电部分，外露导电部分为电气装置中能被触及的导电部分，它在正常时不带电，但在故障情况下可能带电，一般指设备的金属外壳。有时为了安全保护的需要，将电气装置外导电部分与接地线相连进行接地。

装置外导电部分也可称为外部导电部分，不属于电气装置，一般是水、暖、煤气、空调的金属管道以及建筑物的金属结构。外部导电部分可能引入电位，一般是地电位。接地线是连接到接地极的导线，接地装置是接地极与接地线的总称。

在实际工作中，人们往往统称接地线与接大地为接地，并不区分两者，但认真追究起来，往往会发生概念混乱。一般地线是电压基准点或面的电路或结构，有些人将大地算作地线的一种，也有人不将大地算作地线的一种。接大地的一个例子是电气设备的接地，电气设备的外壳接地后，即使电路与外壳之间的绝缘强度降低甚至破坏，也不会发生电击伤害。因此，电气设备的接地是法律所规定的。

虽然电子设备为了正常工作而需要一个理想的基准地线面，但是电子电路的地线与接大地没有关系。便携式电子设备即使没有接大地也能正常工作，不能接大地的飞机和飞船上搭载的各种电子设备利用飞机、飞船的金属外壳做地线面，也能够正常工作。

虽然从抗雷电和静电放电的角度及安全的角度，电子设备需要接大地，但是从电磁干扰的角度看，大地可能形成地环路，对信号造成干扰。在大型电子设备中，有将内部电路连接到金属机柜上的机柜地端子，也有为内部电路地线电流提供低阻抗通路的信号地端子，并将机柜地与信号地分别引出与集中接地板连接。两台电子设备机柜接地实例如图3-1所示，在图3-1中，信号端子与机柜接地分别在一点接地。这样，流过机柜地的噪声电流就不会流到信号地线上，因此不会造成电位基准面的变动。并且，由于各个信号端子分别接地，因此不会发生地线电流的相互干扰。

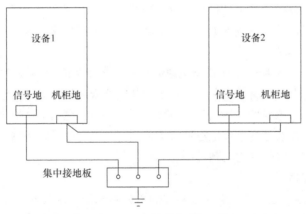

图3-1 电子设备机柜接地实例

3. 共用接地系统和独立接地

在工程中经常遇到的有防雷接地、交流工作接地、屏蔽接地、防静电接地、安全保护接地、直流工作接地（信号地、逻辑地）等，其作用可分为保护性接地和功能性接地两大类。目前人们最关心的是对功能地的保护，在电子设备的电路中，输入信息、传输信息、转换能量、放大信号、逻辑运算、输出信号等一系列过程都是通过微电位或微电流快速进行的，且电子设备之间是通过互联网进行工作，除需稳定的电源外，尚需一稳定的基准接地点，又称为信号参考电位。如使用悬浮地不易消除静电，易受电磁场的干扰而使参考电位变动。

（1）独立接地

独立接地是指每种接地分别接到独立的接地装置，独立接地的缺点是：在实际工程中，投资高，施工困难，除非在特定条件下非这样做不可时才采用这种接地系统。当计算机控制系统的直流地悬浮时，除防雷接地外其他诸地可分别接在同一母线上再接至接地装置；为了防止反击现象，要求其他接地装置与防雷接地装置的距离大于5m。当计算机控制系统的直流地直接接地时，诸地间的关系如下：

1）直流地和防雷地各自独立，安全地和交流地共用一个接地装置，其缺点是施工中这三个接地装置真正达到电气上的相互独立的要求是难以实现的。

2）直流地、交流地和安全地共用一个接地装置，防雷地为单独接地装置。其优点是施工方便、投资少，目前在工程实践中采用较多，但对两个接地装置之间距离（大于5m）的要求必须满足。

3）计算机直流地和安全地共用一个接地装置，其他动力设备与计算机设备的交流地共用一接地装置，防雷地为单独接地装置，其优点是可避免非计算机系统的动力设备对计算机设备的交流信号干扰。

在工程实践中采用电子设备独立接地可消除连续的低电平噪声，但也有突然发生的灾害事件，分析这些事件得出，由于采用独立接地在雷雨天气条件下会有很高的电压加在计算机等信息设备上，而产生高电压的原因包含了直接雷击、雷电波沿线路侵入和雷电感应。

当雷电直击建筑物时，建筑物接地装置和与之连接的金属构件电位迅速抬高，相对而言，由于电子设备采用了独立接地，其电位未明显抬高，这样存在的电位差使设备元器件上所感应的电压高于其击穿电压。在雷云电荷的感应下，有时并不发生雷击也会由于建筑物的感应电压通过上述形式影响到电子设备的元器件。如果采用共用接地系统，电位差的问题可得到解决。

（2）共用接地

从电气安全的观点看，最经济实用的措施是采用等电位联结，而总等电位联结实际上就是共用接地。即将一幢建筑物的各种接地装置共同连接到一个接地装置上。否则，当防雷装置遭雷击时，其电位升高（最高可达百万伏级），使人身遭受电击、引发火灾、损坏设备等事故的概率远远高于采用共用接地的情况。另外，当220/380V系统发生相线设备外壳接地故障时，而保护开关未能及时跳开故障点，势必在接地的电气装置外露可导电部分与其他独立接地的金属体之间存在很高的危险电压。

共用接地在施工中应该注意的是：各种接地在采用单点或多点接地时共用一个接地装置，但不能随意连接。正确的连接方法是：各设备或箱、柜中的各种接地分别接至各自的接地母线上，然后将这些母线分别接到接地装置上，在这之前，设备的接地分支线和接地母线应严格绝缘。

3.1.2 地线阻抗干扰

1. 地线的阻抗

在有些情况下,地线阻抗带来的干扰是无法避免的,尤其对电子设备。理想情况下地线阻抗为零,它不仅是电路中信号电平的参考点,而且当有电流通过它时不应产生压降。在具体的电子设备内,这种理想地线是不存在的。地线既有电阻又有电抗,当有电流流过时必然产生压降。另一方面,地线还有可能与其他线路(信号线,电源线)形成环路。当交变磁场与环路交链时,就会在地线中感应出电动势。不论是地线流过的电流在地线上产生的压降,还是地环路引起的感应电动势,都会使公用地线的各个电路单元产生相互干扰。如何抑制地线干扰也就成为电磁兼容设计的一个重要课题。根据地线干扰形成的机理,减小地线干扰的措施可归纳为:模拟接地与数字接地分离、减小地线阻抗和电源馈线阻抗、选择合适的接地方式、阻隔地环路等。

导线的电阻与阻抗是两个不同的概念,电阻指的是在直流状态下导线对电流呈现的阻抗,而阻抗指的是交流状态下导线对电流的阻抗,这个阻抗主要是由导线的电感引起的。地线的阻抗 Z 由电阻和感抗两部分组成,即

$$Z=R_{AC}+j\omega L \tag{3-1}$$

1)电阻部分。导体的电阻分为直流电阻 R_{DC} 和交流电阻 R_{AC},对于交流电流,由于趋肤效应,电流的大部分集中在导体的表面,导致导线实际流通电流的截面积减小,电阻增加,直流电阻和交流电阻的关系如下:

$$R_{AC}=0.076r \times f \times 1/2R_{DC} \tag{3-2}$$

式中,r 为导线的半径(cm);f 为流过导线的电流频率(Hz);R_{DC} 为导线的直流电阻(Ω)。

2)电感部分。任何导体都有内电感(这区别于通常讲的外电感,外电感是导体所包围的面积的函数),内电感与导体所包围的面积无关。对于圆截面导体有

$$L = 0.2S\,[\ln(4.5/d)-1] \tag{3-3}$$

式中,S 为导体长度(m);d 为导体直径(m)。

如欲减少 Z,就得减少 R_{AC} 和 L。但交流电在流经导体时并不像直流那样在导体上均匀分布,由于趋肤效应,电流的大部分集中于导体的表面,使导体有效载流面积小于甚至远小于导体的实际截面积。因此同一导体在直流、低频和高频情况下所呈现的阻抗不同,而导体的电感同样与导体半径、长度以及信号频率有关。设计时应根据不同频率下的导体阻抗来选择导体截面积大小,并尽可能使地线加粗和

缩短。

任何导线都有电感,当频率较高时,导线的阻抗远大于直流电阻,表 3-1 给出了不同直径的导线,在长度为 10cm 和 1m 的情况下,不同频率时的导线阻抗,说明了直流电阻与交流阻抗的巨大差异。频率很低时的阻抗可以认为是导体的电阻,从表 3-1 中可以看出,当频率达到 100MHz 以上时,直径(D)为 0.65mm 且长度仅为 10cm 的导线也有数十欧姆的阻抗。

表 3-1　导线的阻抗

频率	D=0.65mm		D=0.27mm		D=0.065mm		D=0.04mm	
	10cm	1m	10cm	1m	10cm	1m	10cm	1m
10Hz	51.4mΩ	517mΩ	327mΩ	3.28mΩ	5.29mΩ	52.9mΩ	13.3mΩ	133mΩ
1kHz	429mΩ	7.14mΩ	632mΩ	8.91mΩ	5.34mΩ	53.9mΩ	14mΩ	144mΩ
100kHz	42.6mΩ	712mΩ	54mΩ	828mΩ	71.6mΩ	1.0Ω	90.3mΩ	1.07Ω
1MHz	426mΩ	7.12Ω	540mΩ	8.28M	714mΩ	10Ω	783mΩ	10.6Ω
5MHz	2.13Ω	35.5Ω	2.7Ω	41.3Ω	3.57Ω	50Ω	3.86Ω	53Ω
10MHz	4.26Ω	71.2Ω	5.4Ω	82.8Ω	7.14Ω	100Ω	7.7Ω	106Ω
50MHz	21.3Ω	356Ω	27Ω	414Ω	35.7Ω	500Ω	38.5Ω	530Ω
100MHz	42.6Ω		54Ω		71.4Ω		77Ω	
150MHz	63.9Ω		81Ω		107Ω		115Ω	

在实际电路中,造成电磁干扰的信号往往是脉冲信号,脉冲信号包含丰富的高频成分,因此会在地线上产生较高的电压。对于数字电路而言,电路的工作频率很高,因此地线阻抗对数字电路的影响是十分可观的。

如果将 10Hz 时的阻抗近似认为是直流电阻,可以看出当频率达到 10MHz 时,对于 1m 长导线,它的阻抗是直流电阻的 1000 倍至 10 万倍。因此对于射频电流,当电流流过地线时,电压降是很大的。

从表 3-1 上还可以看出,增加导线的直径对于减小直流电阻是十分有效的,但对于减小交流阻抗的作用很有限。但在电磁兼容设计中,人们最关心的是交流阻抗。为了减小交流阻抗,一个有效的办法是多根导线并联。当两根导线并联时,其总电感 L 为

$$L=(L_1+M)/2 \tag{3-4}$$

式中,L_1 是单根导线的电感;M 是两根导线之间的互感。

从式(3-4)中可以看出,当两根导线相距较远时,它们之间的互感很小,总电感相当于单根导线电感的 1/2。因此可以通过多条接地线来减小接地阻抗。但要注意的是,多根导线之间的距离不能过近。

2.地线干扰机理

（1）地环路干扰

地环路干扰是一种较常见的干扰现象，常常发生在通过较长电缆连接的相距较远的设备之间。其产生的内在原因是地线阻抗的存在，当电流流过地线时，就会在地线上产生电压降。地线电压导致了地环路电流，由于电路的非平衡性，每根导线中的电流不同，因此会产生差模电压，对电路造成影响。由于这种干扰是由电缆与地线构成的环路电流产生的，因此称为地环路干扰，地环路中的电流还可以由外界电磁场感应出来，地环路干扰如图3-2所示。

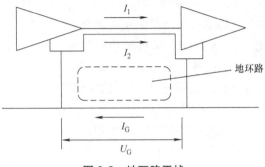

图 3-2　地环路干扰

由于地环路干扰是由地环路电流导致的，因此在实践中有时会发现当将一个设备的地线断开时，干扰现象消失，这是因为地线断开后，切断了地环路。这种现象往往发生在干扰频率较低的场合，当干扰频率高时，断开地线与否关系不大。地环路干扰形成的原因有：

1）两个设备的地电位不同，形成地电压，在这个电压的驱动下，"设备 1→互联电缆→设备 2→地"形成的环路之间有电流流动。地线上的电压是因其他功率较大的设备也用这段地线，在地线中引起较强电流，而地线又有较大阻抗产生的。

2）由于互联设备处在较强的电磁场中，电磁场在"设备 1→互联电缆→设备 2→地"形成的环路中感应出环路电流。

（2）公共阻抗干扰

当两个电路共用一段地线时，由于地线存在阻抗，一个电路的地电位会受另一个电路工作电流的调制。这样一个电路中的信号会耦合进另一个电路，这种耦合称为公共阻抗耦合，如图3-3所示。

在数字电路中，由于信号的频率较高，地线往往呈现较大的阻抗。这时，如果存在不同的电路共用一段地线，就可能出现公共阻抗耦合问题。

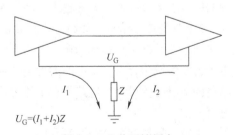

图 3-3　公共阻抗耦合

图3-4是一个由四个门电路组成的简单电路，假设门 1 的输出电平由高变为低，这时电路中的寄生电容（有时门 2 的输入端有滤波电容）会通过门 1 向地线放电，由于地线的阻抗，放电电流会在地线上产生尖峰电压，如果这时门 3、门 4 的输出

95

是低电平，则这个尖峰电压就会传到门3、门4的输入端，如果这个尖峰电压的幅度超过门3、门4的噪声门限，就会造成门3、门4的误动作。

3.接地抗干扰技术

接地抗干扰技术的主要内容是：其一，避开地环电流的干扰；其二，降低公共地线阻抗的耦合干扰。"一点接地"能有效地避开地环电流；而在"一点接地"前提下，并联接地则是降低公共地线阻抗耦合干扰的有效措施。

从地环路干扰的机理可知，只要减小地环路中的电流就能减小地环路干扰。如果能彻底消除地环路

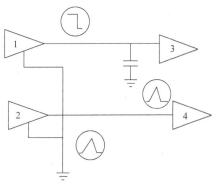

图3-4　地线阻抗造成的电路误动作

中的电流，就可以彻底解决地环路干扰问题。因此提出以下几种解决地环路干扰方案：

1）减小地线的阻抗，从而降低干扰电压，但是这对地环路中感应出的环路电流没有效果。

2）增加地环路的阻抗，从而减小地环路电流。当阻抗无限大时，实际是将地环路切断，即消除了地环路。例如将一端的设备浮地或将电路板与机箱断开等是直接的方法。但出于静电防护或安全的考虑，这种直接的方法在实践中往往是不允许的。更实用的方法是使用共模扼流圈、平衡电路等方法，在连接电缆上使用共模扼流圈相当于增加了地环路的阻抗，这样在一定的地线电压作用下，地环路电流会减小。但要控制共模扼流圈的寄生电容，否则对高频干扰的隔离效果很差。共模扼流圈的匝数越多，则寄生电容越大，高频隔离的效果越差。

3）改变接地结构，如将一个机箱的地线连接到另一个机箱上，通过另一个机箱接地，这就是单点接地的概念。当两个电路的地电流流过一个公共阻抗时，就发生了公共阻抗耦合，一个电路的地电位会受到另一个电路工作状态的影响，即一个电路的地电位受另一个电路的地电流的调制，另一个电路的信号就耦合进了前一个电路。

如放大器级间公共地线耦合问题，是由于前置放大电路与功率放大电路共用一段地线，功率放大电路的地线电流很大，因此在地线上产生了较高的地线电压。这个电压正好在前置放大电路的输入回路中，如果满足一定的相位关系，就形成了正反馈，造成放大器自激。对此有两个解决办法：一是将电源的位置改变一下，使它靠近功率放大电路，这样，就不会有较高的地线电压落在前置放大电路的输入回路中；二是将功率放大电路单独通过一根地线连接到电源，这实际是改成了并联单点

接地结构。

如果将一端的电路浮地,切断了地环路就可消除地环路电流。但有两个问题需要注意:一是出于安全的考虑,往往不允许电路浮地。这时可以考虑将设备通过一个电感接地。对于50Hz的交流电流,设备的接地阻抗很小,而对于频率较高的干扰信号,设备接地阻抗较大,减小了地环路电流,但这样做只能减小高频干扰的地环路干扰。二是尽管设备浮地,但设备与地之间还是有寄生电容,这个电容在频率较高时会提供较低的阻抗,因此并不能有效地减小高频地环路电流。

4)切断地环路电流。使用变压器实现设备之间的连接,利用磁路将两个设备连接起来,可以切断地环路电流。但要注意,变压器一、二次侧之间的寄生电容仍然能够为频率较高的地环路电流提供通路,因此变压器隔离方法对高频地环路电流的抑制效果较差。提高变压器高频隔离效果的一个办法是在变压器的一、二次侧之间设置屏蔽层,但一定要注意隔离变压器屏蔽层的接地端必须在接收电路一端。否则,不仅不能改善高频隔离效果,还可能使高频耦合更加严重。因此,变压器要安装在信号接收设备的一侧,经过良好屏蔽的变压器可以在1MHz以下的频率提供有效的隔离。

另一个切断地环路的方法是用光传输信号,这可以说是解决地环路干扰问题的最理想方法。用光传输信号有两种方法:一种是光耦器件,另一种是用光纤。光耦的寄生电容一般为2pF,能够在很高的频率提供良好的隔离。光纤几乎没有寄生电容,但安装、维护、成本等方面都不如光耦器件。

5)消除公共阻抗耦合。消除公共阻抗耦合的途径有两个:一是减小公共地线部分的阻抗,这样公共地线上的电压也随之减小,从而控制公共阻抗耦合;二是通过适当的接地方式避免容易相互干扰的电路共用地线,一般要避免强电路和弱电电路共用地线,避免数字电路和模拟电路共用地线。

如前所述,减小地线阻抗的核心问题是减小地线的电感。这包括使用扁平导体做地线,用多条相距较远的并联导体做接地线。对于印制电路板,在双层板上布地线网格能够有效地减小地线阻抗,在多层板中专门用一层做地线虽然具有很小的阻抗,但这会增加电路板的成本。

3.2 接地的分类与接地方式

3.2.1 接地的分类

接地的作用可以分为:保护人员和设备不受损害的保护接地、保障设备正常运行的工作接地,这样的分类是指在接地工程设计施工中考虑各种要求,并不表示每种"地"都需要独立开来。相反,除了设备本身有特殊要求外,应提倡尽量采用联合接地方案。接地的类型不同，其作用也不同，常见的接地有以下几种。

1. 供电电源的中性点工作地

在 TN-C 系统（俗称零地合一）中，50Hz 的工频干扰经由设备外壳、元器件底板串入信息系统，所以功能性地要与保护性地隔离，对防雷接地更是要避而远之。目前，将功能性地与保护性地的分离已越来越困难，同时使用多个接地系统必然导致不同的电位以致使设备出现功能故障或损坏。因此采用等电位联结和共用接地系统后，使信号接地不形成闭合回路，共模型态的干扰不易产生，同时可消除静电、电场、磁场干扰。共用接地系统已为国际标准所推广，并逐步在我国国家标准中推广。

在《数据中心设计规范》GB 50174—2017 第 6.1.9 条规定："电子计算机低压配电系统应采用频率 50Hz，电压 220/380V，TN-S 或 TN-C-S 系统"。在 GB 50057—2010 局部修订条文（征求意见稿）中也提出："当电源采用 TN 系统时，从建筑物内总配电盘开始引出的配电线路和分支线路必须采用 TN-S 系统"。这是由于在一建筑物内采用共用接地系统之后，若采用 TN-C 供电系统，会产生连续的工频电流及其谐波电流对设备的干扰。

干扰源于 TN-C 系统中的"中性导体电流"（在三相系统中由于不平衡电荷在 PEN 线上产生的电流）分流于 PEN 线、信号电缆的屏蔽层、基准导体和室外引来的导电物体之间。而采用 TN-C-S 或 TN-S 系统，这种"中性导体电流"仅在专用的中性导体（N）中流动，不会通过共用接地系统对设备产生干扰。当然，在实际工程中常由于接地方法有问题可能导致中性线（N）与地（PE）接触，使系统全部或部分又转回为 TN-C 系统，再度产生干扰，这一点只能依靠检测才能找出故障的起因。

2. 安全接地

安全接地是指为防止接触电压及跨步电压危害人身和设备安全，而设置的设备外壳的接地。安全接地即将机壳接大地，一是防止机壳上积累电荷，产生静电放电而危及设备和人身安全；二是当设备的绝缘损坏而使机壳带电时，促使电源保护动作而切断电源，以便保护工作人员的安全。

安全接地有接地与接零两种方式，按规定凡采用三相四线制的供电系统，由于中性线接地，所以应采用接零方式，而把设备的金属外壳通过导体接至零线上，而不允许将设备外壳直接接地。在规划设计时，应从地网中引出接地母线至各设备上，再将设备外壳（设备的接地专用端子上）用导体连至接地母线上。

在三相四线制供电系统中，中性线即为保护接零线，它是电路环路的重要组成部分。除零线以外，另外配备一根保护接地线，它与电气、电子设备的金属外壳、底盘、机座等金属部件相连，一般情况下，保护接地线是没有电流流动的，即使有电流流动也是非常小量的漏电流，所以说，在一般情况下，保护接地线上是没有电压降的，与之相连的电气、电子设备的金属外壳都呈现地电位，保证了人身和设备的安全。

出于保证人身和设备安全的目的，各国都对保护接地做了必要的规定。例如美国国家电气委员会在电气法中规定了交流电源的输配电标准，该标准规定了室内115V 交流配线为三线制，如图 3-5 所示。相线上装有熔断器或断路器，负载电流经相线至负载，再由中性线返回。另有一根保护接地线，该线与设备的金属外壳、底盘等金属部件相连，当发生故障时，例如负载的绝缘被击穿损坏，在保护接地线上将有大电流流过，电路中的熔断器或断路器由于大电流流过将很快把电路切断，从而保证了人身和设备的安全。我国的三相五线制配电系统如图 3-6 所示。

图 3-5 单相三线制接线图

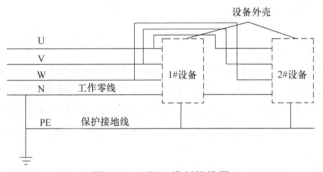

图 3-6 三相五线制接线图

机壳安全接地是将系统中平时不带电的金属部分（机柜外壳、操作台外壳等）与地之间形成良好的电气连接，与大地连接成等电位，以保护设备和人身安全。

在低压配电系统（380V、220V 或 110V）正常供电情况下，设备外壳等是不带电的，当故障发生（如主机电源故障或其他故障）造成电源的供电相线与设备外壳等导电金属部件短路时，这些金属部件或外壳就成为了带电体，如果没有很好的接地，那么这些带电体和地之间就有很大的电位差，如果人不小心触到这些带电体，就会通过人身体形成与地之间的通路，产生危险。因此，必须将金属外壳和地之间作很好的电连接，使机壳和地等电位。此外，保护接地还可以防止静电的积聚。

保护地一般在机柜和其他设备设计加工时就已在内部接好，有的系统中已将保护地在内部同电源进线的保护地（三芯插头的中间头）连在一起，有的不允许将保护地同该线相连，用户一定要仔细阅读厂家提供的接地安装说明书。不管哪种方式，保护地必须将一台设备（控制站、操作员站等）上所有的外设或系统的保护地连在一起，然后用较粗的绝缘铜导线将各外设的保护地连在一起，最后从一点上与大地接地系统相连。

在同一系统的所有外设必须从一条供电线上供电，而且一台设备的电源必须从设备的供电分配器上供电，而不允许从其他地方供电，否则可能会损坏接口甚至设备，对于不得不用长线连接的场合，可增大供电线缆的截面积，以保证供电质量，或采取通信隔离措施。

例如，DCS 系统是由多台设备组成的，除了控制站以外，还包括很多外设，系统中的所有设备均有一个保护地，各控制站的保护地在连接时可以采用辐射连接法，也可以采用串行接法，DCS 的接地如图 3-7 所示。

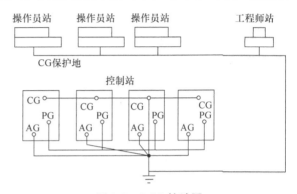

图 3-7 DCS 接地图

CG—机壳地（保护地） PG—逻辑地（电源地）
AG—屏蔽地（模拟地）

各控制站内的逻辑地必须位于一点 PG，再采用粗绝缘导线以辐射状接到一点上，然后接到接大地的地线上。在有些系统中，所有的输入、输出均是隔离的，这样其内部逻辑地就是一个独立的单元，与其他部分没有电气连接，这种系统中往往不需要 PG 接地，而是保持内部浮空。所以，在设计和施工接地系统时，一定要仔细阅读产品的技术要求和接地要求。

3. 防雷接地

防雷接地是指在雷雨季节为防止雷电过电压的保护接地，当电力电子设备遇雷击时，不论是直接雷击还是感应雷击，如果缺乏相应的保护，将危及设备和人身安全。防雷接地常有信号（弱电）防雷地和电源（强电）防雷地之分，区分的原因不仅是因为要求接地电阻不同，而且在工程实践中信号防雷地与电源防雷地是分开设置的。

目前最广泛使用的防雷装置是避雷针和避雷器，避雷针通过铁塔或建筑物钢筋入地，避雷器则通过专用地线入地。在防雷引下线上，绝不要连接其他设备的地线，防雷引下线只能单独直接入地，否则雷电会通过引下线损坏其他设备。

4. 工作地

为了使电子设备能正常地运行和稳定可靠地工作，有效控制电路在工作中产生各种干扰，使之能符合电磁兼容原则。在设计电路时，根据电路的性质和用途的不同，可以将工作地分为直流地、交流地、信号地、模拟地、数字地、电源地、功率地等。不同的接地应当分别设置，不要在一个电路里面将它们混合设在一起，例如数字地和模拟地就不能共用一根地线，否则两种电路将产生非常强大的干扰，使电路不能正常工作。

当机柜内的设备较多时，将导致数字地线、模拟地线、功率地线和机柜外壳地线过多。对此，可以考虑铺设两条互相并行并和机柜外壳绝缘的半环形接地母线，一条为信号地母线，另一条为屏蔽地及机柜外壳地母线。机柜内各信号地就近接到信号地母线上，系统内各屏蔽地及机柜外壳地就近接到屏蔽地及机柜外壳地母线上。两条半环形接地母线的中部靠近安全接地螺栓，屏蔽地及机柜外壳地母线接到安全接地螺栓上，信号地母线接到信号地的安全接地螺栓上。

（1）信号地

各种电子电路都有一个基准电位点，这个基准电位点就是信号地。信号地是各种物理量信号源零电位的公共基准地线，它的作用是保证电路有一个统一的基准电位，不致浮动而引起信号误差。由于信号回路都易受到干扰，因此对信号地的要求较高。同一设备的信号输入端地与信号输出端地不能连在一起，应分开设置；前级（设备）的输出地与后级（设备）的输入地应相连，否则，信号可能通过地线形成反馈，引起信号的浮动。

（2）模拟地

模拟地是模拟电路零电位的公共基准地线，模拟电路中的接地对整个电路来说有很大的意义，它是整个电路正常工作的基础之一，所以模拟电路的合理的接地对整个电路的作用是不可忽视的。由于模拟电路既承担小信号的放大，又承担大信号的功率放大，既有低频放大，又有高频放大，不适当的接地会引起干扰而影响电路的正常工作。模拟电路既易接收干扰，又可能产生干扰。

模拟地是所有的接地中要求最高的一种，几乎所有的系统都提出模拟地要一点接地，而且接地电阻小于 1Ω。电子设备在设计和制造中，在机柜内部都设置了模拟地汇流排。用户在接线时将屏蔽线分别接到模拟地汇流排上，在机柜底部用绝缘的铜辫连到一点，然后将各机柜的汇流点再用绝缘的铜辫或铜母线以辐射状连到接地点。大多数控制系统，不仅要求各机柜模拟地对地电阻 $< 1\Omega$，而且各机柜之间的电阻也要 $< 1\Omega$。

（3）数字地

数字地是数字电路零电位的公共基准地线，由于数字电路工作在脉冲状态，特别是脉冲的前后沿较陡或频率较高时，会产生大量的电磁干扰。如果接地不合理，会使干扰加剧，所以对数字地的接地点选择和接地线的敷设也要充分考虑。

（4）电源地

电源地是电源零电位的公共基准地线，由于电源往往同时为系统中的各个单元供电，而各个单元要求的供电性质和参数可能有很大差别，因此既要保证电源稳定可靠地工作，又要保证其他单元稳定可靠地工作。电源地一般是电源的负极，计算机控制系统中的电源地，就是计算机本身的逻辑参考地，即计算机控制系统中的数字电路的等电位地，其目的是保证控制系统中的电路在工作时有一个统一的基准电位，不致因零电位浮动而引起信号误差，在具备统一的基准电位时，还可防止外界电磁场干扰。这个基准电位点（面）对整个系统来说是一个参考面，不一定是大地零电位，该零电位基准点、线或平面对远处的大地来讲，可能具有很高的电位，但对有关系统来说仍然是零电位。

（5）功率地

功率地是负载电路或功率驱动电路的零电位公共基准地线，由于负载电路或功率驱动电路的电流较强、电压较高，如果接地的地线电阻较大，会产生显著的电压降而产生较大的干扰，所以功率地线上的干扰较大。因此功率地必须与其他弱电地分别设置，以保证整个系统稳定可靠地工作。

（6）屏蔽接地

为了抑制变化的电磁场干扰而采用的多种技术，只有屏蔽层、屏蔽体做到良好接地才能起到良好的屏蔽作用，屏蔽地就是屏蔽网络的接地。屏蔽地是为防止电磁感应而对屏蔽线缆的屏蔽层、电子设备的金属外壳、屏蔽罩、建筑物的金属屏蔽网（如测灵敏度、选择性等指标的屏蔽室）进行接地的一种防护措施，在所有接地中屏蔽地最复杂，因为屏蔽本身既可防外界干扰，又可能通过它对外界构成干扰，而在设备内各元器件之间也须防电磁干扰，屏蔽不良、接地不当会引起干扰。

比如静电屏蔽，当用完整的金属屏蔽体将带正电导体包围起来，在屏蔽体的内侧将感应出与带电导体等量的异种电荷，外侧出现与带电导体等量的同种电荷，因此外侧仍有电场存在。如果将金属屏蔽体接地，外侧的电荷将流入大地，金属壳外侧将不会有电场存在，即带正电导体的电场被屏蔽在金属屏蔽体内，相当于壳内带电体的电场被屏蔽起来了。

如为了降低交变电场对敏感电路的耦合干扰电压，可以在干扰源和敏感电路之间设置导电性好的金属屏蔽体，并将金属屏蔽体接地。只要设法使金属屏蔽体良好接地，就能使交变电场对敏感电路的耦合干扰电压降到很小。典型的两种屏蔽是静电屏蔽与交变电场屏蔽：

1）电路的屏蔽罩接地。各种信号源和放大器等易受电磁辐射干扰的电路应设置屏蔽罩，由于信号电路与屏蔽罩之间存在寄生电容，因此要将信号电路地线末端与屏蔽罩相连，以消除寄生电容的影响，并将屏蔽罩接地，以消除共模干扰。

2）低频电路电缆的屏蔽层接地。低频电路电缆的屏蔽层接地应采用一点接地方式，而且屏蔽层接地点应当与电路的接地点一致。对于多层屏蔽电缆，每个屏蔽层应在一点接地，各屏蔽层应相互绝缘。这是因为两端接地的屏蔽层将为磁感应的地环路电流提供了分流，使得磁场屏蔽性能下降。

3）高频电路电缆的屏蔽层接地。高频电路电缆的屏蔽层接地应采用多点接地的方式，当电缆长度大于工作信号波长的 0.15 倍时，采用工作信号波长的 0.15 倍的间隔多点接地方式。如果不能实现，至少应将屏蔽层两端接地。

4）系统的屏蔽体接地。当整个系统需要抵抗外界电磁干扰，或需要防止系统对外界产生电磁干扰时，应将整个系统屏蔽起来，并将屏蔽体接到系统地上。

（7）本安接地

本安接地是本安仪表或安全栅的接地，这种接地除了抑制干扰外，还是使仪表和系统具有本质安全性质的措施之一。本安接地会因为采用设备的本安措施不同而不同，安全栅的作用是保护危险现场端永远处于安全电源和安全电压范围之内。如果现场端短路，则由于负载电阻和安全栅电阻 R 的限流作用，会将导线上的电流限制在安全范围内，使现场端不至于产生很高的温度，引起燃烧。如果计算机一端产生故障，则高压电信号加入了信号回路，则由于齐纳二极管的钳位作用，也使电压位于安全范围。但应注意的是，由于齐纳安全栅的引入，使得信号回路上的电阻增大了许多，因此，在设计输出回路的负载能力时，除了要考虑真正的负载要求以外，还要充分考虑安全栅的电阻，应留有余地。

安全栅电路如图 3-8 所示，从图 3-8 中可以看出，有三个接地点：B、E、D，通常 B 和 E 两点都在计算机一侧，可以连在一起，形成一点接地。而 D 点是变送器外壳在现场的接地，若现场和控制室两接地点间有电位差存在，那么，D 点和 E 点的电位就不同了。假设以 E 点作为参考点，假定是 D 点出现 10V 的电动势，此时，A 点和 E 点的电位仍为 24V，那么 A 和 D 间就可能有 34V 的电位差，已超过安全极限电位差，但齐纳二极管不会被击穿，因为 A 和 E 间的电位差没变，因而起不到保护作用。这时若现场的信号线碰到外壳上，就可能引起火花，可能会点燃周围的可燃性气体，这样的系统也就不具备本安性能了。所以，在涉及安全栅的接地系统设计与实施时，一定要保证 D 点和 B（E）点的电位近似相等。在具体实践中解决此问题的方法是：一种方法是用一根较粗的导线将 D 点与 B 点连接起来，来保证 D 点与 B 点的电位比较接近；另一种方法是利用统一的接地网，将它们分别接到接地网上，这样，如果接地网的本身电阻很小，再采用较好的连接，也能保证 D 点和 B 点的电位近似相等。

（8）设备地

一台设备要实现设计要求，往往含有多种电路，比如低电平的信号电路（如高频电路、数字电路、模拟电路等）、高电平的功率电路（如供电电路、继电器电路等）。为了安装电路板和其他元器件、为了抵抗外界电磁干扰而需要设备具有一定机械强度和屏蔽效能的外壳，典型设备的接地如图 3-9 所示。设备外壳的接地应注意以下几点：

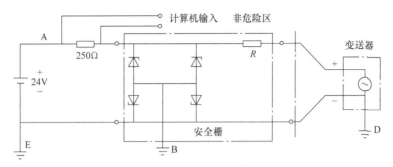

图 3-8　安全栅接地原理图

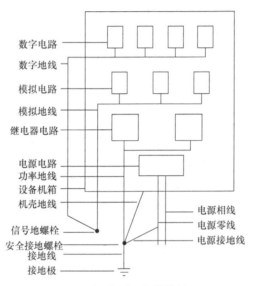

图 3-9　典型设备的接地

1）电源零线应接到安全接地螺栓上，对于独立的设备，安全接地螺栓设在设备金属外壳上，并有良好电连接。

2）为防止机壳带电，危及人身安全，不许用电源零线作地线代替机壳地线。

3）为防止高电压、大电流和强功率电路（如供电电路、继电器电路）对低电平电路（如高频电路、数字电路、模拟电路等）的干扰，应将它们的接地分开。前者为功率地（强电地），后者为信号地（弱电地），而信号地又分为数字地和模拟地，信号地线应与功率地线和机壳地线相绝缘。

4）对于信号地线可另设一信号接地螺栓（和设备外壳相绝缘），该信号接地螺栓与安全接地螺栓的连接有三种方法（取决于接地的效果）：

① 不连接，即浮地式。

② 直接连接，即单点接地式。

③ 通过一只 $3\mu F$ 电容器连接，即直流浮地式、交流接地式。

接地最后都汇聚在安全接地螺栓上（该点应位于交流电源的进线处），然后通过接地线接至接地极上。

（9）系统地

系统地是为了使系统以及与之相连的电子设备均能可靠运行而设置的接地，系统地为电路系统中各个部分、各个环节提供稳定的基准电位（一般是零电位），该基准电位可以设在电路系统中的某一点、某一段或某一块等。系统地可以接大地，也可以仅仅是一个公共点。当该基准电位不与大地连接时，视为相对的零电位。但这种相对的零电位是不稳定的，它会随着外界电磁场的变化而变化，使系统的参数发生变化，从而导致电路系统工作不稳定。当该基准电位与大地连接时，基准电位视为大地的零电位，不会随着外界电磁场的变化而变化。但是不正确的系统地反而会增加干扰，比如共地线干扰、地环路干扰等。当系统由多台设备组成时，系统的接地如图 3-10 所示。在实施系统地时应注意以下几点：

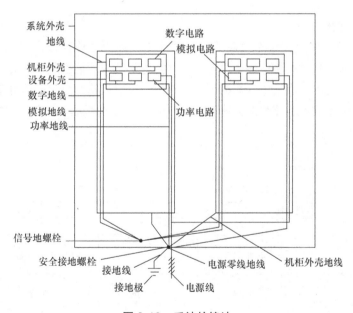

图 3-10 系统的接地

1）参照设备的接地注意事项。

2）设备外壳用设备外壳地线和机柜外壳相连。

3）机柜外壳用机柜外壳地线和系统外壳相连。

4）对于系统，安全接地螺栓设在系统金属外壳上，并有良好电连接。

5）当系统用三相电源供电时，由于各负载用电量和用电的不同时性，必然导致三相不平衡，造成三相电源中心点电位偏移，为此将电源零线接到安全接地螺栓上，以使三相电源中心点电位保持零电位，从而防止三相电源中心点电位偏移产生的干扰。

3.2.2　接地方式

信号接地的方式可以分为四种：浮点接地、单点接地、多点接地和混合接地，如图 3-11 所示。

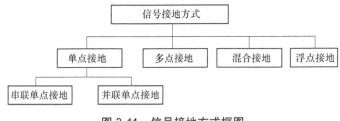

图 3-11　信号接地方式框图

1. 浮点接地

浮点接地方式是指整个电路或部分的地与大地无导体连接，如图 3-12 所示。采用浮点接地的目的是将电路或设备与公共接地系统或可能引起环流的公共导线隔离开来，使电路不受大地电性能的影响，浮地还可以使不同电位间的电路配合变得容易。实现电路或设备浮地的方法有变压器隔离和光电隔离，浮地的最大优点是抗干扰性能好。

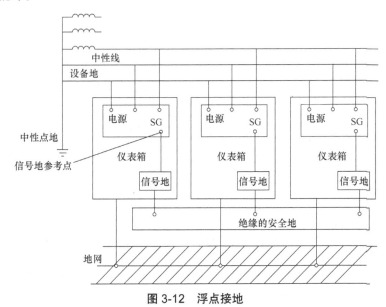

图 3-12　浮点接地

浮点接地的实质是使电路的某一部分与"大地线"完全隔离，从而抑制来自接地线的干扰。由于没有电气上的联系，因而也就不可能形成地环路电流而产生地阻抗的耦合干扰。设备悬浮地如图 3-13 所示，单元悬浮地如图 3-14 所示。

图 3-13　设备悬浮池

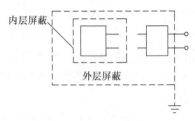

图 3-14　单元悬浮池

研究成果表明，一个较大的电气控制系统因存在较大的对地分布电容，它的基准电位将会受电磁场的干扰（通过分布电容），使得电路产生位移电流，而难以正常工作。在电气控制系统的工作速度提高、感应增大、输入输出增多的情况下，其对地分布电容就会增大，继而加大位移干扰电流。另外，由于分布电容的存在，容易产生静电积累和静电放电，在雷电情况下，还会在机柜和单元之间产生飞弧，甚至使操作人员遭到电击。所以对于比较复杂的电磁环境，"浮点接地方式"是不太适宜的，浮地电位波动产生干扰如图 3-15 所示。

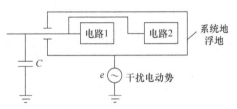

图 3-15　浮地电位波动产生干扰

浮点接地方式的缺点是由于设备不与公共地相连，容易在两者间造成静电积累，当电荷积累到一定程度后，在设备地与公共地之间的电位差可能引起剧烈的静电放电，而成为破坏性很强的干扰源。浮地的电路易受寄生电容的影响，而使该电路的地电位变动和增加了对模拟电路的感应干扰。因此，浮地的效果不仅取决于浮地的绝缘电阻的大小，而且取决于浮地的寄生电容的大小和信号的频率。

2. 单点接地

单点接地就是把电路系统中某一点作为接地的基准点，其他信号的地线都连接到这一点上。低频电路的接地应坚持单点接地的原则，单点接地分为串联式单点接地和并联式单点接地。

（1）串联式单点接地

为防止工频和其他杂散电流在信号地线上产生干扰，信号地线应与功率地线和机壳地线相绝缘，且只在安全接地螺栓上与功率地、机壳地相连（浮地式除外）。串联单点接地的优点是比较简单，其缺点是由于共用一根接地总线，会出现较严重的共模耦合噪声，同时由于对地分布电容的影响，会产生并联谐振现象，大大增加地线的阻抗，这种接法一般只用于低于 1MHz 的电路系统。

在图 3-16a 所示的串联接地方式中，电路 1、2、3、4 各有一个电流 I_1、I_2、I_3、I_4 流向接地点。由于地线存在电阻，因此，A、B、C、D 点的电位不再是零，于是各个电路间相互发生干扰，尤其是强信号电路将严重干扰弱信号电路。如果必须要采用串联式单点接地方式，应当尽力减小公共地线的阻抗，使其能达到系统的抗干扰容限要求。串联的次序是，最怕干扰电路的地接 A 点，而最不怕干扰电路的地应当接 D 点。

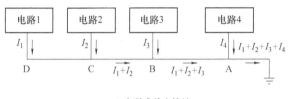

a) 串联式单点接地

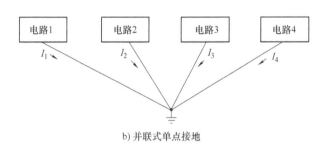

b) 并联式单点接地

图 3-16　单点接地

（2）并联式单点接地

并联式单点接地最为简单而实用，它没有公共阻抗耦合和低频地环路问题。每一个电路模块都接到一个单点地上，每一个单元电路在同一点与参考点相连。并联式单点接地不共用接地总线，可以减少耦合噪声，但是由于各自的地线较长，地回路阻抗不同，会加剧地噪声的影响，同样也会受到并联谐振的影响，一般使用的频率范围在 1~10MHz 之间。在图 3-16b 所示的并联接地方式中无公共地阻抗干扰，但地线数量多，在高频（MHz 以上）时效果差。

在并联接地中各个电路的地电位只与其自身的地线阻抗和地电流有关，互相之间不会造成耦合干扰。因此，有效地克服了公共地线阻抗的耦合干扰问题。采用了并联接地方式地线的截面积应大一些，以使各个电路之间的地电位差尽量减小。这样，当各个电路之间有信号传送时，地线环流干扰将减小。

（3）改进的单点接地系统

串联式单点接地容易产生公共阻抗耦合问题，解决的方法是采用并联式单点接地。但是并联式单点接地往往由于地线过多，而没有可实现性。因此，在实际的应用中可以灵活采用这两种单点接地方式，比如，可以将电路按信号特性分组，相互不会产生干扰的电路放在一组，一组内的电路采用串联式单点接地，不同组的电路采用并联式单点接地。这样，既解决了公共阻抗耦合的问题，又避免了地线过多问题。

一种改进的单点接地系统如图 3-17 所示，具有相同噪声特性的电路连接在一起，敏感的电路离单点地最近。当电路板上有分开的模拟地和数字地时，应将二极管背靠背互连（图 3-17 的 CR_1 和 CR_2），以防止电路板上的静电积累。

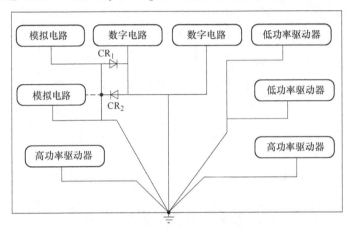

图 3-17　改进的单点接地系统

3. 多点接地

多点接地是指在某一个系统中，各个接地点都直接接到距它最近的接地平面上，以使接地引线的长度最短，使接地线的串联电阻和驻波效应减到最小，适用于高频接地。多点接地的接地平面可以是设备的底板，也可以是贯通整个系统的接地导线，在比较大的系统中，还可以是设备的结构框架等。

对于工作频率较高的电路或数字电路，由于各元器件的引线和电路的布局本身的电感都将增加接地线的阻抗，因而在低频电路中广泛采用的单点接地的方法，若用在高频电路容易增加接地线的阻抗，而且地线间的杂散电感和分布电容也会造成电路间的相互耦合，从而使电路工作不稳定。为了降低接地线阻抗及其减少地线间的杂散电感和分布电容造成电路间的相互耦合，高频电路采用就近多点接地，把各电路的系统地线就近接至低阻抗地线上。

工作频率高（>30MHz）的电路应采用多点接地方式，因为接地引线的感抗与频率和长度成正比,工作频率高时将增加共地阻抗,从而将增大共地阻抗产生的电磁干扰,所以要求地线的长度尽量短。采用多点接地时,尽量找最近的低阻值接地面接地。

多点接地的优点是:电路结构比单点接地简单,可应用于频率≥ 10MHz 的高频电路,施工时接地连接比单点接地易实现;缺点是存在地环路而引起共模干扰,不应用于敏感电路。

多点接地如图 3-18 所示,从图中可以看出,设备内电路都以机壳为参考点,而各个设备的机壳又都以地为参考点。这种接地结构能够提供较低的接地阻抗,这是因为采用多点接地的每条地线可以很短;并且多根导线并联能够降低接地导体的总电感。在高频电路中必须使用多点接地,并且要求每根接地线的长度小于信号波长的 1/20。

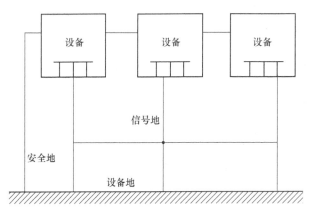

图 3-18 多点接地

4. 混合接地

混合接地既包含了单点接地的特性,又包含了多点接地的特性。混合接地可在低频和高频时呈现不同的特性,这在宽带敏感电路中是必要的。电容对低频和直流有较高的阻抗,因此能够避免两模块之间形成地环路。

当将直流地和射频地分开时,将每个子系统的直流地通过 10~100nF 的电容器接到射频地上,这两种地应在一点有低阻抗连接,连接点应选在最高转换速度(di/dt)信号存在的点。工作频率介于 1~30MHz 的电路采用混合接地,而当接地线的长度小于工作信号波长的 1/20 时,应采用单点接地式,否则应采用多点接地式。

混合接地一般是在单点接地的基础上利用电感、电容元件在不同频率下有不同阻抗的特性,使接地系统在不同的频率下具有不同的接地结构,主要适用于工作在混合频率下的电路系统。如采用电容耦合的混合接地系统,在低频情况时,等效为单点接地,而在高频下则利用电容对交流信号的低阻抗特性,整个电路表现为多点接地。

混合接地结构比较简单、施工较容易，但该系统不够安全，故国内外很少采用这种接地系统。只是将那些只需高频接地的点，利用旁路电容和接地平面连接起来，但应尽量防止出现旁路电容和引线电感构成的谐振现象。

例如，系统内的电源需要单点接地，而射频信号又要求多点接地，这时就可以采用图3-19所示的电容耦合的混合接地；对于直流电容是开路的，电路是单点接地；对于射频电容是导通的，电路是多点接地。

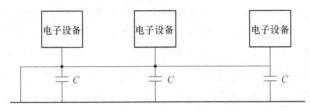

图 3-19　电容耦合的混合接地

单点接地和多点接地组合而成的混合接地系统如图3-20a所示，在图3-20b中，一个约1mH的电感器用来泄放静电，同时将高频电路与机壳地隔离。在图3-20c中，电容器沿着电缆每0.1λ长度设置，可防止高频驻波并避免低频接地环路。当采用图3-20b、c所示的接地方式时，必须避免接地系统中分布电容和电感引起的谐振现象。混合接地的原则是把设备的地线分为电源地、信号地、屏蔽地。设备的所有电源地线都接到电源总地线上，所有的信号地线都接到信号总地线上，所有的屏蔽地线都接到屏蔽总地线上，三根总地线最后汇总到公共的参考地。

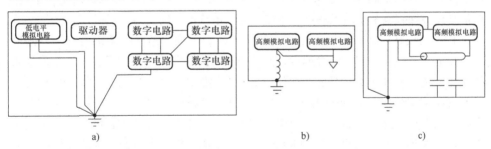

a)　　　　　　　　　　b)　　　　　　c)

图 3-20　混合接地系统

3.3　接地系统设计

3.3.1　接地系统设计准则

1. 接地系统

接地从字面来看是十分简单的事情，但实际上在电磁兼容设计中，接地是最难的技术。面对一个系统，很难提出一个绝对正确的接地方案，多少会遗留一些问题。造成这种情况的原因是接地设计没有一个很系统的理论或模型，在考虑接地时只能依靠过去的经验或从书上看到的经验。但接地是一个十分复杂的问题，在其他场合很好的方案在这里不一定最好，关于接地设计在很大程度上依赖设计人员对"接地"这个概念的理解程度和经验。设计接地系统的目标是：使接地阻抗尽可能低；控制源和负载间的电流。

接地实质上是一个十分复杂的系统工程，良好的接地系统设计，不仅可以有效地抑制外来电磁干扰的侵袭，使电气、电子设备安全稳定和可靠地运行，而且保证较少地向外界大自然环境释放噪声和电磁污染；反之，不仅不能有效地抑制来自外界空间的电磁干扰，同时还会向外界环境释放噪声和电磁污染，危害大自然环境。所以，对于接地系统的设计必须给予足够的重视，从系统工程的角度出发，去研究解决电气、电子设备接地设计中的问题，一定会收到良好的经济效果和社会效果。

除了从安全角度出发而考虑的保护接地外，为了保证电气、电子设备正常、稳定和可靠地运行，还必须处理好设备内部系统中各个电路工作的参考电位，在电气、电子设备中遇到的大量和经常需要解决的主要接地问题是系统接地。

系统接地线既是各电路中的静态、动态电流通道，又是各级电路通过共同的接地阻抗而相互耦合的途径，从而形成电路间相互干扰的薄弱环节。电气、电子设备中的一切抗干扰措施，几乎都无一例外的与接地有关。因此，正确的接地是抑制噪声和防止干扰的主要途径，它不仅能保证电气、电子设备正常、稳定和可靠地工作，而且能提高电路的工作精度。反之，不正确的接地，会降低电路的工作精度，严重时还会导致电子电路无法正常工作，陷入系统瘫痪的境地。

在产品设计时，应从安全角度、功能和抑制干扰的角度考虑接地方式、接地点、接地线，此外，良好的接地设计必须有良好的装配工艺做保障，才能达到预期的目的。在接地设计时，要根据实际情况选择接地方式及接地点。例如，计算机辐射干扰频率集中在 30~200MHz 范围内，因此计算机内部各单元及屏蔽电缆相对机壳应采用多点就近接地的方式。使用单点接地，会增加接地线的长度，如果接地线长度接近或等于干扰信号波长的 1/4 时，其辐射能力将大大增加，接地线将成为天线。一般来讲，接地线的长度应小于 2.5cm。

2. 接地系统设计准则

1）电路尺寸小于 0.05λ 时可用单点接地，大于 0.15λ 时可用多点接地。对于最大尺寸远小于 $\lambda/4$ 的电路，使用单点接地的绞合线（是否屏蔽视实际情况而定），以使设备敏感度最好。

2）对工作频率很宽的系统要用混合接地。

3）出现地线环路问题时，可用浮地隔离（如变压器、光电耦合器）。

4）所有接地线要尽可能短。

5）接地线要导电良好，避免高阻性。

6）对信号线、信号回线、电源回线以及底板或机壳都要有单独的接地系统，然后将这些回线接到一个参考点上。

7）对于那些将出现较大电流突变的电路，要有单独的接地系统，或者有单独的接地回线，以减少对其他电路的瞬态耦合。

8）低电平电路的接地线必须交叉的地方，要使导线互相垂直。

9）使用平衡差分电路，以尽量减少接地电路干扰的影响。

10）交直流线不能绑扎在一起，交流线本身要绞合起来。需要用同轴电缆传输信号时，要通过屏蔽层提供信号回路。低频电路可在信号源端单点接地；高频电路则采用多点接地。典型的分界点是 100kHz，高于此值用多点接地，低于此值用单点接地，多点接地时要做到每隔 $0.05\lambda \sim 0.1\lambda$ 有一个接地点。屏蔽层接地不能用辫状接地，而应当让屏蔽层包裹芯线，然后再让屏蔽层 360° 接地。

11）选择高频接地线时应考虑到趋肤效应，接地线需要选用带状编织线。如果对接地要求很高，还可在其表面镀银，这主要是减小导线的表面电阻率，以达到减小接地线高频阻抗的目的。还必须考虑接地引下线高频阻抗和表面射频电阻对设备的影响，为了减小接地引下线的高频阻抗和接地引下线的射频电阻，对接地线到公共接点的距离有一定要求。

在一般情况下接地支线长度应小于 3m，而接地干线应小于 15m。在确定引下线长度时，必须了解设备的特性，如设备的耐高电位能力、功率、工作频率以及接地地网的实况。由于设备与接地体相对位置是客观情况要求的，在不能减少接地干线的长度时，应采取其他措施。

12）从安全出发，测试设备的地线直接与被测设备的地线连接，要确保接地连接装置能够应付意外的故障电流，在室外终端接地时，应能够承受雷电电流的冲击。

在电子产品设计中，地线设计是最重要的设计，往往也是难度最大的一项设计。对于既包含数字电路又包含模拟电路的系统，接地平面可以划分为模拟接地平面和数字接地平面，这将降低系统的模拟部分和数字部分之间的干扰。在大型复杂的电子、电气产品中往往包含有多种电子线路和各种元器件，这时，地线应分组敷设。一般分为信号地线、噪声地线、金属件地线和机壳地线等，即"四套法"，这是解决地线干扰行之有效的方法。这时地线设计需按以下步骤进行：

1）分析电子产品内各类电气部件的干扰特性。

2）分析产品内各单元电路的工作电平、信号类型等干扰特性和抗干扰能力。

3）将地线分类，例如分为信号地线、干扰源地线、机壳地线等，信号地线还可分为模拟地线和数字地线等。

4）画出总体布局图和地线系统图。

第3章

在电路设计中应遵循"一点接地"的原则，如果形成多点接地，会出现闭合的接地环路，当磁力线穿过该环路时将产生磁感应噪声。实际上很难实现"一点接地"，因此，为降低接地阻抗，消除分布电容的影响而采取平面式或多点接地，利用一个导电平面作为参考地，需要接地的各部分就近接到该参考地上。为进一步减小接地回路的压降，可用旁路电容减少返回电流的幅值。在低频和高频共存的电路中，应分别将低频电路、高频电路、功率电路的地线单独连接后，再连接到公共参考点上。

为获得无干扰等电位参考面，应将交流电源线路中的返回通道（中性线）只在一点与安全接地系统相连接，必须做到的是交流电源线路的返回电流不得流入信号参考地。由于消除了电流环路，这种与交流返回电流隔开的信号参考地可最大限度地减少公共阻抗耦合。

将电子设备的信号地线尽可能通过多点与信号参考地相连接，这可为高频干扰提供多个并联的对地通路，从而减少了电感效应。根据欧姆定律，电阻并联后其阻值减小，故并联通路越多，对地阻抗越小，这样做有助于将接地之间的物理距离减少到所需要的 1/10 波长的距离或更小；这样做也有助于消除接地电流环路，因为设备多点所接的地都是实在的地。

既然不能将电源线、控制线和信号线合成一回线进入设备，在敷线和连接导线时同样也不要将设备接地线和各类接地线（其电位设计为 0V）合成一回线。应使进入接地系统的电流尽量小（此电流可经接地线流入其他设备），也应使此电流进入接地系统后尽快流入大地（此电流不再流入其他设备）。

良好的接地平面可减小接地阻抗，用多根并联带形导体组成的接地平面能降低电感。对于射频信号的接地，导体面积大时效率高，因其电感小，阻抗随之也小，接地平面大到极限时为多块搭接的或对接的整块金属板（需要时可覆盖整个平面），当然这是不可能的。通常的做法是采用网格，它实质上是具有许多网孔的接地平面。当网孔尺寸小于所需频率波长的 1/10 时，网格的效果接近一实体平板。为使此接地平面更为适用，应满足两个条件：

1）所有接至网格设备接地线的长度，必须小于最高频率时的 1/10 波长。

2）设备与接地平面的连接必须具有足够的并联通路，以降低设备与接地平面间的电位差。

3. 接地线的布线设计

对于一个电子信号来说，它需要寻找一条最低阻抗的电路回流到地，所以如何处理这个信号回流就变得非常的关键。辐射强度是和回路面积成正比的，就是说回流需要走的路径越长，形成的环越大，它对外辐射的干扰也越大，所以，在 PCB 布线设计时要尽可能减小电源回路和信号回路面积。

对于一个高速信号来说，提供好的信号回流可以保证它的信号质量，因 PCB

上传输线的特性阻抗一般是以地层（或电源层）为参考来计算的，如果高速线附近有连续的地平面，这样这条传输线的阻抗就能保持连续，如果有段线附近没有了地参考，这条传输线的阻抗就会发生变化，不连续的传输线的阻抗会影响到信号的完整性。所以，布线时要把高速线分配到靠近地平面的层，或者高速线旁边并行走一两条地线，起到屏蔽和就近提供回流的功能。

在布线时对于高速信号应尽量不要跨越电源分割，这也是因为信号跨越了不同电源层后，它的回流途径就会很长了，容易受到干扰。对于低速的信号是可以跨越电源分割的，因为产生的干扰相比信号可以不予关心。

4. 数字电路地与模拟电路地的处理

模拟信号和数字信号都要回流到地，因为数字信号变化速度快，从而在数字地上引起的噪声就会很大，而模拟信号是需要一个"干净"的参考地。如果模拟地和数字地混在一起，噪声就会影响到模拟信号。

在接地技术中的一个很重要的部分就是数字电路与模拟电路的共地处理，即电路板上既有数字电路，又有模拟电路，一般说来，数字电路的频率高，而模拟电路对噪声的敏感度强，正因为如此，数字电路信号线应尽可能远离敏感的模拟电路，同样，彼此的信号回路也要相互隔离，这就牵涉到模拟地和数字地的划分问题。

在模拟地和数字地的设计时，一般的做法是模拟地和数字地分离，只在某一点连接，这一点通常是在 PCB 总的地线接口处，或在数/模转换器的下方，必要时可以使用磁性元器件（如磁珠）连接，如图 3-21 所示。

模拟地和数字地的设计原则是尽量阻隔数字地上的噪声窜到模拟地上，当然这也不是非常严格的要求模

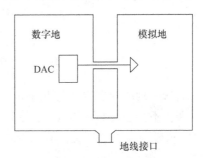

图 3-21 数字电路地与模拟电路地的处理

拟地和数字地必须分开，如果模拟部分附近的数字地还是很"干净"的话可以合在一起。

对于一般器件来说就近接地是最好的，在采用拥有完整地平面的多层 PCB 设计后，对于一般信号的接地就非常容易，基本原则是保证走线的连续性，减少过孔数量、靠近地平面或者电源平面等。

对于有对外的输入、输出接口的 PCB，如串口连接器、网口 RJ45 连接器等，如果对它们的接地设计得不好也会影响到正常工作，例如网口互连有误码、丢包等，并且会成为对外的电磁干扰源，使 PCB 内的噪声向外发送。通常的做法是单独分割出一块独立的接口地，与信号地的连接采用细的走线连接，细的走线可以用来阻隔信号地上噪声传导到接口地上。同样的，对接口地和接口电源的滤波也要认

真考虑。

屏蔽电缆的屏蔽层要接到单板的接口地上而不是信号地上,这是因为信号地上有各种的噪声,如果屏蔽层接到了信号地上,噪声电压会驱动共模电流沿屏蔽层向外干扰,屏蔽电缆的屏蔽层成为电磁干扰的最大噪声输出源。

在数、模混合电路设计中不能让模拟地和数字地交叠,这样两者会因为容性耦合而产生干扰噪声。另外,任何信号线都不能跨越地间隙或是分割电源之间的间隙。在这种情况下,地电流将会形成一个大的环路,如图 3-22 所示。流经大环路的高频电流会产生辐射和很高的地电感,如果流过大环路的是低电平模拟电流,该电流很容易受到外部信号干扰,这些都会引起严重的电磁干扰问题。

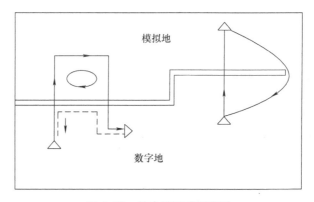

图 3-22　地电流环路示意图

一种统一地的处理方法是不进行地分割,但规定各自的范围,保证数字和模拟走线及回流不会经过对方的区域。这种策略一般用于数、模器件比例相当,并存在多个数/模转换器件的情况,有利于降低地平面的阻抗,数/模转换器件的地线设计如图 3-23 所示。

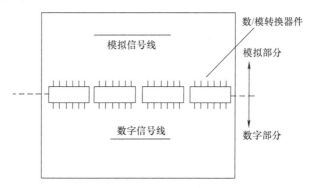

图 3-23　数/模转换器件的地线设计

在接地设计中的要点是保证所有地平面等电位，若系统存在两个不同的电动势面，再通过较长的线相连的话就可能形成一个偶极天线，小型偶极天线的辐射能力大小与线的长度、流过的电流大小以及频率成正比。所以要求同类地之间需要多个过孔紧密相连，而不同地（如模拟地和数字地）之间的连接线也要尽量短一些。

由于数字电路对地信号的完整要求格外严格，所以在数字地设计时要尽量减小地线的阻抗，一般可以将接地线做成闭环路以缩小电位差，以提高电子设备的抗噪声能力。而对于较低频的模拟信号来说，考虑更多的是避免回路电流之间的互相干扰，所以不能接成闭环。

5. 数、模混合器件的地线处理

对于内部既有模拟电路又有数字电路的混合 IC，在数字电路中的电流快速改变时，产生的电压会通过分布电容耦合到模拟电路。同时在混合 IC 的引脚之间不可避免地存在约 0.2pF 的分布电容，因此，模拟地与数字地应保持分离，以避免数字信号耦合到模拟电路。然而，为防止进一步耦合，AGND 与 DGND 应在外部以最短距离连接到模拟地。在 GND 连接处任何额外的阻抗都将引起数字噪声，也将通过分布电容耦合到模拟电路。通过减小转换器数字端口的扇出（TTL 器件驱动负载的能力），可以保持转换器在瞬变状态逻辑转换的相对独立，也可以使任何进入转换器模拟端口的潜在耦合减少。

抑制隔离转换器数据总线上噪声的最好办法是在其数据端口放置一缓冲锁存器，缓冲锁存器应与另一数字电路共地，并且耦合到 PCB 的数字地线上。由于数字抗扰度约为数百或数千毫伏，因此数字地和模拟地之间的噪声减小应主要针对转换器的数字接口。模拟电路与数字电路一般要求单独供电，转换器的电源引脚应该与模拟地之间接退耦电容，逻辑电路的电源引脚应与数字地之间退耦。如果数字供电电源相对没有干扰，也可用来为模拟电路供电。

6. 采样时钟电路的地线处理

在设计采样时钟电路时，也应慎重考虑接地问题。在具有分散地的系统中，采样时钟电路应以模拟地作为参考，然而由于系统的各种制约，这种做法是难以实现的。在许多情况下，采样时钟是通过对基于数字地的高频系统时钟分频得到的，如果将基于数字地的时钟信号传递到模拟地，两种地之间的噪声将直接叠加到时钟信号上并产生过大的抖动，这种抖动将降低 SNR 并产生不希望的谐波。因此应采用低相位噪声的晶振作为采样时钟，也可以利用 RF 传输与差动传输加以改善，差分接收和差分驱动应采用发射极耦合逻辑电路（ECL）以减小相位抖动。

3.3.2 接地电阻及接地网

1. 接地电阻

（1）传统接地网接地电阻的计算公式

决定接地电阻大小的因素很多，传统接地网的接地电阻计算公式（仅以接地环接地时）为

$$R = 0.5 \times \frac{\rho}{\sqrt{S}} \tag{3-5}$$

$$R = \frac{\rho}{2\pi L} \ln \frac{4L}{d} \tag{3-6}$$

$$R = \frac{\rho}{2\pi l L}(\ln \frac{l^2}{dH} + A) \tag{3-7}$$

式中，ρ 为土壤电阻率（$\Omega \cdot m$）；d 为钢材等效直径（m）；S 为地网面积（m^2）；H 为埋设深度（m）；L 为接地极长度（m）；A 为形状系数。

式（3-5）表明，传统的接地方式在土壤电阻率已经确定的情况下，要想达到设计要求的电阻必须有足够的接地面积，要降低接地电阻只有扩大接地面积，每扩大 4 倍的接地面积，接地电阻会降低一半。

式（3-6）、式（3-7）表明，在传统的接地网中，要降低接地电阻的另一个方法是加大接地材料的尺寸，但此种方法耗材太大而且效果并不理想。

接地电阻与接地环包围的面积 S 和土壤电阻率有关，例如土壤电阻率为 $200\Omega \cdot m$，要使接地网的接地电阻为 1Ω，其占地达到 $10000m^2$。对于大型建筑物而言，其本身占地很大，也最多可以建设一个这样的地网。若大型的建筑采用联合接地，考虑到要求独立地的控制设备，一个地网是远远不够的。在建筑林立的城市工业区要求大面积可供施工土质的空地也是不太可能的，即使在地理条件许可的地方，由于开挖量大、耗材多、费工费料、工程费用高，也是不可取的。所以，需要运用更好的接地材料和施工设计方法。

理论上，接地电阻越小，接触电压和跨步电压就越低，对人身越安全。当有电流流过接地电阻时，其上的电压将导致共地阻抗干扰。另外，该电压不仅使设备受到反击过电压的影响，而且使操作人员受到电击伤害的威胁。因此，一般要求接地电阻小于 4Ω。对于移动设备，接地电阻可小于 10Ω。接地电阻由接地线电阻、接触电阻和地电阻组成。垂直接地极的接地电阻 R 为

$$R=0.366(\rho/L)\lg(4L/d) \tag{3-8}$$

式中，ρ 为土壤电阻率（$\Omega \cdot m$）；L 为接地极在地中的深度（m）；d 为接地极的直径（m）。

但要求接地电阻越小，则人工接地装置的投资也就越大，而且在土壤电阻率较高的地区不易做到。在实践中，可利用埋设在地下的各种金属管道（易燃体管道除外）和电缆金属外皮以及建筑物的地下金属结构等作为自然接地体。由于人工接地

装置与自然接地体是并联关系，从而可减小人工接地装置的接地电阻，减少工程投资。为此，降低接地电阻的方法有以下三种：

1）降低接地线电阻。选用总截面大和长度小的多股导线。

2）降低接触电阻。将接地线与接地螺栓和接地极进行紧密又牢靠的连接，增加接地极和土壤之间接触的紧密度。

3）降低地电阻。增加接地极的表面积和增加土壤的电导率。

系统中的各子系统除受自身接地电阻电压的干扰外，还受到流经公共接地电阻 R 的电流 I 所引起的电压降（$I \times R$）的影响，即"接地电阻共模干扰"。由分析可知，无论差模还是共模接地电阻的干扰都与系统中子系统的接地电阻和地电流有关系。由于各个子系统都存在着接地电阻，又由于各子系统工作方式的不同和工作状态的随机性，系统电流的大小也随之变化，使这种干扰变得复杂，且危害性也较大。对模拟放大电路的影响是引入了偏置误差，会使模拟放大器输出变化异常；对数字逻辑电路输入、输出特性的影响是降低抗干扰能力，甚至使接收端无法工作。

差模还是共模接地电阻的干扰都是通过接地电阻耦合到系统中的，从切断干扰途径、削弱干扰强度的抗干扰方法出发，系统的接地设计应尽量降低地线电阻和采用一点接地方式。在高频电路中，导线间的分布电容和寄生电感引起的线间耦合干扰是比较突出的。为了减小线间的分布电容和线间的电磁感应，削弱线间的相互干扰，一般采用多点接地。

（2）接地电阻值的规定

在 1000V 以下中性点直接接地系统中，接地电阻应 ≤ 4Ω，重复接地电阻应 ≤ 10Ω。而电压为 1000V 以下的中性点不接地系统中，一般规定接地电阻为 4Ω。在实际工程应用中，人工接地装置常用的有垂直埋设的接地体、水平埋设的接地体以及复合接地体等。此外，接地电阻大小还与接地体形状有关。

1）垂直埋设接地体的散流电阻。

垂直埋设的接地体多用直径为 50mm、长度 2~2.5m 的铁管或圆钢，其每根接地电阻可按下式计算：

$$R_{go}=[\rho L(4L/d)]/2\pi L \qquad (3-9)$$

式中，ρ 为土壤电阻率（Ω·cm）；L 为接地体长度（cm）；d 为接地铁管或圆钢的直径（cm）。

为防止气候对接地电阻值的影响，一般将铁管顶端埋设在地下 0.5~0.8 m 深处。若垂直接地体采用角钢或扁钢，其等效直径为：等边角钢 $d = 0.84b$；扁钢 $d = 0.5b$。其中，b 为角钢、扁钢的厚度。

为达到所要求的接地电阻值，往往需埋设多根垂直接地体，排列成行或成环形，而且相邻接地体之间距离一般取接地体长度的 1~3 倍，以便平均分布接地体的电位和有利施工。这样，电流流入每根接地体时，由于相邻接地体之间的磁场作用而阻止电流扩散，即等效增加了每根接地体的电阻值，因而接地体的合成电阻值并不等于各个单根接地体流散电阻的并联值，而相差一个利用系数，接地体合成电阻可按下式计算：

$$R_g = R_{go} / (\eta_L n) \tag{3-10}$$

式中，R_{go} 为单根垂直接地体的接地电阻（Ω）；η_L 为接地体的利用系数；n 为垂直接地体的并联根数。

接地体的利用系数与相邻接地体之间的距离 a 和接地体的长度 L 的比值有关，a/L 值越小，利用系数就越小，则散流电阻就越大。在实际施工中，接地体数量不超过 10 根，取 $a/L = 3$，那么接地体排列成行时，η_L 在 0.9~0.95 之间；接地体排列成环形时，η_L 约为 0.8。

2）水平埋设接地体的散流电阻。

一般水平埋设接地体采用扁钢、角钢或圆钢等，其接地电阻可按下式计算：

$$R_{sp} = (\rho / 2\pi L)[\ln(\frac{L^2}{dh}) + A] \tag{3-11}$$

式中，L 为水平接地体总长度（cm）；h 为接地体埋没深度（cm）；A 为水平接地体结构形式的修正系数；d 为接地钢管或圆钢的直径（cm）。

2. 地网形式

接地网是接地系统的基础设施，由接地环（网）、接地极（体）和引下线组成，以往常有种误解，把接地环作为接地的主体，很少使用接地体，在接地要求不高或地质条件相当优越的情况下，接地环也能够起到接地的作用，但是通常的情况下，这是不可行的，接地环可以起到辅助接地体的作用，主导作用是用接地体来完成的。

地网的形状直接影响接地达到的效果和达到设计要求所需的地网占地面积，首先应建立接地环（或接地面），提倡使用水平接地极（常用的是外部接地环）和垂直接地体配合使用，形成三维接地结构。

（1）三维接地

三维接地有三种不同类型：等长接地、非等长接地和法拉第笼式接地：

1）等长接地是用相同长度的垂直接地体，这种方式的垂直接地体埋设深度基本一致，施工方便，同时可以取得较好的效果。

2）非等长接地是更科学的接地方式，采用不同长度的垂直接地体相互配合，由于垂直接地体长度和埋设深度不同，大大加大了等势面积，突破了地网面积局限。设计和施工并不困难，使用得当可以完成相当难度的接地工程。非等长接地方法也叫"半法拉第笼"接地工艺。

3）法拉第笼式接地是设有多层水平接地网，用垂直接地体相互连接形成笼式结构。由于施工量大，并不常用。在设计中还应考虑地网趋肤效应、跨步电压等因数。

（2）接地网的岩土条件

1）岩土类型。接地网处的岩土条件直接关系接地的难度，设计中最重要的参数之一就是接地网施工地点岩土的土壤电阻率，但仅考虑土壤这个参数是不够的，还要考虑开挖（钻进）难度、破碎还是整体岩石、持水能力等因数。有的岩土电阻率高，但是在整体岩石之间常有较好的土壤间隙层，在这样的环境中，避开整体岩石，在间隙中开挖灌注降阻剂效果较好。

2）地形制约。施工环境常常受到各种情况的制约，按照理想的模式考虑大面积的地网是不现实的。有专家认为，接地面积一定后，如果接地极长度不超过地网1/20，要想突破局限是不可能的，即使做成整块铜板也没有实际意义。在接地工程实践中也印证了这一理论，所以，当地形局限时，可以考虑地网的纵深方向，使用离子接地系统或深井施工工艺。

3）含水情况。一般来说，湿润的土壤导电性较好，但是，在实际工程中发现，当含水量超过饱和以后，接地效果反而不好。当地底下潮湿，接地体深入到这一层时，降阻效果会好得多。

3.3.3 接地材料及工程应用

1. 接地材料

接地材料是接地的工作主体，材料的选择很重要。广泛使用的接地工程材料有各种金属材料接地体、离子接地系统、非金属接地体和降阻剂等。

1）金属材料接地体。金属材料中的扁钢，也有的用铜材替代，主要用于接地环的建设，这是大多接地工程都选用的。金属材料中的角钢、铜棒和铜板主要用作接地体，但金属材料接地体的寿命较短、接地电阻上升快、地网改造频繁（有的地区每年都需要改造）、维护费用比较高。

2）离子接地系统。从传统金属接地极（体）中派生出的特殊结构的接地体（带电解质材料）。使用效果比较好，一般称为离子或中空接地系统。

3）非金属接地体。使用比较方便，几乎没有寿命的约束，各方面比较认可。

4）降阻剂。降阻剂的主要作用是降低与地网接触的局部土壤电阻率，换句话说，是降低地网与土壤的接触电阻，而不是降低地网本身的接地电阻。降阻剂分为化学降阻剂和物理降阻剂，化学降阻剂自从发现有污染水源事故和腐蚀地网的缺陷以后基本上没有使用了，现在广泛接受的是物理降阻剂（也称为长效型降阻剂）。

（1）物理降阻剂

物理降阻剂是接地工程广泛接受的降阻材料，属于材料学中的不定性复合材料，可以根据使用环境形成不同形状的包裹体，所以使用范围广，可以和接地环或接地体同时运用，包裹在接地环和接地体周围，达到降低接触电阻的作用。并且，降阻剂有可扩散成分，可以改善周边土壤的导电属性。

现在较先进的降阻剂都有一定的防腐能力，可以加长地网的使用寿命，其防腐原理一般来说有几种：牺牲阳极保护（电化学防护）；致密覆盖金属隔绝空气；加入改善界面腐蚀电位的外加防腐剂等。物理降阻剂有超过30多年的工程应用历史，经过不断的实践和改进，现在无论是性能还是施工工艺都已经是相当成熟。

（2）稀土防雷降阻剂

稀土防雷降阻剂是由高分子导电材料制造而成的高科技产品，它是一种高导低阻、高效率的离子型降阻剂，降阻效果好、时效性长、性能稳定、无毒、无腐蚀，并能延缓土壤对接地体的腐蚀，起到保护接地体的作用。

稀土防雷降阻剂在原有降阻效率高的基础上，取得了最大的成功是防腐蚀性能上的突破。当国内众多的接地体仍然依靠镀锌才能防腐蚀的情况下，采用稀土防雷降阻剂已不需要接地体镀锌就能达到防腐蚀的效果。稀土防雷降阻剂不仅在防腐蚀方面取得突破，还可为工程节省大量的接地体镀锌费用，避免了因锌腐蚀而产生的重金属污染土质。稀土防雷降阻剂的另一优势在于可直接采用干粉施工，效果与水拌合使用的情况相同，为高山或缺水地区使用提供了极大的便利。

先进的稀土防雷降阻剂需要与先进的接地设计理念和先进的施工工艺相协调才能达到理想的接地效果，采用水平接地体加上垂直接地极形成复合接地网，在网上敷设稀土防雷降阻剂，才能达到降低接地电阻值和瞬间泄流的目的。由于稀土防雷降阻剂的亲和作用和吸附作用，时间一长，接地电阻值会逐步下降并趋于稳定，不会受到季节变化的影响，无论干旱下雨，无论冬天夏天，接地电阻值几十年都不会发生变化。

（3）非金属接地体

非金属接地体也是广泛使用的工程材料，是由导电能力优越的非金属材料复合加工成型的，加工方法有浇注成型和机械压模成型，一般来说浇注成型的产品结构松散、强度低、导电性能差，而且质量不稳定。机械压模法是使用机械设备在几到十几吨的压力下成型的，不仅尺寸精度较高、外观较好，更重要的是材料结构致密、电学性能好、抗大电流冲击能力强，质量也相当稳定，但是生产成本较高。

在非金属接地体选型时，应尽量选用机械压模的非金属接地体，特别是接地体有抗大电流或大冲击电流的要求（如电力工作地、防雷接地）时，不宜选用浇注成型非金属接地体。非金属接地体的特点是稳定性优越，其气候、季节、寿命都是现有接地材料中最好的，是不受腐蚀的接地体，所以，不需要地网维护，也不需要定期改造，非金属接地体施工需要的地网面积比传统接地面积小很多，但是在不同地质条件下也需要保证足够接地面积才可以达到良好的效果。

（4）离子（中空）接地系统

离子（中空）接地系统是由传统的金属接地体改进而来，从工作原理到材料选用都发生了变化，形成各种形状的结构。这些接地系统的共同点是结构部分采用防腐性更好的金属，内填充电解物质及其载体组分的内填料，外包裹导电性能良好的不定性导电复合材料，一般称为外填料。接地系统的金属材料有不锈钢、铜包钢和纯铜材的。不锈钢的防腐较钢材好，但是在埋地环境中依然会锈蚀，以不锈钢为主体的接地系统不宜在腐蚀性严重的环境中使用。表面处理过的铜是很好的抗锈蚀材料，铜包钢是铜 - 钢复合材料，钢材表面覆盖铜，可以节约大量的贵金属。

采用套管法或电镀法生产的表面铜层厚度为 0.01~0.50mm 的铜 - 钢复合材料，铜层厚度越厚防腐效果越好。纯铜材料防腐性能最好，但是要耗用大量的贵金属，一般在性能要求较高的工程中使用。由于接地系统大多向垂直方向伸展，所以接地面积大多要求很小，可以满足地形严重局限的工程需要。特别是补偿类型接地系统有加长设计，使用加长至 24m 的接地系统，辅以深井法施工，可以达到非常好的效果。

以上介绍的接地材料各有优势，但是都有自身的局限，提倡各取所长，选择适当的材料满足不同的工况，各种接地材料特性见表 3-2。

表 3-2　各种接地材料特性

应用特性	地网类型			
	采用降阻剂的地网	采用非金属接地体的地网	采用中空接地棒的地网	传统接地的地网
新建地网施工	简单	简单	较简单	简单
改造地网施工	复杂	简单	较简单	复杂
适用环境	普通地网通用	恶劣地质条件、腐蚀环境、较高要求的地网	地网面积小的城市或复杂山岩环境	通用
价格比较	低	较高	较高	地质条件好的、要求低的，便宜；地质条件不好的、要求高的，较贵或很贵
抗腐蚀	有防腐作用	不被腐蚀	较好抗腐蚀能力	低
气候稳定性	普通	优异	较好	不好
使用寿命	较长	最长	长	短，常需要改造

2. 导电混凝土特性及技术指标

（1）导电混凝土特性

导电混凝土是在普通混凝土中加入石墨和碳纤维等材料，经过优质配比精制而成。将普通混凝土的离子导电性能转化为电子导电性能，并保持了混凝土的和易性、抗渗性、热工性能、强度性能、变形性能和耐久性能等特点。导电混凝土流动性、黏聚性和初凝时间都能满足普通水泥灌浆的工艺要求，完全可以用在岩层裂缝、覆盖层、砂砾层等地区深孔压力灌注接地和深孔爆破接地。

接地体的腐蚀主要发生在电子导电转向离子导电的界面处，由于导电混凝土不是利用电解质中离子导电，而是将离子导电转换为电子导电，从而消除了两种不同导电原理的电荷交换界面，可防止钢材接地体的腐蚀。在导电混凝土中加入与水硬性凝胶材料相配比的膨胀剂，使导电混凝土在水化过程产生一定的体积膨胀和自应力，减少导电混凝土的收缩裂缝，提高导电混凝土的抗裂性、抗渗性和黏聚性，使其与接地体表面和地层紧密结合，从而减小接地体与土壤间的接触电阻。导电混凝土在干燥状态时，由于电子导电链的稳定性增大，其电阻率为 $0.14\Omega \cdot m$，仅为潮湿状态的电阻率 $0.4\Omega \cdot m$ 的 1/3，特别适合在干旱地区、缺水地区和岩石地区的接地工程中使用。

（2）导电混凝土技术指标

导电混凝土的有关电气技术指标完全符合接地填充材料和导电建筑材料的要求，导电混凝土导电原理为电子导电链，其主要技术指标如下：

1）干燥状态电阻率为 $0.14\Omega \cdot m$，潮湿状态电阻率为 $0.4\Omega \cdot m$。

2）工频电流密度不小于 $1.3A/cm^2$。

3）正常湿度腐蚀速度采用线性极化法为 0.0067mm/a；采用塔菲尔曲线法为 0.0048mm/a。洒水淋湿腐蚀速度采用线性极化法为 0.0084mm/a；采用塔菲尔曲线法为 0.0126mm/a。

4）采用低碳钢电极埋入导电混凝土内，再浸入质量分数为 3% 的 NaCl 水溶液中，自腐蚀电位为 −0.457V。采用低碳钢曲线浸入质量分数为 3% 的 NaCl 水溶液中，自腐蚀电位为 −0.684V。

5）pH 值为 12；有效期超过 20 年。

在接地工程中导电混凝土的经济用量，可用下列经验公式估算：

$$m=1.8k\rho/R \tag{3-12}$$

式中，m 为导电混凝土经济用量（kg）；R 为要求达到的工频接地电阻（Ω）；ρ 为计算接地电阻用的等值电阻率（$\Omega \cdot m$）；k 为系数（kg/m）。

3. 接地工程中的搭接

在标准中一般规定接地线与接地面的直流搭接阻抗小于 $2.5m\Omega$ 的为高质量接地，接地面应经过表面处理，避免氧化、腐蚀。在接地线与接地平面之间不应有锁紧垫圈、衬垫，而且不应使用衬垫、螺栓、螺母作为接地回路的一部分。

搭接是导体间稳定的连接，就电流路径来说，其电阻可以忽略。好的搭接其电阻为 $0.5m\Omega$、电感为 25nH，而对射频电流来说，频率直至 20MHz 时，搭接电阻为 $80m\Omega$。搭接的方法有：

1）直接永久搭接。永久搭接是使相同金属通过钎焊、铜焊、银焊等焊接的办法使其搭接起来，焊缝的长度要大于导体的重叠部分。雷电保护接地系统至少采用12 号铜线，且搭接截面积 ≥ 5mm²。

2）直接压接。导体搭接面首先用铁刷子、钢丝棉或研磨料（7/10 金刚砂纸）打磨清洁，清洁面比搭接面大 50%，擦去碎屑用溶剂清洁表面，再用干净棉布擦干表面。经处理后，搭接表面应是清洁和光亮的。清洁后的表面应在 1 h 内，用螺栓、铆钉或机械螺钉，将导体搭接在一起，搭接压力达 8300~10300kPa（对软金属要低压力，即 1200~1500lbf/in²，1lbf/in²=6.89476kPa），螺栓的花兰垫圈或弹簧垫圈要保持紧配合。截面积大于 650mm² 的搭接，其搭接电阻应小于 0.1mΩ。

3）金属表面上涂导电涂料后压接。这种搭接的电阻典型值是几个毫欧，但是在 1MHz 时，超过 1Ω，可以用镉、锡或银镀在金属上，搭接压力大约为 69kPa。

为了使搭接可拆卸或用作减振的组件，可选用金属搭接条、编织条或导线。搭接条既方便检修，又要防止偶然损坏（同时还要满足空间要求）。搭接条应短而宽，长宽比为 5 以下，优选的长宽比为 3，使接地阻抗最小。接地搭接条决不能串联连接。铜搭接条厚度应 ≤ 0.1mm，宽应 ≥ 0.2mm。编织搭接条比实心搭接条柔软，但容易腐蚀和磨损（且高频时，断的编织丝像天线）。

接地线至少得用 AWG18 且带压扁的端头，"快装"端头对经常不连接的导线是合适的。花兰型衬垫能除去表面的碎屑使电气接触可靠。搭接条的谐振频率应至少是最高频率的 16 倍，不要使用自攻螺钉、螺钉、螺母、轴承、铰链或滑动片，因地电流能引起严重的腐蚀导致接触不可靠。粗糙或不平的表面可以加导电衬垫，通常，对粗糙表面用窄的法兰，对平滑表面用宽的法兰。

搭接加工后应施加保护层（漆、硅橡胶、油脂），以阻止水汽和气体，同时可防腐蚀。保护层加于搭接的两端，或者只加于阴极处。当两种不同金属接触时，保护层加在阳极处多于阴极处。如果两种金属不同，在搭接处加跨接线、垫圈、螺栓或卡箍以加强搭接的可靠性。大多数的接地条、搭接片和导线由铝、镀锡铜或铜制造，对其要求是使腐蚀最小。

第 3 章

第 ④ 章

PLC 控制系统电磁兼容设计

4.1 PLC 控制系统的电磁兼容性

4.1.1 PLC 控制系统的干扰源及传播途径

可编程序控制器（Programmable Logic Controller，PLC）是以微处理器为基础，综合了计算机技术、自动控制技术和通信技术的一种工业自动控制装置。PLC 作为新一代工业控制计算机，因其具有体积小、功能强、通用性好、实用性强、硬件配套齐全、程序设计简单且易学及维护方便等优点而广泛应用于工业领域，成为现代工业控制的三大支柱（PLC、机器人和 CAD/CAM）之一，特别是其高可靠性和较强的适应恶劣工业环境的能力，更是得到用户的好评。

由于 PLC 是专门为工业生产环境而设计的控制装置，因此一般不需要采取什么特殊措施就可以直接在工业环境使用。但如果环境过于恶劣，如强磁场、强腐蚀、高粉尘、剧烈的冲击和振动，就不能保证 PLC 正常、安全地运行。因此，研究 PLC 控制系统的抗干扰设计具有十分重要的现实意义。

PLC 控制系统所使用的各种类型 PLC 有的是集中安装在控制室，有的是安装在生产现场和各类设备上，它们大多处在强电线路和强电设备所形成的恶劣电磁环境中。因 PLC 直接和现场的 I/O 设备相连，外来干扰很容易通过电源线或 I/O 传输线侵入，从而引起控制系统的误动作。

PLC 受到的干扰可分为外部干扰和内部干扰，在实际的生产环境下，外部干扰是随机的，与系统结构无关，且干扰源是无法消除的，只能针对具体情况加以限制；内部干扰与系统结构有关，主要通过系统内交流主电路、模拟量输入信号等引起。可通过合理设计系统线路来削弱和抑制内部干扰和防止外部干扰。

要提高 PLC 控制系统的可靠性，就要从多方面提高 PLC 控制系统的抗干扰能力。一方面要求 PLC 生产厂家提高设备的抗干扰能力，另一方面在工程设计中采用抗干扰措施，在安装施工中按规范要求施工，多方配合才能有效地增强 PLC 控制系统的抗干扰性能。PLC 控制系统的外部干扰主要有：

1）电源侧的工频干扰，它沿电源线侵入到 PLC 控制系统，使 PLC 控制系统工作不正常。

2）传输线路中的静电或磁场耦合干扰，静电耦合是通过信号线与电源线之间的寄生电容，磁场耦合发生在长布线间的寄生互感上。

3）PLC 控制系统的接地系统设计不当引起的干扰。

PLC 控制系统设计是随着生产控制水平逐渐提高的，由于 PLC 控制系统在工程中的应用越来越广泛，系统工程设计的要求也越来越严格，但是，只要在工程设计中严格执行国家相关设计规范，并结合 PLC 控制系统自身的技术特性，根据 PLC 控制系统的技术要求和所处的工作环境及地区的地理、地质条件，采取不同的技术措施，以最高的性能价格比来设计其供电系统和接地系统，是 PLC 控制系统安全、稳定、可靠运行的基础。

因 PLC 控制系统工程设计是一门多学科的边缘学科，它涉及工艺流程、电路理论、电磁场理论、电气测量、应用化学、钻探技术、施工技术等多门学科，故仍需要在今后的工作中去研究，在实践中不断地探索，为 PLC 控制系统的安全可靠运行奠定基础，以此推动 PLC 控制技术推广应用。

1. PLC 控制系统中的干扰源分类

PLC 控制系统的干扰源大都产生在电流或电压剧烈变化的部位，这些电流或电压剧烈变化的部位即是干扰源，干扰类型通常按干扰产生的原因、噪声干扰模式和噪声的波形性质的不同进行划分。按噪声产生的原因不同，分为放电噪声、浪涌噪声、高频振荡噪声等；按噪声的波形、性质不同，分为持续噪声、偶发噪声等；按噪声干扰模式不同，分为共模干扰和差模干扰。

共模干扰和差模干扰是一种比较常用的噪声分类方法，共模干扰是信号对地的电位差，主要由电网串入、地电位差及空间电磁辐射在信号线上感应的共态（同方向）电压叠加所形成。共模电压可通过不对称电路转换成差模电压，直接影响 PLC 控制系统的输入 / 输出信号，造成检测和执行元器件的损坏或输入 / 输出模块的损坏（这就是一些系统 I/O 模件损坏率较高的主要原因），这种共模干扰可为直流、亦可为交流。差模干扰是指作用于信号两极间的干扰电压，主要由空间电磁场在信号间耦合感应及由不平衡电路中共模干扰转换所形成的电压，这种干扰叠加在信号上，直接影响 PLC 控制系统的控制精度和动静态性能指标。

（1）系统外部的干扰

系统外部的干扰主要通过电源和信号线引入，通常称为传导干扰。这种干扰主要分为以下几类：

1）强电干扰。PLC 控制系统的正常供电电源均由电网供电，由于电网覆盖范围广，它将受到所有空间电磁干扰而在线路上感应电压和电流。尤其是电网内部的变化，如开关操作浪涌、大型电力设备启停、交直流传动装置引起的谐波、电网短路暂态冲击等，都通过输电线路传到为 PLC 供电电源的初级。PLC 电源通常采用隔离电源，但因其设计及制造工艺等因素使其隔离性并不理想。实际上，由于隔离电源分布参数（特别是分布电容）的存在，绝对隔离是不可能的。

在运行的电力电子设备中，由于存在剧烈的 di/dt，因而会对周围的控制电路产生电磁干扰，导致控制电路工作异常，di/dt 越大，电磁干扰就越强，另外，在电力电子设备中，往往使用变压器进行电压变换或实现隔离。由于变压器存在漏磁，会对周围形成磁场干扰，因此，为保障控制电路不受干扰，需对控制电路进行电场屏蔽和磁场屏蔽。

2）来自信号线引入的干扰。与 PLC 控制系统连接的各类信号传输线，除了传输有效的各类信息外，总会有外部干扰信号侵入。此干扰主要有两种途径：

① 通过现场检测或执行装置的供电电源或共用信号仪表的供电电源串入的电网干扰。

② 信号线受空间电磁辐射感应的干扰，即信号线上的外部感应干扰。由信号引入干扰会引起 I/O 信号工作异常和测量精度大大降低，严重时将引起元器件损伤。

3）来自接地系统的干扰。接地是提高用电设备电磁兼容的有效手段之一，正确的接地，既能抑制电磁干扰的影响，又能抑制设备向外发出干扰；而不正确的接地，反而会引入严重的干扰信号，使 PLC 控制系统将无法正常工作。

接地系统不正确对 PLC 控制系统的干扰主要是各个接地点电位分布不均，不同接地点间存在地电位差，引起地环路电流，影响 PLC 控制系统内逻辑电路和模拟电路的正常工作。例如，传输低频信号的电缆屏蔽层必须一点接地，如果电缆屏蔽层两端 A、B 都接地，就存在地电位差，有电流流过屏蔽层，当发生异常状态如雷击时，地线电流将更大。此外，屏蔽层、接地线和大地有可能构成闭合环路，在变化磁场的作用下，屏蔽层内会出现感应电流，通过屏蔽层与芯线之间的耦合，干扰信号回路。

PLC 控制系统内的逻辑电压干扰容限较低，逻辑地电位的分布干扰容易影响 PLC 的逻辑运算和数据存储，造成数据混乱、程序跑飞或死机。模拟地电位的分布干扰将导致测量精度下降，并引起信号的严重失真而导致 PLC 控制系统误动作。

（2）来自 PLC 控制系统内部的干扰

PLC 控制系统内部的干扰主要由系统内部元器件及电路间的相互电磁辐射产生，如逻辑电路相互辐射及其对模拟电路的影响，模拟地与逻辑地的相互影响及元器件间的相互不匹配等。这都属于 PLC 制造厂对系统内部进行电磁兼容设计的内容，比较复杂，作为 PLC 的用户无法改变这些情况，只有在 PLC 选型时选择经过较多应用考验且表现好的机型。

（3）数字电路引起的干扰

数字集成电路的直流电流虽然只有 mA 级，但是当电路处在高速开关状态时，就会产生较大的干扰。例如，TTL 门电路在导通状态下从直流电源吸取 5mA 左右的电流，截止状态下则为 1mA，在 5ns 的时间内其电流变化为 4mA，如果配电线上具有 0.5μH 的电感，当这个门电路改变状态时，配电线上产生的噪声电压为

$$U = L \times di/dt = 0.5 \times 10^{-6} \times 4 \times 10^{-3}/(5 \times 10^{-9}) \text{ V} = 0.4\text{V}$$

在处理脉冲数字电路时，对脉冲中包含的频谱应有一个粗略概念，如果脉冲上升时间 t 已知，可用近似公式求出其等效最高频率：

$$f_{max}=1/2\pi t \tag{4-1}$$

（4）来自空间的辐射干扰

空间的辐射电磁场主要是由电力网络、电气设备的暂态过程、雷电、无线电广播、电视、雷达、高频感应加热设备等产生的，通常称为辐射干扰，其分布极为复杂。若 PLC 控制系统置于此磁场内，就会受到辐射干扰，其影响主要通过两条路径：

1）直接对 PLC 的辐射，由电路感应产生干扰。

2）对 PLC 通信网络的辐射，由通信线路感应引入干扰。

辐射干扰与现场设备布置及设备所产生的电磁场大小，特别是频率有关，一般通过采用屏蔽电缆和 PLC 局部屏蔽及高压泄放元器件进行保护。

2. PLC 控制系统供电电源的异常形式

PLC 控制系统供电电源异常有多种表现形式，但大致有：断相、电压波动、停电，有时也出现它们的混合形式。这些异常现象的主要原因大多是输电线路因风、雪、雷击造成的，有时也因为同一供电系统内出现对地短路及相间短路。供电电源除电压波动外，有些电网或自行发电单位，也会出现频率波动，并且这些现象有时在短时间内重复出现，直接影响 PLC 控制系统的安全可靠运行，在 PLC 控制系统的供电电源设计中，必须针对供电电源可能出现的异常形式采取相应的抑制措施。

表 4-1 列出了国家标准对电压波动等级的规定，当供电电压超过 C 级规定时，通常称为过电压或者欠电压，而失电压又称瞬时断电。产生瞬时断电，最常见的原因是用电设备突然短路而它的熔断器熔体还没有熔断的瞬间，另外，开关或刀闸触点接触不良或颤抖等也会产生瞬间断电，瞬间断电所允许时间国内尚无标准，在表 4-2 中列出了日本在《PLC 用计算机环境标准》中规定的瞬间断电级别。

表 4-1　国标电压波动等级表

电压等级	A 级	B 级	C 级
波动范围	≤ ±5%	−10%~+7%	≤ ±10%

表 4-2 日本瞬时断电级别表

瞬时断电级别	A 级	B 级	C 级
瞬时断电时间范围	< 3ms	≤ 10ms，或 ≤ 1/2 周期	< 200ms

当过电压或者欠电压超过 PLC 控制系统电源工作范围时，会使供电电源单元失常或者损坏，直接威胁 PLC 控制系统的安全。而瞬时过电压或者欠电压形成涌流，即使不超过 PLC 控制系统供电电源的工作范围，也会造成很强的干扰和破坏性。克服过电压、欠电压的方法是选用宽电压范围的优质开关电源，或外加交流稳压器、UPS 电源以及在 PLC 控制系统内设置欠电压、掉电保护电路等抗干扰措施。

3. PLC 控制系统供电电源的主要干扰源

PLC 控制系统的供电电源是干扰信号进入 PLC 的主要途径之一，主要通过供电线路的阻抗耦合产生。电网干扰窜入 PLC 控制系统主要通过 PLC 控制系统的供电电源（如 CPU 电源、I/O 电源等）、变送器供电电源和与 PLC 控制系统具有直接电气连接的仪表供电电源等耦合进入。另外，各种大功率用电设备所产生的交流磁场也是主要的干扰源，尤其是电网内部的变化、开关操作产生的浪涌、大型电力设备的启停、交直流传动装置引起的谐波、电网短路暂态过程的冲击等。这些干扰会对接入同一个电网的 PLC 的供电电源造成严重的干扰，严重时甚至会造成 PLC 在运行中出现死机。

目前，为 PLC 控制系统供电的电源，一般都采用隔离性能较好的供电电源，而对于为变送器供电的电源和 PLC 控制系统有直接电气连接仪表的供电电源，并没受到足够的重视，虽然采取了一定的隔离措施，但普遍还不够，主要是使用的隔离变压器分布参数大，抑制干扰能力差，经供电电源耦合而串入共模干扰、差模干扰。所以，对于变送器和共用信号仪表的供电，应选择分布电容小、抑制带大（如采用多次隔离和屏蔽及漏感技术）的配电器，以减少对 PLC 控制系统的干扰。

此外，为保证 PLC 控制系统的供电电源不中断，可采用在线式不间断供电电源（UPS）供电，以提高供电的安全可靠性。由于 UPS 具有较强的干扰隔离性能，是 PLC 控制系统的理想电源。

为了抑制电网大容量设备启停引起的电网电压波动及工频干扰，一般采用隔离变压器和交流稳压器，并且进行滤波，所有屏蔽层均要良好接地。电网中常常会含有较高的谐波成分，电网负荷大的时候，电网电压波动也比较大。为了能有效地削弱和消除来自电网的干扰信号，应选择高性能的隔离电源抑制电网干扰。

对 PLC 控制系统危害最严重的是电网尖峰脉冲干扰，尖峰脉冲的波形如图 4-1 所示。尖峰脉冲干扰的幅度大，其幅值可达数百伏甚至上千伏，而脉宽一般为 μs 数量级。尖峰脉冲会损坏 PLC 控制系统电源模块，由于尖峰脉冲的频谱很宽，也

会窜入 PLC 控制系统的其他单元而造成干扰。对尖峰脉冲干扰的抑制方法，主要
有滤波法、隔离法、吸收法和回避法。

　　雷击或感应雷击形成的冲击电压和供电系统中因操作产生的冲击电压如图 4-2 所示。冲击电压将通过电磁耦合在变压器的二次侧形成很高的电压冲击尖峰，直接威胁 PLC 的安全运行。为防止因冲击电压造成过电压损坏 PLC，应在 PLC 输入端采取抑制或吸收过电

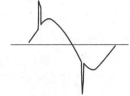

图 4-1　电网正弦波上的尖峰干扰

压措施。通常是在 PLC 的电源模块输入端设置过电压吸收元器件，以保证输入电压不高于 PLC 电源模块所允许的最高电压。

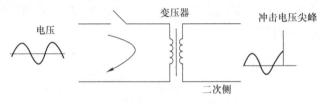

图 4-2　冲击电压示意图

4. 抑制电网尖峰脉冲干扰的措施

（1）滤波法

　　在 PLC 供电系统通常采用的低通滤波器电路如图 4-3 所示，在图 4-3 中的 L_1 和 L_2 用来抑止高频差模电压，L_1 和 L_2 是用等长的导线反向绕在同一磁环上的，50Hz 的工频电流在磁环中产生的磁通互相抵消，磁环不会饱和，C_3 用来滤除差模干扰电压。两根线中的共模干扰被 L_3 和 L_4 阻挡，C_1 和

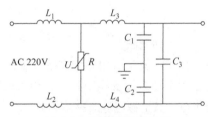

图 4-3　低通滤波器电路

C_2 用来滤除共模干扰电压。R 是压敏电阻，其击穿电压略高于电源正常工作的最高电压，平常相当于开路，遇尖峰干扰脉冲时被击穿，干扰电压被压敏电阻钳位，这时压敏电阻的端电压等于其击穿电压。

　　高频干扰信号不是通过变压器绕组的耦合，而是通过一、二次绕组间的分布电容传递的。在一、二次绕组之间加绕屏蔽层，并将它和铁心一起接地，可以减少绕组间的分布电容，提高抗高频干扰的能力。

（2）吸收法

　　选用高效的 TVS（Transient Voltage Suppressor）元器件吸收 PLC 控制系统电源进线上的尖峰脉冲，TVS 中文译作瞬变电压抑制器。TVS 事实上是一种特殊的

第 **4** 章

稳压二极管，当它的两端经受瞬间的高能量冲击时，它能以极高的速度把两端间的阻抗值由高阻抗变为低阻抗，吸收一个瞬间大电流，从而把它的两端电压钳制在一个预定的数值上，保护后面的电路元器件不受瞬态高压尖峰脉冲的冲击。TVS 技术参数中的 U_R 称为最大转折电压，是反向击穿之前的临界状态。U_B 是击穿电压，其对应的反向电流 I_T 一般取值为 1mA。U_C 是最大钳位电压，当 TVS 中流过峰值电流为 I_{pp} 时，TVS 两端电压就不再上升了。因此 TVS 始终把被保护的元器件或设备的端口电压限制在 $U_B \sim U_C$ 的有效区内。

　　TVS 与稳压管的不同之处是，I_{pp} 的数值可达数百安培，钳位响应时间仅为 1×10^{-9}s。TVS 最大允许脉冲功率 $P_M = U_C \times I_{pp}$。TVS 管的 P_M 分为四个档次，即 500W、1000W、1500W 和 5000W。TVS 应用电路如图 4-4 所示，在图 4-4 中选用的是双向 TVS。它对于超过其额定的 U_C 数值量的电网尖峰脉冲电压和雷电叠加电压等干扰，都能有效地吸收。

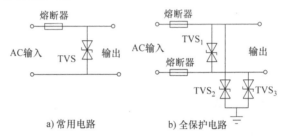

a) 常用电路　　　　　　　　b) 全保护电路

图 4-4　TVS 应用电路

（3）回避法

回避法就是采用专线供电方法，以避免其他设备启停对 PLC 控制系统的干扰。对于大型动力设备集中且干扰很大的现场，应使用独立的供电回路为 PLC 控制系统供电，其电源电应直接取自配电变压器的二次侧，以减少在同一电网中其他用电设备对 PLC 控制系统供电电源的干扰。

4.1.2　PLC 控制系统的硬件抗干扰技术

在设计 PLC 控制系统时，应从系统软件和硬件两方面考虑，以提高 PLC 控制系统的可靠性和抗干扰能力。PLC 抗干扰设计的目的是使系统不受外界电磁干扰的影响而误动作或死机，因此为了保证 PLC 控制系统在 PLC 应用环境中免受或减少上述电磁干扰，必须采取有效的抑制措施。

1. PLC 控制系统的抗干扰设计

为了保证 PLC 控制系统在电磁环境中免受或减少内外电磁干扰，必须从设计阶段开始便采取三个方面抑制措施：抑制干扰源；切断或衰减电磁干扰的传播途径；提高控制系统的抗干扰能力，这三点就是抑制电磁干扰的基本原则。

　　PLC 控制系统的抗干扰是一个系统工程，要求制造单位设计生产出具有较强抗干扰能力的产品，且有赖于使用部门在工程设计中结合具体情况进行综合设计，施工单位按规范安装调试，使用单位正确操作和精心维护，才能保证 PLC 控制系统的电磁兼容性和运行可靠性。进行具体工程的抗干扰设计时，应在以下两个方面开展工作：

　　1）设备选型。在选择设备时，首先要选择有较高抗干扰能力的产品，其包括了电磁兼容性，尤其是抗外部干扰能力，如采用浮地技术、隔离性能好的 PLC 控制系统；其次还应了解生产厂家给出的抗干扰指标，如共模抑制比、差模抑制比、耐压能力、允许在多大电场强度和多高频率的磁场强度环境中工作；最后还要考查其在类似工程中的应用实绩。在选择国外进口产品时应注意：我国是采用 220V 高内阻电网制式，而欧美地区是 110V 低内阻电网。由于我国电网内阻大，零点电位漂移大，地电位变化大，PLC 工作现场的电磁干扰至少要比欧美地区高 4 倍以上，对系统抗干扰性能要求更高，在国外能正常工作的 PLC 产品在国内就不一定能可靠运行，因此应在选用国外产品时，按我国的标准（GB/T 17626）合理选择。

　　2）抗干扰技术的应用。抗干扰技术主要内容包括：对 PLC 控制系统及外引线进行屏蔽，以防空间辐射电磁干扰；对外引线进行隔离、滤波，特别是动力电缆与信号传输电缆分层布置，以防通过外引线引入传导电磁干扰；正确设计接地点和接地装置，完善接地系统。另外还必须利用软件手段，进一步提高系统的安全可靠性。

2. 电场耦合的抑制技术

　　PLC 控制系统有几十乃至几百个输入 / 输出通道分布在其中，导线之间形成相互耦合是通道干扰的主要原因之一。它们主要表现为电容性耦合、电感性耦合、电磁场辐射三种形式。在 PLC 控制系统中，由前两种耦合造成的干扰是主要的，第三种是次要的，它们对 PLC 控制系统主要造成共模形式的干扰。

　　信号源地线和放大器地线示意图如图 4-5 所示，信号源地线和放大器地线之间的电位差形成干扰源 E_G，它对电路主要造成共模形式的干扰。然而，由干扰源 E_{cm} 和 E_G 形成的共模电压，其中一部分会转换成差模电压，直接对电路造成干扰。

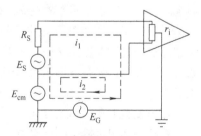

图 4-5　信号源地线和放大器地线示意图

　　假设信号源 $E_S=0$，即只考虑干扰源 E_{cm} 和 E_G 的作用。因为 i_1 回路和 i_2 回路阻抗不相等，因此，回路电流 i_1 和 i_2 也不相等。于是两个电流的差在放大器的输入电阻上形成了差模电压，采取合适的屏蔽和正确的接地措施就可以减少和消除这些干扰。

克服电场耦合干扰最有效的方法是屏蔽，因为放置在空心导体或者金属网内的物体不受外电场的影响。屏蔽电场耦合干扰时，导线的屏蔽层最好不要两端连接当地线使用。因在有地环电流时，这将在屏蔽层形成磁场，干扰被屏蔽的导线。正确的做法是把屏蔽层单端接地。

造成电场耦合干扰的原因是两根导线之间的分布电容产生的耦合，当两导线形成电场耦合干扰时，导线 1 在导线 2 上产生的对地干扰电压 U_N 为

$$U_N = \frac{j\omega C_{12}}{1/R + j\omega C_{2G}} U_1 \qquad (4\text{-}2)$$

式中，U_1 和 ω 是干扰源导线 1 的电压和角频率；R 和 C_{2G} 是被干扰导线 2 的对地负载电阻和总电容；C_{12} 是导线 1 和导线 2 之间的分布电容，通常 $C_{12} \ll C_{2G}$。

从式（4-2）可以看出，在干扰源的角频率 ω 不变时，要想降低导线 2 上的被干扰电压 U_N，应当减小导线 1 的电压 U_1，减小两导线之间的分布电容 C_{12}，减小导线 2 对地负载电阻 R 以及增大导线 2 对地的总电容 C_{2G}。在这些措施中，可操作性最好的是减小两导线之间的分布电容 C_{12}。即采用远离技术：弱信号线要远离强信号线敷设，尤其是远离动力线路。工程上的"远离"概念，通常取干扰导线直径的40 倍。同时，避免平行走线也可以减小 C_{12}。

3. 磁场耦合的抑制技术

抑制磁场耦合干扰的方法是屏蔽干扰源，大容量电动机、电抗器、磁力开关和大电流载流导线等都是很强的磁场干扰源。采用导磁材料屏蔽这些干扰源，在工程上是很难做到的。通常是采用一些被动的抑制技术。当回路 1 对回路 2 造成磁场耦合干扰时，其在回路 2 上形成的串联干扰电压 U_N 为

$$U_N = j\omega\, \overline{B}\overline{A}\, \cos\theta \qquad (4\text{-}3)$$

式中，ω 是干扰信号的角频率；$\overline{B}$ 是干扰源回路 1 形成的磁场链接至回路 2 处的磁通密度；$\overline{A}$ 为回路 2 感受磁场感应的闭合面积，θ 是 $\overline{B}$ 和 $\overline{A}$ 两个矢量的夹角。

可以看出，在干扰源的角频率 ω 不变时，要想降低干扰电压 U_N，首先应当减小 $\overline{B}$。对于直线电流磁场来说，$\overline{B}$ 与回路 1 流过的电流成正比，而与两导线的距离成反比。因此，要有效抑制磁场耦合干扰，仍然是远离技术，同时，也要避免平行走线。

4. 抑制公共阻抗耦合技术

消除公共阻抗耦合的途径有两个：

1）减小公共地线部分的阻抗，这样公共地线上的电压也随之减小，从而抑制公共阻抗耦合。

2）通过适当的接地方式避免容易相互干扰的电路共用地线，一般要避免强电电路和弱电电路共用地线，避免数字电路和模拟电路共用地线。

减小地线阻抗的核心问题是减小地线的电感，这包括使用扁平导体做地线，用多条相距较远的并联导体做接地线。通过适当的接地方式避免公共阻抗耦合的方法是并联单点接地，并联接地的缺点是接地导线过多。因此在实际中，没有必要所有电路都并联单点接地，对相互干扰较少的电路，可以采用串联单点接地。例如，可以将电路按强信号、弱信号、模拟信号、数字信号等分类，然后在同类电路内部用串联单点接地，不同类型的电路采用并联单点接地。

5. 信号传输线的工程应用

（1）屏蔽线的工程应用

屏蔽线应用的三种情况如图 4-6 所示，图 4-6a 所示的是单端接地方式，假设信号电流 i_1 从芯线流入屏蔽线，流过负载电阻 R_L 之后，再通过屏蔽层返回信号源。因为 i_1 与 i_2 大小相等、方向相反，所以它们产生的磁场干扰相互抵消。这是一个很好的抑制磁场干扰的措施，同时它也是一个很好的抵制磁场耦合干扰的措施。

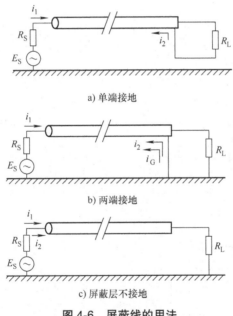

a) 单端接地

b) 两端接地

c) 屏蔽层不接地

图 4-6　屏蔽线的用法

图 4-6b 所示的是两端接地方式，由于屏蔽层上流过的电流是 i_2 与地环电流 i_G 的叠加，所以它不能完全抵消信号电流所产生的磁场干扰。因此，它抑制磁场耦合干扰的能力也比图 4-6a 差。

图 4-6c 所示为屏蔽层悬浮，因此，它只有屏蔽电场耦合干扰能力，无抑制磁场耦合干扰能力。

如果把图 4-6c 的抑制磁场干扰衰减能力定为 0dB，当图 4-6a~c 的信号源内阻

R_S 都为 100Ω，负载电阻 R_L 都为 1MΩ，信号源频率在 50kHz（高于该电缆屏蔽体截止频率的 5 倍）时，根据实验测定，图 4-6a 所示的单端接地方式具有 80dB 的衰减，即抑制磁场干扰能力很强。而图 4-6b 所示的两端接地方式具有 27dB 的磁场干扰抑制能力。因此，图 4-6a 所示的单端接地方式抗干扰能力最好，其接地点的选择可以是图 4-7a 所示的在信号源端接地，也可以选择负载电阻 R_L 侧接地，而让信号源端浮置。

（2）双绞线的工程应用

双绞线的绞扭若均匀一致，所形成的小回路面积相等而方向相反，因此，其磁场干扰可以相互抵消。当给双绞线加上屏蔽层后，其抑制干扰的能力将发生质的变化。双绞线的工程应用方法如图 4-7 所示，如果每 2.54cm 扭 6 个均匀绞扭，当采用图 4-6 的约定的参数时，根据实验测定，图 4-7a 所示的单端接地方式对磁场干扰具有高达 55dB 的衰减能力。可见，双绞线确实有很好的效果。

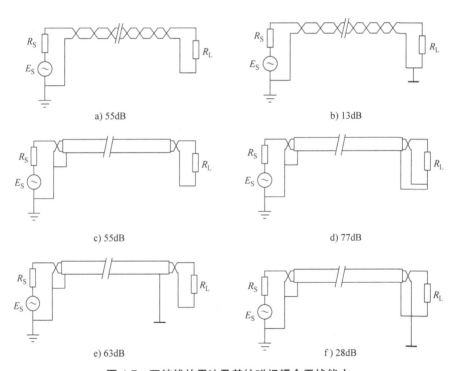

图 4-7　双绞线的用法及其抗磁场耦合干扰能力

图 4-7b 所示的两端接地方式，由于两端接地，地线阻抗与信号线阻抗不对称，地环电流造成了双绞线电流不平衡，因此降低了双绞线抗磁场干扰的能力，所以图 4-7b 所示的两端接地方式只有 13dB 的磁场干扰衰减能力。

图 4-7c 采用屏蔽双绞线，由于其屏蔽层一端接地，另一端悬空，因此屏蔽层上没有返回信号电流，所以它的屏蔽层只有抗电场干扰能力，而无抑制磁场耦合干扰能力。虽然采用了屏蔽双绞线，但其对磁场干扰的衰减能力与图 4-7a 一样，对磁场干扰衰减能力为 55dB。

图 4-7d 的屏蔽层单端接地，而另一端又与负载冷端相连，因此具有同图 4-7a 一样的效果，但它的屏蔽层上的电流由于被双绞线中的一根分流，具有 77dB 的衰减能力。

图 4-7e 的屏蔽层双端接地，具有一定的抑制磁场耦合干扰能力，加上双绞线本身的作用，因此具有 63dB 的衰减。图 4-7f 的屏蔽层和双绞线都两端接地，具有 28dB 的衰减能力。

双绞线最好的应用是做平衡式传输线路，因为两条线的阻抗一样，自身产生的磁场干扰或外部磁场干扰都可以较好地抵消。同时，平衡式传输又独具很强的抗共模干扰能力，因此成为大多数 PLC 控制系统的网络通信传输线。

6. PLC 控制系统接地设计

在 PLC 控制系统中，信号地的目的是建立局部电子硬件设备的参考接地点，信号地有三种常用的接地方式：

1）单点接地方式。单点接地方式是指在 PLC 控制系统中的电路接地点 G_c、机壳的接地点 G_b 与电网地线和接地点 G_a 连在一起，整个系统以大地为电位参考点，这种接地方式在大地电位比较稳定的场所，系统的电位也比较稳定，接地线路比较简单，且因机壳接地，操作也比较安全。若为大地电位变化较大的场所，系统的电位也随之变化，电路将受到共模干扰，且容易转变成串模干扰，此时应尽量减少接地电阻，或者采用浮地方式。

单点接地的目的是将系统内的所有控制信号以一点作为参考，信号接地参考点只能采用一根引线与设备外壳连接。引线应采用绞线绝缘导体，根据装置间的电位差最小的原则来确定尺寸，一般要求地电位差小于 1V，应在箱体外壳内建立单独的信号接地系统，每个箱体的信号接地系统应连在一起，即为单一的参考点。

2）浮地方式。浮地方式是指在 PLC 控制系统中的电路接地点 G_c 独立，一般在机柜与地之间用绝缘胶垫隔开，交流进线也要加强绝缘，浮地方式可避免大地电位变化和地回路电磁感应造成的干扰。但因 PLC 控制系统浮地，机壳容易积累静电，操作不太安全。

3）机壳共地、电路浮地的方式。机壳共地、电路浮地方式是上面两种方式的折中。由于机壳的接地点 G_b 与电网接地点 G_a 连在一起，因此操作比较安全。电路的接地点 G_c 是独立的，避免受大地电位和接地回路的干扰。通常将电路和插件框架用绝缘支撑与外部机架、机壳隔开，使电路部件与机壳有良好绝缘。电路的接地点接在插件框架背面专门设置的敷铜板上，自成接地系统。

第 4 章

（1）PLC控制系统的接地要求

在设计PLC控制系统的接地时应考虑如下要求：

1）进入PLC控制系统的电源应只从一个电源点引进（即同一配电变压器）。

2）进入配电箱的电源应同时引入一根接地线，将机箱接地，同时作为电源的参考点。

3）电源应从配电箱通过各自的断路器或熔断器引到同一系统中的所有箱体。

4）每个箱体应具有与箱体分开的信号接地系统。

5）每个箱体的信号接地系统应连接到一点，该点与接地网只有一根连接线相连。

6）如果高频干扰（300kHz以上）是所要抑制的频段，则应提供一个参考接地带。

在PLC控制系统中，位置很靠近的仪器和控制箱体的单点接地系统如图4-8所示，比较适合于低频信号，特别是直流控制电路。很少用于高频控制系统。除了与电源电缆一起引入的接地导体外，还应增设附加的局部安全接地。当提供该附加接地时，附加接地的连接应通过与地之间的附加低阻抗通道以加强人身安全。当单个的控制箱体在与控制站分开很远时，信号参考导体的阻抗将引起控制站与箱体之间的地电位差。为此，控制站与箱体之间的通信电路应具有合适的共模干扰保护，因长绝缘信号地的阻抗可能引起共模干扰。

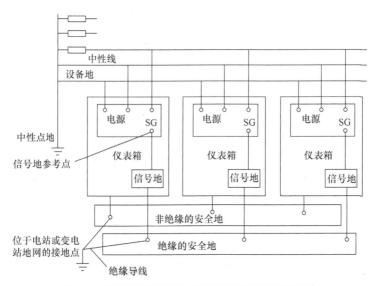

图4-8　相互靠近的箱体的低频信号单点接地系统

（2）PLC分布式控制系统的接地要求

在设计PLC分布式控制系统的接地时应注意如下要求：

1）应尽量使 PLC 分布式控制系统采用单一电源。

2）每一个箱体有自己的局部设备地而取代总安全地。

3）系统之间的信号应采用变压器耦合或光电耦合，主站和分站之间的传输线路应具有一定的抑制在故障情况时地电压升高的能力。

4）PLC 分布式控制系统中的分站应视为遥远节点，在遥远节点的信号地与局部地相浮，通过大尺寸的绝缘线与主站的信号地相连，如图 4-9 所示。

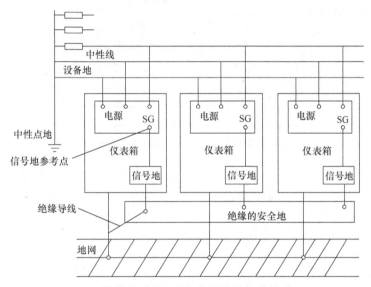

图 4-9　箱体分开很远的低频信号的单点接地系统

当工作频率高于 300kHz 或采用长接地电缆接地时应考虑多点接地系统，每个设备在最近的点连接至地网，而不是所有接地导体单点接地。其优点是接地实施比较容易，可以避免高频接地系统的驻波效应。多点接地系统的主要缺点是可以构成多个地回路而引起共模干扰，箱体相距很远的高频信号的多点接地系统如图 4-10 所示。

PLC 分布式控制系统中的高频信号一般是指对干扰具有高灵敏度的信号，在采用同轴电缆传输时，应使同轴电缆的两端接地或浮地，参考另一接地点时，应采用隔离变压器。

PLC 分布式控制系统中的高灵敏度信号是指具有低电压水平（5~1000mV）的信号，如热电偶信号。这些信号对干扰特别灵敏，这些传输高灵敏度信号的外部连接导线应采用屏蔽措施，高灵敏度信号传输电路的接地如图 4-11 所示。

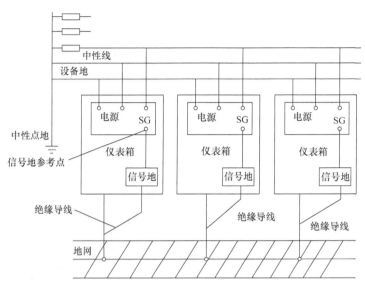

图 4-10　箱体相距很远的高频信号的多点接地系统

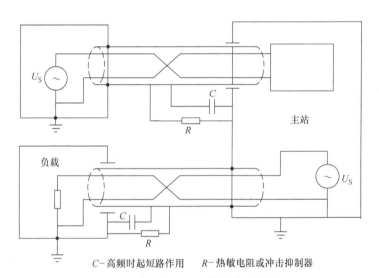

C-高频时起短路作用　　R-热敏电阻或冲击抑制器

图 4-11　高灵敏度信号传输电路的接地

（3）设计 PLC 控制系统接地时应注意的事项：

在大地电位变化较大的场所，PLC 控制系统将受到共模干扰，且容易转变为差模干扰，因此 PLC 控制系统的接地设计尤为重要。PLC 控制系统的接地方式一般采用独立接地方式，良好的接地是 PLC 控制系统安全可靠运行的重要条件，可以避免偶然发生的电压冲击危害。在设计 PLC 控制系统接地时应注意以下事项：

1）接地线应尽量粗，应采用大于 $2mm^2$ 的铜导线。

2）接地点应尽量靠近 PLC 机柜，接地点与 PLC 机柜之间的距离不大于 50m。

3）接地线应尽量避开动力线缆，不能避开时，应垂直相交，尽量缩短平行走线长度。

4）接地电阻应小于 1Ω。

为了抑制加在 PLC 控制系统电源、输入端、输出端的干扰，PLC 控制系统应设置专用地线，接地点应与动力设备（如电动机）的接地点分开；若达不到这种要求，也必须做到与其他设备并联接地，禁止与其他设备串联接地，而且在整个 PLC 控制系统中做到单点接入接地装置。

完善接地系统的目的通常有两个：一是为了安全；二是为了抑制干扰。完善的接地系统是 PLC 控制系统抗电磁干扰的重要措施之一。对 PLC 控制系统而言，它属高速低电平控制系统，应采用直接接地方式。集中布置的 PLC 控制系统适用于并联一点接地方式，各机柜中心接地点以单独的接地线引向接地极。如果机柜间距较大，应采用串联一点接地方式，用一根大截面积铜母线连接各机柜中心接地点，然后将接地母线直接连接接地极。

PLC 控制系统各个控制站也应采用串联一点接地方式，接地线采用截面积大于 $22mm^2$ 的铜导线，总母线使用截面积大于 $60mm^2$ 的铜排。接地极的接地电阻小于 1Ω，接地极埋在距建筑物 10~15m 远处，而且 PLC 控制系统接地点必须与强电设备接地点相距 10m 以上。

在设计信号源接地时，屏蔽层应在信号侧或 PLC 侧接地。信号线中间有接头时，屏蔽层应牢固连接并进行绝缘处理，避免多点接地。带有总屏蔽层的多对屏蔽双绞线，其屏蔽层与总屏电缆连接时，各屏蔽层应相互连接好，并经绝缘处理，选择适当的接地处单点接地。

7. 隔离技术的应用

电路隔离的主要目的是通过隔离元器件把噪声干扰的路径切断，从而达到抑制噪声干扰的效果。在采用电路隔离措施后，绝大多数电路都能够取得良好的抑制噪声的效果，使设备符合电磁兼容的要求。电路隔离主要有：模拟电路的隔离、数字电路的隔离、数字电路与模拟电路之间的隔离。所使用的隔离方法有：变压器隔离法、脉冲变压器隔离法、继电器隔离法、光电耦合器隔离法、直流电压隔离法、线性隔离放大器隔离法、光纤隔离法、A/D 转换器隔离法等。

（1）电路隔离

对于具有直流分量和共模噪声干扰比较严重的场合，在模拟信号的测量中必须采取措施，使输入与输出完全隔离，彼此绝缘，消除噪声耦合。隔离能有效地抑制电力系统的接地干扰进入逻辑系统，这种干扰会导致逻辑系统的工作紊乱；在精密测量系统中，隔离能有效地防止数字系统的脉冲波动干扰进入模拟系统，因模拟电路的前置放大部分的信号非常微弱，较小的干扰波动信号就会把有用信号淹没。

第
4
章

模拟电路的隔离比较复杂，主要取决于对传输通道的精度要求，对精度要求越高，其通道的成本也就越高；然而，当性能的要求上升为主要矛盾时，应当以性能为主选择隔离元器件，把成本放在第二位；反之，应当从价格的角度出发选择隔离元器件。模拟电路的隔离主要采用变压器隔离、互感器隔离、直流电压隔离器隔离、线性隔离放大器隔离。

对于高电压、大电流信号采用互感器隔离，其抑制噪声的原理与隔离变压器类似，互感器隔离电路如图 4-12a 所示。

对于微电压、微电流模拟信号的隔离相对来说比较复杂，既要考虑其精度、频带宽度的因素，又要考虑其价格因素。一般情况下，对于较小量的共模噪声，采用差动放大器或仪表放大器就能够取得良好的效果；但对于具有较大量的共模噪声，且测量精度要求比较高的场合，应该选择高精度线性隔离放大器，线性隔离放大器应用电路如图 4-12b 所示。

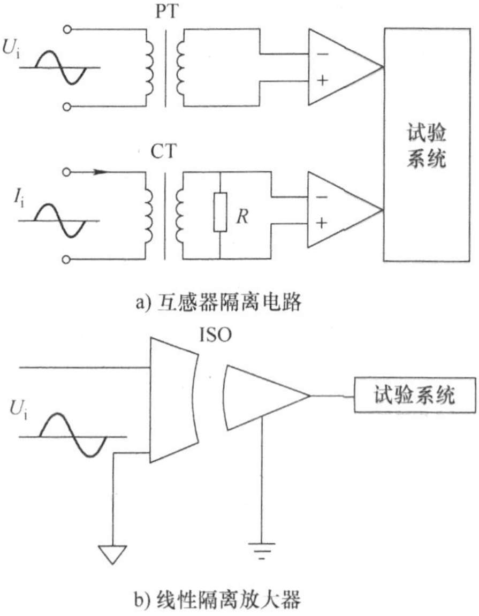

a) 互感器隔离电路

b) 线性隔离放大器

图 4-12　模拟信号输入隔离系统

（2）物理隔离

物理隔离是指从电路上把干扰源和易受干扰部分用物理介质隔离开来，使它们不发生电的联系。在 PLC 控制系统中通常采用以下物理隔离措施：

1）正确选用连接电缆和布线方式，低频电路尽量采用双绞线，高频电路尽量采用双同轴屏蔽电缆，并尽量用光缆代替长电缆。并使所有信号线都很好地绝缘，使其不漏电，这样能有效地防止由于接触引入的干扰。

2）根据信号不同类型将其按抗噪声干扰的能力分类，按其类别将不同种类的信号线缆隔离敷设。相近种类信号如果必须在同一电缆槽中走线，则一定要用金属隔板将它们隔开。

① 模拟量信号（模入、模出，特别是低电平的模入信号如热电偶信号、热电阻信号等）对高频的脉冲信号抗干扰能力是很差的，应采用屏蔽双绞线或屏蔽电缆传输，且这些信号线必须单独穿电线管或在电缆槽中敷设，不可与其他信号在同一电缆管（或槽）中走线。

② 低电平的开关信号（一些状态干接点信号）、数据通信线路（RS-232、EIA485 等）对低频的脉冲信号的抗干扰能力比模拟信号要强，也应采用屏蔽双绞线（至少用双绞线）传输。此类信号也要单独走线，不可和动力线、大负载信号线在一起平行走线。

③ 高电平（或大电流）的开关量输入、输出及其他继电器输入、输出信号，这类信号的抗干扰能力强，但这些信号会干扰别的信号，可用双绞线连接，也单独走电缆管或电缆槽。

④ 动力线（AC 220V、AC 380V）及大通断能力的断路器、开关信号线缆等的选择主要不是依抗干扰能力，而是由电流负载和耐压等级决定，其敷设应与信号传输线严格分开。为了防止在供电线路上引入共模高频干扰信号，可以在供电线路上设隔离变压器进行隔离。为了达到好的干扰抑制效果，变压器的屏蔽层要可靠地接地，变压器的二次线圈应采用双绞线。

（3）电位隔离

电位隔离分为机械、电磁、光电和浮地几种隔离方式，其实质是人为地造成电的隔离，以阻止电路性耦合产生电磁干扰。机械隔离采用继电器来实现其线圈接收信号，机械触点发送信号。机械触点分断时，由于阻抗很大、电容很小，从而阻止了电路性耦合产生的电磁干扰。缺点是线圈工作频率低，不适合于工作频率较高的场合使用，而且存在触点通断时的弹跳干扰以及接触电阻等问题。

继电器是常用的数字输出隔离元器件，用继电器作为隔离元器件简单实用，价格低廉。继电器隔离的示意图如图 4-13 所示。在该电路中，通过继电器把低压直流与高压交流隔离开来，使交流侧的干扰无法进入低压直流侧。

（4）电磁隔离

电磁隔离是采用变压器传递电信号，阻止了电路性耦合产生的电磁干扰，对于交流场合使用较为方便。由于变压器绕组间分布电容较大，所以使用时应当与屏蔽和接地

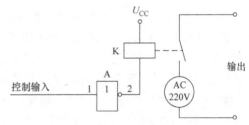

图 4-13　继电器隔离的示意图

相配合。脉冲变压器的一、二次绕组匝数很少，分别绕制在铁氧体磁心的两侧，分布电容仅几皮法，可作为脉冲信号的隔离元器件。对于模拟量输入信号，由于每点的采样周期很短，实际上的采样波形也为一脉冲波形，也可实现隔离作用。

脉冲变压器隔离方式可用于几兆赫的信号电路中，但在采用脉冲变压器隔离方式后，还应在线路中加滤波环节，以抑制动态常模干扰和静态常模干扰。采用脉冲变压器隔离存在的主要问题是，在 PLC 控制系统与控制对象之间存在公共地线时，即使采用同轴电缆作为传输媒介，也会有现场的干扰进入 PLC 控制系统中，影响整个 PLC 控制系统的可靠稳定工作，显然这种方案不适用于现场环境工作。

脉冲变压器能传递输入、输出脉冲信号，不能传递直流分量，因而在 PLC 控制系统中得到了广泛的应用。一般地说，脉冲变压器的信号传递频率在 1kHz~1MHz 之间，新型的高频脉冲变压器的传递频率可达到 10MHz。脉冲变压器的示意图如

图 4-14a 所示，脉冲变压器的应用实例如图 4-14b 所示。

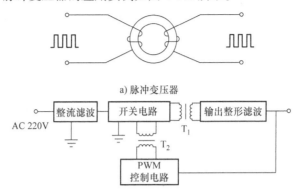

a) 脉冲变压器

b) 脉冲变压器应用于开关电源中

图 4-14 脉冲变压器的应用

（5）模/数转换器隔离

模拟电路与数字电路之间的隔离主要采用模/数转换器，对于要求较高的电路，除采用模/数转换装置外，还应在模/数转换器的两端分别加入模拟隔离元器件和数字隔离元器件。

在 PLC 控制系统中，常在现场就地利用模/数转换器将易受干扰的模拟信号转换为数字信号进行传输，在接收端再采用光电隔离，以增强其在信号传输过程中的抗干扰能力。而模/数转换器的安装位置，是实际应用中很具体的问题。在工业生产现场的环境中，一是考虑将模/数转换器远离生产现场，放置于主控室，二是将模/数转换器放在生产现场，远离主控室，两者各有利弊。

1）将模/数转换器放置于主控室，便于把模/数转换器产生的数字信号传输到 PLC 控制系统，而 PLC 控制系统的控制信号传输给模/数转换器也很方便，因而利于转换器的管理。但由于模/数转换器远离生产现场，使得模拟量传输线路过长，分布参数以及干扰的影响增加，而且易引起模拟信号衰减，直接影响转换器的工作精度和速度。

2）将转换器放置于生产现场，虽然可解决上述问题，但数字信号传输线路过长，也不便于转换器的管理。

在模/数转换器（A/D）或数/模转换器（D/A）的应用中，若不采取一定的措施，数字电路中的高频振荡信号就会对模拟电路带来一定的干扰，影响测量的精度。为了抑制数字电路对模拟电路的高频干扰，一般将模拟地与数字地分开布线。这种布线方式不能彻底排除来自数字电路的高频干扰，要想排除来自数字电路的高频干扰，必须把数字电路与模拟电路隔离开来，常用的隔离方法是在 A/D 转换器与数字电路之间加入光电耦合器，把数字电路与模拟电路隔离开，如图 4-15a 所示。

但这种电路还不能从根本上解决模拟电路中的干扰问题，仍然存在着一定的缺陷，这是因为信号电路中的共模干扰和差模干扰没有得到有效的抑制，对于高精密测量场合，还不能满足要求。对于具有严重干扰的测量场合，可采用图 4-15b 所示的电路。在该电路中，把信号接收部分与模拟处理部分也进行了隔离，因为在前置处理级与模 / 数转换器（A/D）之间加入线性隔离放大器，把信号地与模拟地隔开，同时在模 / 数转换器（A/D）与数字电路之间采用光电耦合器隔离，把模拟地与数字地隔开，这样一来，既防止了数字系统的高频干扰进入模拟部分，又阻断了来自前置电路部分的共模干扰和差模干扰。

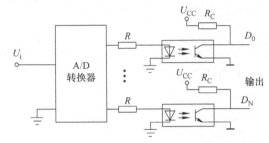

a) 单端隔离的数/模转换电路

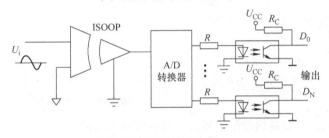

b) 双端隔离的数/模转换电路

图 4-15　模拟电路与数字电路之间的隔离

（6）光电隔离

光电隔离由光电耦合器来实现，即通过半导体发光二极管（LED）的光发射和光敏半导体（光敏电阻、光敏二极管、光敏晶体管、光敏晶闸管等）的光接收来实现信号传递。光电耦合器的输入阻抗与一般干扰源的阻抗相比较小，因此分压在光电耦合器输入端的干扰电压较小，而且一般干扰源的内阻较大，它所能提供的电流并不大，因此不能使发光二极管发光。光电耦合器的外壳是密封的，它不受外部光的影响。光电耦合器的隔离电阻很大（约 $10^{12}\Omega$），隔离电容很小（约数 pF），光电耦合器能阻止电路性耦合产生的电磁干扰。只是光电耦合器的隔离阻抗随着频率的提高而降低，抗干扰效果也将降低。

光电耦合器由输入端的发光元器件和输出端的受光元器件组成，输入与输出在电气上是完全隔离的。其体积小、使用简便，可视现场干扰情况的不同组成各种不同的线路，对共模和差模干扰进行抑制。

采用光电耦合器把输入信号与内部电路隔离开来，或者是把内部输出信号与外部电路隔离开来的电路，如图 4-16a、b 所示。目前，大多数光电耦合器的隔离电压都在 2.5kV 以上，有些元器件达到 8kV，既有高压大电流光电耦合器，又有高速高频光电耦合器（频率高达 10MHz）。常用的 4N25 光电耦合器，其隔离电压为 5.3kV；6N137 的隔离电压为 3kV，频率在 10MHz 以上。

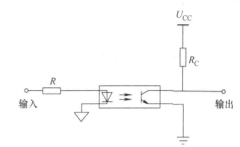

a) 外部输入与内部电路的隔离

光电耦合器应用于 PLC 控制系统的输入、输出端，具有线路简单、避免形成地环路、输入与输出的接地点可以任意选择等优点。这种隔离作用不仅可以用在数字电路中，也可以用在模拟电路中。光电耦合器用于消除噪声是从两个方面体现的：

1）使输入端的噪声不传递给输出端，只是把有用信号传输到输出端。

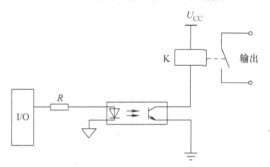

b) 控制输出与外部电路的隔离

图 4-16　光电耦合器电路

2）由于输入端到输出端的信号传递是利用光来实现的，极间电容很小，绝缘电阻很大，因而输出端的信号与噪声也不会反馈到输入端。

在使用光电耦合器时，应注意光电耦合器本身具有 10~30pF 的分布电容，所以频率不能太高；另外在触点输入时，应加 RC 滤波环节，抑制触点的抖动。另外，用于低电压时，其传输距离以 100m 以内为限、传输速率在 10kbit/s 以下为宜。

为保证模/数转换器能可靠运行，并获得精确的测量结果，可将模/数转换器与光电耦合器组合成电—光—电隔离装置。把模/数转换器放在靠近现场一侧。为了有效抑制干扰，采用双套光电耦合器，使得模/数转换器与 PLC 控制系统之间的信息交换均经过两次电—光—电的转换，如图 4-17 所示，一个光电耦合器放在模/数转换器一侧，一个光电耦合器放在 PLC 控制系统一侧。系统中有三个不同的地端，一是

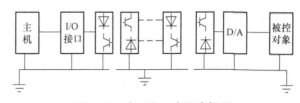

图 4-17　电—光—电隔离框图

PLC 与 I/O 接口公用地，一个是传输长线使用的"浮空地"，另一个是模 / 数转换器和被控对象公用的"现场地"。采用这种两次光电隔离的办法，把传输长线隔浮在 PLC 与被控对象之间，不仅有效地消除了公共地线，抑制了由其引进的干扰，而且也有利于解决长线驱动与阻抗匹配的问题，可保证整个 PLC 控制系统的可靠运行。

4.2 PLC 控制系统抗干扰设计

4.2.1 PLC 控制系统电源抗干扰设计

1. PLC 控制系统供电环境

PLC 控制系统的供电电源是极为重要的，在设计中应遵照表 4-3 所列步骤来确立 PLC 电源的技术规范。

表 4-3 PLC 电源的技术规范

步骤	行动
1	区分为 PLC 供电电源的干扰种类（特征、强度、频率）
2	区分需要供给电源的设备种类，以及由它们所产生的会影响系统正常运作的干扰种类
3	估计干扰给系统带来的影响
4	对干扰的影响进行深入评估（它们带来的后果是否可以接受？）
5	接下来用评估的结果来创建电源的技术规范，这样就可以决定需要安装的电源应具备什么属性

电源回路是电磁干扰最易进入的通道，所以在电磁兼容标准中，对于同一试验等级，电源回路的试验电压比其他回路高一倍，例如采用 3 级试验等级的 EFT 试验，电源回路的试验电压为 2kV，其他回路为 1kV。由于这个原因，所以电源回路必须采用比其他回路更多的抗电磁干扰措施。

PLC 控制系统的电源有两类：外部电源和内部电源，外部电源是用来驱动 PLC 输出设备（负载）和提供输入信号的，又称用户电源，同一台 PLC 的外部电源可能有多种规格。外部电源的容量与性能由输出设备和 PLC 的输入电路决定。由于 PLC 的 I/O 电路都具有滤波、隔离功能，所以外部电源对 PLC 性能影响不大。因此，对外部电源的要求不高。

内部电源是 PLC 的工作电源，即 PLC 内部电路的工作电源。它的性能好坏直接影响到 PLC 的可靠性。因此，为了保证 PLC 正常工作，对内部电源有较高的要求。一般 PLC 的内部电源都采用开关式稳压电源或一次侧带低通滤波器的稳压电源。

PLC 控制系统的供电系统是为 PLC 控制系统服务的，而 PLC 控制系统又是为某一控制目的而工作的，因此，PLC 控制系统的供电系统、接地系统设计既要满足 PLC 控制系统自身的要求，又要满足 PLC 控制系统的控制目的的要求。概括起来，其基本要求可以归结为以下几个方面：

1) 保证 PLC 控制系统运行的可靠性。PLC 控制系统供电系统设计的可靠性与 PLC 控制系统的工作环境、供电质量、接地方式等因素是密不可分的，对供电系统而言，如果处理不得当，例如电网的过渡过程引发直流电源振荡，将会使 PLC 控制系统在运行过程中将"0"变成"1"而发出错误的指令，使软件出现"奇偶位错误"，影响 PLC 控制系统的可靠运行。

2) 保证 PLC 控制系统的设计寿命。PLC 控制系统工作环境的静电可以通过人体、导体触及 PLC 控制系统可导电外壳，有可能击穿其电子元器件而使 PLC 控制系统出现偶然性故障及元器件损坏。

3) 保证信息安全的要求。大部分 PLC 控制系统运行时频率介于 0.16~400MHz 之间，辐射强度大致为 40dB。如果供电电源质量没有保证，供电频率超出 PLC 控制系统要求的稳态频率偏移范围，将降低 PLC 控制系统抗干扰能力，传输的信息将有可能面临被干扰、被篡改，甚至被窃取的危险。

在 PLC 控制系统的供电电源中，若存在高频冲击负载，如电焊机、电镀电源、电解电源或者采用滑环、滑线供电等用电设备，则 PLC 控制系统容易受干扰而出现误动作。为提高整个 PLC 控制系统的可靠性和抗干扰能力，在 PLC 控制系统供电回路设计时，通常采取以下抗干扰措施：

1) 在 PLC 电源的端口处设置浪涌抑制元器件，PLC 控制系统对浪涌抑制的要求有：

① 耐压要求。当瞬间电压超过 PLC 控制系统的绝缘耐压值时，其安全性能会降低，甚至被击穿损毁。PLC 控制系统耐受瞬间的过电压值应该小于其绝缘耐压值，正常的工作电压应小于保护电压。

② 过电流保护要求。PLC 控制系统中电子元器件的过电流能力一般设计为额定电流的 1.5~2 倍，如额定电流为 0.22A 的电子元器件的最大过电流能力约为 0.45A，当电流大于该值时，电子元器件将会损坏而无法正常工作，因而应保证 PLC 控制系统中电子元器件的瞬间过电流值小于其额定电流的 1.5~2 倍。

③ 动态响应时间的要求。在 PLC 控制系统设计过程中，已经采用了许多保护元器件，如快速熔断器、压敏电阻、TVS 等保护元器件，每种保护元器件都有其特有的动态响应时间，而每种 PLC 控制系统也有其保护响应时间，因而流过 PLC 控制系统的浪涌瞬态时间应该大于 PLC 控制系统的动态响应时间，避免保护元器件来不及响应而使浪涌通过 PLC 控制系统。

④ 在浪涌抑制元器件安装时，应做到良好接地，否则浪涌能量不能有效地对地泄放而击毁元器件。

2) 不同类型的电源选择的滤波器也不同，现在市面上已经有各种专用的滤波器可供选择，如线性稳压电源滤波器、开关电源滤波器等。必须在电源进线的最前端设置滤波器，使滤波器之前的电源进线尽可能短，以尽量避免电磁干扰通过这段进线窜入系统内对电路其他部分产生影响。在可能的情况下，可考虑将滤波器直接安装在机柜上，让滤波器的金属外壳与机柜的金属外壳紧密接触。

3）在 PLC 控制系统中，使用 220V 的直流电源（蓄电池）供电可以明显地减少来自交流电源的干扰，在交流电源消失时，也能保证 PLC 的正常工作。某些 PLC（如 FX 系列 PLC）的电源输入端内有一个直接对 220V 交流电源整流的二极管整流桥，交流电压经整流后送给 PLC 内的开关电源。开关电源的输入电压范围很宽，这种 PLC 也可以使用 220V 直流电源。

使用交流电源时，整流桥的每只二极管只承受一半的负载电流，使用直流电源时，有两只二极管承受全部负载电流，考虑到 PLC 的电源输入电流很小，在设计时整流二极管一般都留有较大的裕量，使用直流 220V 电源也能保证 PLC 长期安全稳定运行。

4）PLC 控制系统中的动力电源、控制电源、PLC 电源、I/O 电源应分别配线，隔离变压器与 PLC 和与 I/O 电源之间应采用双绞线连接。PLC 采用单独的供电回路可避免其他设备启停对 PLC 控制系统的干扰。PLC 的电源可以取自照明线路，相对而言照明线路上的干扰信号比动力线上的小得多。PLC 供电系统可采用分布供电方式，即控制器和 I/O 系统分别由各自的隔离变压器供电，并与主电路电源分开。当某一部分电源出现故障时，不会影响其他部分，如输入、输出供电中断时，PLC 的 CPU 单元仍能继续供电，提高了系统的可靠性，使用隔离变压器的分布供电系统如图 4-18 所示。

5）在一些实时 PLC 控制系统中，突然断电的后果不堪设想，应设法在系统中使用 UPS 电源。由于 UPS 电源容量有限，一般仅把它的供电范围保证在 PLC 主机、通信模板、远程 I/O 站的各个机架和 PLC 系统相关的外部设备上。

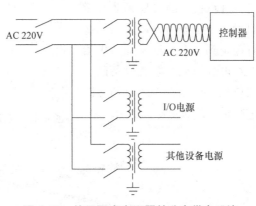

图 4-18 使用隔离变压器的分布供电系统

6）PLC 的 I/O 模板二次电源供电设计。I/O 模板的二次供电是指为连入 I/O 模板中的现场开关、传感器执行机构、各种用电负载供电。

① 采用 DC24V 电源。DC24V 电源是 PLC 中常用的标准方式，它是一种安全的二次供电方式，适合于对防爆、防火、防尘等条件恶劣的现场设备的供电，选用这一电压等级，在电能传输和状态转换时，连接点或动作触点不易引起电火花和产生强电磁干扰。

在实际工程设计中，可在 AC 220V 电源回路中设计一个容量大于负载容量 1.5 倍的 AC 220V/DC 24V 稳压电源。并对整流电路进行高频滤波（在整流管上并联小电容 0.01μF，滤掉从变压器进入的高频干扰）和采用直流退耦，即在直流电源和地之间并联 2 个电容，较大容量的电容（10~100μF）滤掉低频干扰，小容量的电容（0.01~0.22μF）滤掉高频干扰。

② 采用 AC 24V 电源。AC 24V 电源在 PLC 中也是常用的一个电平等级，这样的模板供电非常简单，采用 AC 220V/AC 24V 变压器就能满足供电需求。在现场设备比较分散，传输距离较远，采用 AC 24V 模板比用 DC 24V 的模板可使现场二次电源设计简单。例如 AC 24V 电源使用导线、电阻值、信号损耗等技术指标，一般较容易做到，现场电缆敷设也比较容易，但在有些防爆环境中不允许使用交流电，有些传感仪表也常用直流电源。

如果 I/O 采用 PLC 本身的 24V 电源供电，在 PLC 刚刚加电的时候不会立即有电，CPU 要领先于输入先得电。这一点对于上电初始化的时候可能有影响，解决的办法是：如果初始化程序与开关量输入有关，应延时几毫秒再初始化。

2. PLC 电源输入端解决方案

采用双重绝缘变压器对电源干线进行过滤的实例如图 4-19 所示，在安装变压器时，进行良好的接地是非常重要的。变压器的外罩必须用螺钉固定到导电大地平面。供给 PLC 电源单元及敏感设备的线路应从入口端以点对点的方式进行布线，如图 4-20 所示。

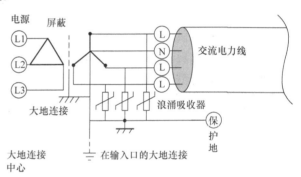

图 4-19　双重绝缘变压器对电源干线进行过滤的实例

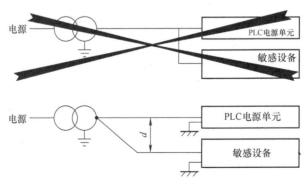

图 4-20　供给 PLC 电源单元及敏感设备的线路应从入口端点对点的方式进行布线方案

如果在同一个电源系统中同时使用了非常敏感的设备和强干扰设备，则必须提供隔离的电源，如图 4-21 所示。在连接具有强干扰设备时，必须尽可能靠近线路入口，敏感设备则和线路入口保持一定距离，如图 4-22 所示。

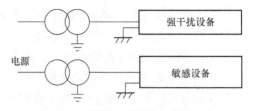

图 4-21　提供隔离的供电电源方案

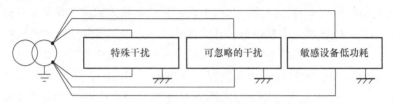

图 4-22　具有强干扰的设备供电电源方案

4.2.2　PLC 控制系统输入 / 输出抗干扰设计

1. PLC 的输入 / 输出电路

输入电路是 PLC 接收开关量、模拟量等输入信号的端口，其元器件质量的优劣、接线是否可靠是影响 PLC 控制系统可靠性的重要因素。以开关量输入为例，按钮、行程开关的触点接触要保持在良好状态，接线要牢固可靠。机械限位开关是容易产生故障的元器件，在设计中应尽量选用可靠性高的接近开关代替机械限位开关。此外，按钮触点的选择也影响到 PLC 控制系统的可靠性。在设计时，应尽量选用可靠性高的元器件，常用的模拟量输入信号有 4~20mA、0~20mA 直流电流信号；0~5V、0~10V 直流电压信号，电源为 DC 24V。

输出电路是 PLC 的开关量、模拟量等信号输出的端口，PLC 的开关量输出有继电器输出、晶闸管输出、晶体管输出三种形式，具体选择哪种形式的输出应根据负载要求来决定，选择不当会使 PLC 控制系统可靠性降低，严重时甚至导致 PLC 控制系统不能正常工作。如晶闸管输出只能用于交流负载，晶体管输出只能用于直流负载。此外，PLC 的输出端子带负载能力是有限的，如果超过了规定的最大限值，必须外接继电器或接触器，才能正常工作。

外接继电器、接触器、电磁阀等执行元器件的质量，是影响 PLC 控制系统可靠性的重要因素。常见的故障有线圈短路、机械故障造成触点不动或接触不良。这一方面可以通过选用高质量的元器件来提高可靠性，另一方面，在对 PLC 控制系统可靠性及智能化要求较高的场合，可以根据电路中电流的异常情况对输出单元的一些重点部位进行诊断，当检测到异常信号时，PLC 控制系统按程序自动转入故障处理，从而提高 PLC 控制系统工作的可靠性。若 PLC 输出端子接有感性元器件，则应采取相应的保护措施，以保护 PLC 的输出触点。

第 **4** 章

为了防止或减少外部配线的干扰，交流输入、输出信号与直流输入、输出应分别使用各自的电缆；对于集成电路或晶体管设备的输入、输出信号线，必须使用屏蔽电缆，屏蔽电缆的屏蔽层在输入、输出侧悬空，而在 PLC 侧接地。

2. PLC 控制系统输入信号的抗干扰设计

针对输入信号中的线间干扰（差模干扰），可在信号线两极间加装滤波器使其衰减。对于输入信号线与大地间的共模干扰，可在信号接入 PLC 输入模块之前，在信号线与地间并接电容，以减少共模干扰。开关量输入回路主要是采集现场一些诸如限位开关的位置等二进制信息，开关量输入信号经过变换送入 CPU 进行处理，所以必须对开关量输入回路进行处理，以减少外来的电磁干扰对内部弱电电路的影响。开关量输入回路的前级信号变换部分应考虑采用滤波，开关量输入信号送给 CPU 之前，必须进行隔离处理，可采用光电隔离，而且两级光电隔离效果会比较好，在开关量输入板的出口处和 CPU 板的入口处各设一级光电隔离。

交流量输入回路是 1A 或 5A 的交流电流信号，以及 24V 或 230V 的交流电压信号，这些信号相对于 PLC 控制系统来说都是强电信号，该回路的输出是直接送给 A/D 转换器的标准电压信号（0~5V，0~10V，-10~10V），由 A/D 转换器进行模/数转换后送给 CPU 进行处理，所以其输出信号是与后面的微处理器系统有直接联系的弱电信号。这些强电信号与弱电信号之间的关系处理不好，将对 PLC 控制系统的电磁兼容带来非常大的影响。

当输入信号源为感性元器件时，为了防止反冲感应电动势或浪涌电流损坏输入模块，对于交流输入信号在负载两端并联电容 C 和电阻 R，如图 4-23a 所示。对于直流输入信号并联续流二极管 VD，如图 4-23b 所示。

在图 4-23a 中，R、C 参数一般选为 120Ω+0.1μF（当负荷容量 < 10V·A 时）或 47Ω+0.47μF（当负荷容量 >10V·A 时）。在图 4-23b 中，二极管的额定电流应选为 1A，额定电压要大于电源电压的 3 倍。对于感应电压的干扰，可以采用在输入端并接浪涌吸收器的方法加以抑制。

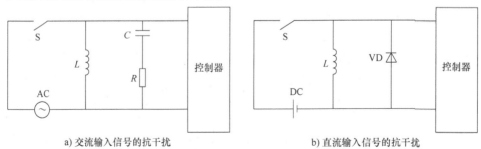

a) 交流输入信号的抗干扰　　　　　　　　b) 直流输入信号的抗干扰

图 4-23　输入信号抗干扰设计

由于电磁干扰是直接由现场的引线进入 PLC 内部的，所以信号回路要尽量短，并且不能互相交叉，以减少它们彼此之间的相互干扰。在电路设计上，信号前端应考虑增加滤波电路，信号输出与 A/D 转换器之间也应该有滤波或隔离电路。信号放大电路可考虑采用差动放大电路，以减少共模干扰带来的影响。对于正常工作中不使用的交流通道不要让它悬空，在其入口和出口（A/D 转换器之前）处采取短接或接地。输入、输出线不能用同一根电缆。并应尽可能采用常开触点形式连接到输入端，使编制的梯形图与继电器原理图一致，以便于阅读。

3. 输出信号的抗干扰设计

从抗干扰的角度出发，选择 I/O 模块的类型是非常重要的。在干扰多的场合，可选用绝缘型 I/O 模块和装有浪涌吸收器的模块，可以有效地抑制输入、输出信号的干扰。输出端接线分为独立输出和公共输出，在不同组中可采用不同类型和电压等级的输出电压。但在同一组中的输出只能用同一类型、同一电压等级的电源。由于 PLC 的输出元器件被封装在印制电路板上，并且连接至端子板，若连接输出元器件的负载短路，将烧毁印制电路板。

开关量输出回路主要用于将 PLC 控制系统发出的指令输出以控制相应的对象，开关量输出回路一般是强电信号，而这些信号又都直接与 CPU 有联系，开关量输出信号是由 CPU 经过综合各种信息最后做出判断并输出，所以必须对这些回路进行处理，以减少外来的电磁干扰对内部弱电电路的影响。

开关量输出回路也应该在前端采取隔离措施，可通过光电耦合器或继电器进行隔离，而且两级隔离效果会比较好，在 CPU 板的出口处和开关量输出板的入口处各设一级隔离。开关量输出回路一般都是用于控制现场的设备，要求实时性强，所以一般不能加滤波电路。采用继电器输出时，所承受电感性负载的大小，会影响到继电器的使用寿命，因此，使用电感性负载时应合理选择，或加隔离继电器。

如果模拟量 I/O 信号距离 PLC 机柜较远，应采用 4~20mA 的电流传输方式，而不能采用易受干扰的电压传输方式。传输模拟输入信号线的屏蔽层应一端接地，同时为了泄放高频干扰，数字信号线的屏蔽层应并联电位均衡线，其电阻值要小于屏蔽电阻的 1/10，且要将屏蔽层的两端接地。若无法设置电位均衡线，或只考虑抑制低频干扰，也可一端接地。

PLC 的输出端子若接有感性负载，输出信号由 OFF 变为 ON 或由 ON 变为 OFF 时都会有某些电量的突变而产生干扰。在设计时应采取相应的保护措施，以保护 PLC 的输出触点，如图 4-24 所示。

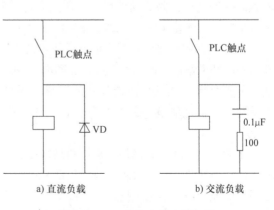

图 4-24　PLC 输出触点的保护

对于直流负载，通常是在线圈两端并联续流二极管 VD，二极管应尽可能靠近负载，选用额定电流为 1A 的二极管。对于交流负载，应在线圈两端并联 RC 吸收电路，根据负载容量，电容可取 0.1~0.47μF，电阻可取 47~120Ω，且 RC 应尽可能靠近负载。

对于大容量负载电路，由于继电器或接触器在通断时会产生电弧干扰，因此须在主触点两端连接 RC 浪涌吸收器，如图 4-25a 所示；若为电动机或变压器开关干扰时，可在线间采用 RC 浪涌吸收，如图 4-25b 所示。

PLC 继电器输出型模块的触点工作电压范围宽，导通压降小，与晶体管型和双向晶闸管型模块相比，承受瞬时过电压和过电流的能力较强，但是动作速度较慢。系统输出量变化不是很频繁时，一般选用继电器型输出模块。如用 PLC 继电器输出型模块驱动交流接触器，应将额定电压 AC 380V 的交流接触器的线圈改为 AC 220V。

如果负载要求的输出功率超过 PLC 继电器输出型模块的允许值，应设置外部的继电器。PLC 继电器

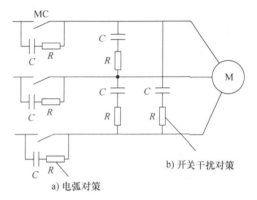

b) 开关干扰对策

a) 电弧对策

图 4-25　大容量负载抗干扰设计

输出型模块内的小型继电器的触点容量小（一般 2A），断弧能力差，不能直接用于 DC 220V 的负载电路中。

在选择外接继电器型号时，应仔细分析是用 PLC 来控制接通外部负载还是断开外部负载。因断开直流负载要求用较大容量的继电器触点，接通同一直流负载可用较小容量的触点。例如 DC 220V 电磁阀内有与其线圈串联的限位开关常闭触点，电磁阀线圈通电，阀芯动作后，是用阀内部的触点来断开电路的，在这种情况下，可选用触点容量较小的小型继电器来转接 PLC 的输出信号。

PLC 内部用光电耦合器、输出模块中的小型继电器、光电晶闸管等元器件来实现对外部开关量信号的隔离，PLC 的模拟量 I/O 模块一般也采取了光电耦合器隔离。这些元器件除了能减少或消除外部干扰对系统的影响外，还可以保护 CPU 模块，免受高电压从外部串入 PLC 的危害，因此一般没有必要在 PLC 外部再设置干扰隔离元器件。

工业环境空间中的极强电磁场和高电压、大电流的通断将会对 PLC 产生强烈的干扰，由于现场条件的限制，有时几百米长的强电电缆和 PLC 的信号电缆只能敷设在同一电缆沟内，强电干扰在输入线上产生的感应电压和电流相当大，足以使 PLC 输入端的光电耦合器中的发光二极管发光，光电耦合器的隔离作用失效，使 PLC 产

生误动作。在这种情况下，对于用长线引入 PLC 的开关量信号，可以用小型继电器来隔离，光电耦合器中发光二极管的最小工作电流仅 3mA 左右，而小型继电器线圈的吸合电流为几十 mA，强电干扰信号通过电磁感应产生的能量不可能使隔离用的继电器吸合，有的系统需要使用外部信号的多对触点，例如一对触点用于指示灯，使用继电器转接输入信号既能提供多对触点，又实现了对强电干扰信号的隔离。

为了提高抗干扰能力，对于 PLC 的外部信号、PLC 和计算机之间的串行通信信号，可以考虑选用光纤来传输以实现隔离，或采用带光电耦合器的通信接口。在腐蚀性强或潮湿的环境，需要防火、防爆的场合更适于采用这种方法。

当输入信号源为晶体管或是光电开关输出类型时，当输出元器件为双向晶体管或是晶体管输出，而外部负载又很小时，会因为这类输出元器件在关断时有较大的漏电流，使输入电路和外部负载电路不能关断，导致输入与输出信号错误。为此，应在这类输入、输出端并联旁路电阻，以减小 PLC 输入电流和外部负载上的电流。旁路电阻可按下式计算：

$$R < U_\mathrm{m}/\left(I_1-0.25I_\mathrm{N}\right) \tag{4-4}$$

式中，U_m 为输入信号源或外部负载电压的最大值；I_1 为输入信号源或输出晶闸管最大漏电流；I_N 为输入点或外部负载的额定电流。

4.2.3　PLC 控制系统周边控制回路的抗干扰设计

1. 布线抗干扰设计

在 PLC 控制系统的外部布线之间存在着互感和分布电容，在信号传输时会产生干扰。为了防止或减少外部布线的干扰，PLC 控制系统的电源线、I/O 电源线、输入信号线、输出信号线、交流线、直流线分别使用各自的电缆，且尽量分开布线，开关量信号线和模拟量信号线也应尽量分开布线。而且，模拟量、数字量传输线应采用屏蔽电缆，并要将屏蔽层接地，屏蔽电缆的处理方法如图 4-26 所示。

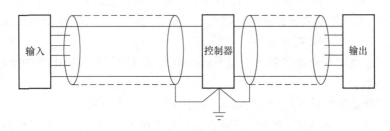

图 4-26　屏蔽电缆的处理方法

对于 300m 以上长距离的布线，则可用中间继电器转换信号，或使用远程 I/O

通道。对于控制器的接地线要与电源线、动力线分开，输入、输出信号线要与高电压、大电流的动力线分开配线。

2. 正确选择电缆和敷设方式

为了减少动力电缆辐射的电磁干扰，可采用铜带铠装屏蔽电力电缆，以降低动力线产生的电磁干扰。在信号线缆敷设时应按传输信号种类分层敷设，严禁在同一线缆的不同导线同时传输不同类别的信号，并应避免信号线缆与动力电缆靠近平行敷设，以减少电磁干扰。

在选择线缆时应根据传输信号电平、功率电平、频率范围、敏感情况、隔离要求确定，只有分析信号电平与波形，才能正确选用线缆。选择线缆的一般原则如下：

1）电源线。如 AC 380V、AC 220V、DC 27V 的电源线，一般不用屏蔽电缆，但电源线干扰大时例外。

2）低频信号线。隔离要求很严格的多点接地和单点接地的低频信号线，应选用屏蔽双绞线。

3）音频信号线。单点接地的音频信号线和内部电源线应选用双绞线，多点接地的音频或电源线应选用屏蔽线。

4）射频脉冲、高频、宽频带内阻抗匹配等信号线应选用同轴电缆。

5）数字信号线、脉冲信号线应选用绞合屏蔽电缆，有时需要单独屏蔽。

6）高电平电源线应穿钢管敷设。

7）对低频仪表信号线应选用单芯、单屏蔽导线。

信号传输线之间的相互干扰主要来自导线间分布电容、电感引起的电磁耦合，防止干扰的有效方法首先是正确选择线缆，选用金属铠装屏蔽型的控制、信号线缆，一方面减少了噪声干扰，另一方面也增强了线缆的机械强度。

3. PLC 控制回路误动作的抑制措施

如果 PLC 控制回路周围存在干扰源，它们将通过辐射或电源线侵入 PLC 的内部，引起控制回路误动作，造成 PLC 控制系统工作不正常或停机，严重时甚至损坏 PLC。提高 PLC 自身的抗干扰能力固然重要，但由于受 PLC 制造成本的限制，在外部采取噪声抑制措施，消除干扰源显得更合理和必要。对造成 PLC 控制系统控制回路误动作的抑制措施有：

1）PLC 周围所有继电器、接触器的线圈上需设置抑制浪涌电压的吸收装置，如 RC 吸收器。

2）尽量缩短控制回路的线路距离，并使其与动力线路隔离。

3）如果环境对辐射干扰敏感的话，应对电力电缆进行屏蔽，在 PLC 控制系统处采用不锈钢卡环使屏蔽层与安装板连接并接地，以限制射频干扰，也可把电缆穿在金属管路中敷设。若信号线路较长，应采用合理的中继方式。

4）在 PLC 电源输入端安装噪声滤波器，避免由电源进线引入干扰。

5）通过共用的接地线传播干扰是干扰传播的最普遍的方式，将动力线缆的接地与控制线的接地分开是切断这一途径的根本方法，即将动力装置的接地端子接到地线上，将 PLC 的接地端子接到该 PLC 柜的金属外壳上。

6）在信号线路靠近有干扰源的线缆时，干扰会被感应到信号线路上，使信号线路上的传输信号受到干扰，布线时采用隔离措施消除这种干扰。在实际工程中应把高压电缆、动力电缆、控制信号线路与传感器信号线路、通信信号线路分开走线，PLC 控制系统的控制线也要与其主回路线分开敷设。

7）PLC 控制系统接地母线应与动力电缆的屏蔽层相连接，确保滤波器、PLC 控制系统和屏蔽层之间接地等电位。

4. 布线规则

PLC 控制系统的布线必须依照电磁兼容要求进行，布线中采用的电磁兼容措施包括：

1）平衡构架，并且设法配平不平衡的耦合干扰。

2）低输入阻抗。

3）有限的工作频率带宽。

4）精心的布线设计及正确的连接方法，以避免发生内部耦合和外部干扰。

（1）平衡电路

使用平衡电路的目的是把不对称的耦合干扰信号转换为对称信号，这样一来，经过平衡处理的干扰信号就可以被差分放大器所抑制。可以采用附加电阻、四导体包、绞线等配线技术来平衡电路。

采用双绞线实现输入导体和返回导体之间的变换，这样就可以抑制干扰信号。在连续性导体环路中的感应电压，其相位变化了 180°，从而使得彼此间相互抵消。随着环数的增加，变换的效果变得更为明显。如果能达到 30/m 的环数，效果会更好。

（2）空间安排

从电磁兼容的角度出发进行布线设计，也就是要让各类传输线缆之间能够保持电磁兼容要求的距离，以避免容性耦合、感性耦合以及辐射耦合的发生。在布线设计前，首先对 PLC 控制系统中的各类传输线缆进行分组，再结合现场的实际情况，进行布线设计。

（3）线缆在电磁兼容中的作用及分类的原则

线缆在传输有用信号的同时，也可能成为干扰源，或者在接收到干扰信号以后充当干扰信号的传递者，所有耦合形式都可能在线缆中出现。在一个 PLC 控制系统中，所使用的线缆是根据它们所承载的信号类型来进行分类的。通过这样的分类，可以将具有不同电磁兼容性能的线缆分开。即把不同种类的线缆分开敷设、分开进行屏蔽。根据信号的电磁兼容性能对信号进行分类，见表 4-4。

第4章

表 4-4   根据信号的电磁兼容性能对信号进行分类

分类	电磁兼容性能	带有该种电缆的电路或者设备举例
1类敏感信号线	信号非常敏感	低级电路，带有模拟输出，仪表变压器，测量电路（探针、仪表变压器等）
2类轻度敏感信号线	信号敏感，能够干扰1类信号线	低级别的数字电路（母线等），带有数字输出的低级别电路（仪表变压器等），阻性负载的控制电路，低级别直流电源
3类轻度干扰信号线	信号能干扰1类和2类信号线	感性负载的控制电路（继电器、接触器、线圈设备、反相器等），带有相应的保护措施；交流电源高功耗设备的主电源
4类干扰信号线	信号能够对其他类的信号产生干扰	焊接机械；通常的电源电路；电子速度控制器，开关电源等

在 PLC 控制系统中，对所需要的线缆的选择要遵循以下指导方针：

1）使用绞线型输出和直线型返回线缆。

2）模拟信号应该使用带有屏蔽的输出和返回导线的线缆，并采用麻花型屏蔽方式。

3）建筑物外的模拟信号应使用双重屏蔽线缆。

4）高频辐射干扰（5~30MHz）的信号采用麻花屏蔽方式线缆。

5）4类干扰信号线应使用屏蔽线缆，并应经由金属管或者金属线槽敷设，金属管或者金属线槽要可靠接地。

5. 信号线缆选择示例

1）1类信号举例。1类信号（敏感的）选择线缆示例如图 4-27 所示。

2）2类信号举例。2类信号（轻度敏感的）选择线缆示例如图 4-28 所示

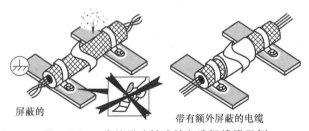

屏蔽的　　　　　　　　　　带有额外屏蔽的电缆

图 4-27   1 类信号（敏感的）选择线缆示例

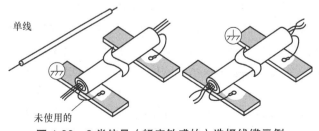

单线

未使用的

图 4-28   2 类信号（轻度敏感的）选择线缆示例

3）3 类信号举例。3 类信号（轻度干扰的）选择线缆示例如图 4-29 所示。

4）4 类信号举例。4 类信号（干扰的）选择线缆示例如图 4-30 所示。

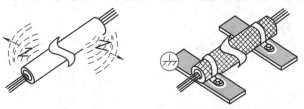

图 4-29　3 类信号（轻度干扰的）选择线缆示例

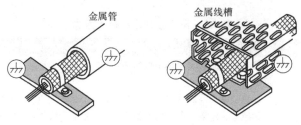

图 4-30　4 类信号（干扰的）选择线缆示例

6. 线缆连接及敷设指导方针

1）只有同种类型的信号才能在一根线缆或者导线束内传输，同一个接线端子不能用来连接不同种类的信号。模拟和数字信号可以在同一接线端子上进行连接，前提是在它们之间有两个以上的空端子。

2）带有不同种类信号的未屏蔽线缆，在敷设时应该保证最短的并行长度。

3）带有不同种类信号的未屏蔽线缆，在敷设时应该在彼此间保持最大的工作间距。如果带有不同种类信号的未屏蔽线缆的并行长度超过 30m，或者无法保证合适的工作间距，那么就要使用屏蔽的线缆。图 4-31 给出了线缆并行敷设长度达到 30m 时，对带有不同种类信号的屏蔽线缆应采用的工作间距。线缆的并行长度越长，所选择的工作间距就应该越大。

4）带有不同种类信号的线缆必须以直角进行交叉敷设，如图 4-32 所示。

5）根据屏蔽线缆的方式位置的具体情况，对屏蔽线缆进行接地的方式见表 4-5。

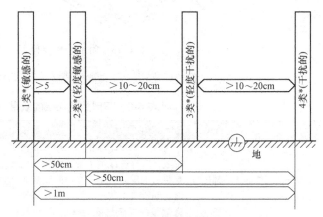

图 4-31　线缆并行敷设的合适的工作间距

第

4

章

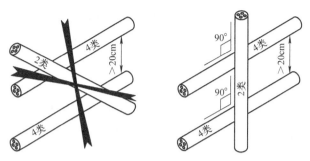

图 4-32　不同种类信号的线缆交叉敷设示例

表 4-5　屏蔽线缆进行接地方式

设备	屏蔽线缆的接地端
在机柜中的屏蔽线缆（模拟测量电路）	接地点通常位于机柜出口的一侧，线缆两端的屏蔽都要接地，以防止高强度的干扰
在封闭建筑物内，机柜外部的屏蔽线缆（模拟测量电路）	如果只需应对容性干扰，可采用屏蔽层单端接地。如果信号线的配置带有高频感应，应采用屏蔽层双侧接地。如果信号线较长，除了沿电缆方向进行屏蔽层双侧接地外，还要有间隔 10~15m 的附加的接地点，如图 4-33 所示

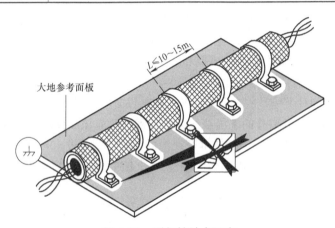

大地参考面板

$L \leqslant 10 \sim 15\text{m}$

图 4-33　附加接地点距离

6）屏蔽接地对屏蔽效果来说，是非常重要的，不同的地连接具有的效果见表 4-6。

表 4-6　不同的地连接的效果

屏蔽线缆屏蔽层的地连接	效果和优点	限制
在屏蔽线缆的两端都进行接地	对外部干扰（高频和低频）非常有效，对屏蔽线缆中的谐振频率也有很好的屏蔽效果。在屏蔽线缆与地之间没有电位差，使输入不同类型信号的屏蔽线缆能够正常布线，能够很好地抑制高频干扰	对于较长屏蔽线缆（长于 50m），若伴随着强干扰场的高频信号，会感应出地端故障电流

（续）

屏蔽线缆屏蔽层的地连接	效果和优点	限制
只在屏蔽线缆的一端进行地连接	可屏蔽线缆中传输的信号不受低频电场的影响，可以避免蜂鸣现象（低频干扰）	对由高频电场引起的外部干扰无效，由于天线效应，屏蔽层可能会引起共振。这就意味着干扰比没有屏蔽层的时候还要强。在未接地一端，屏蔽层和接地点之间有电位差；如果发生接触会带来危险
屏蔽线缆的屏蔽层不接地	限制容性耦合	对外部干扰无效（包括所有频率），对磁场无效，屏蔽层和接地点之间存在电位差；如果发生接触会带来危险

7）线缆中空闲的或者未使用的线芯，应将其两端同时接地。对线缆未使用的线芯进行接地的示意图如图 4-34 所示。

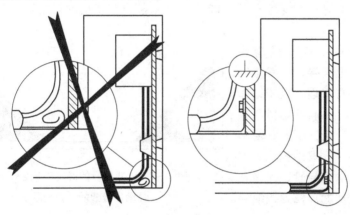

图 4-34　未使用的线芯进行接地示意图

8）为了避免在暴露的导电部件之间形成环路，所有的线缆都必须靠近接地点或者地线进行敷设，将线缆靠近地连接进行敷设示例如图 4-35 所示。

9）输出和返回导体在敷设时必须保持很近的距离。通过使用双绞线，可以保证在整个线路中都尽可能地保持这种小间距。将输出和返回线缆彼此靠近地进行敷设示例如图 4-36 所示（并行方式只适用于同类信号）。

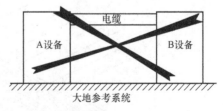

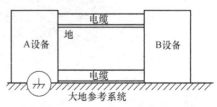

图 4-35　线缆靠近地连接进行敷设示例

第 4 章

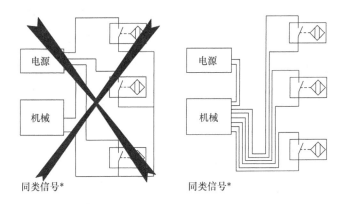

图 4-36　输出和返回线缆彼此靠近地进行敷设示例

10）敏感信号的线缆（1 类和 2 类）必须敷设在线槽的拐角处示例如图 4-37 所示。

11）敷设线缆的线槽要进行可靠的电连接，也就是用螺栓把它们直接连接起来，如图 4-38 所示。并将线缆槽与接地系统可靠连接，不推荐使用诸如 PVC 管、塑料线槽或者类似的非金属电缆导管，因为它们没有屏蔽功能，推荐线缆导管如图 4-39 所示。

图 4-37　敏感信号的线缆（1 类和 2 类）敷设在线槽的拐角处示例

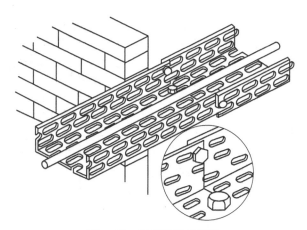

图 4-38　线槽连接示意图

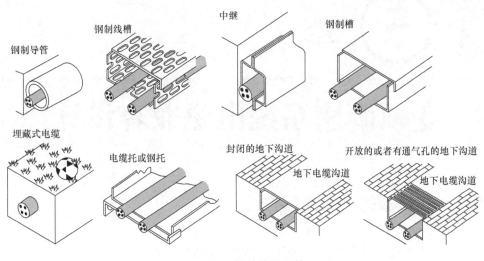

图 4-39　推荐线缆导管

　　如果信号线缆敷设在建筑物外面，因在不同的建筑物之间可能会产生电位差，将导致传输信号发生错误。在发生雷击的情况下，一个建筑物的电位会突然升高，此时建筑物间的线缆所传输的信号将会受到干扰。为此对于在建筑物外面敷设的线缆，需要遵循以下指导方针：

　　1）必须使用屏蔽的线缆，屏蔽层必须两端同时接地。

　　2）模拟信号线必须采用双重屏蔽线缆，其中里面的屏蔽层一端接地，外面的屏蔽层则必须两端接地。

　　3）信号线端口必须设置过电压保护线缆。

　　4）在建筑物间传输数据时，推荐使用光纤。

第

4

章

第 ⑤ 章

变频调速系统电磁兼容设计

5.1 变频器的电磁兼容性

5.1.1 变频器的噪声及电磁干扰传播途径

1. 变频器的噪声

在笼型异步电动机的各种调速方式中，变频调速传动系统占有极其重要的地位，具有强大的生命力。变频调速传动系统具有功率因数高、输出谐波小、启动平稳、调速范围宽等优点。变频器调速技术是集自动控制、微电子、电力电子、通信等技术于一体的高新技术。由于变频器具有高效、节能和智能化的特点，因而成为电力电子技术和交流传动的重要组成部分。

变频器大多运行于恶劣的电磁环境，且作为电气、电子设备，内部由电子元器件、计算机芯片等组成，易受外界的一些电气干扰，其输入侧和输出侧的电压、电流含有丰富的高次谐波，投入运行既要防止外界干扰变频器，又要防止变频器干扰外界，即所谓的电磁兼容。低压变频器兼容等级典型值见表 5-1。

表 5-1 低压变频器兼容等级典型值

现象	兼容等级典型值	现象	兼容等级典型值
额定电压 /V	230/400、500、400/690（50Hz）、240、277/480、347/660（60Hz）	电压不平衡	2%
电压波动	±10% 低压期间功率会减少	产生谐波电压	10% 或 8%
电压变化时间 <60s	10%～15% 低压期间功率会减少	频率	50Hz 或 60Hz
电压跌落和短时中断	取决于电力整流器的类型和负载	频率波动	±1%
换相缺口	在幅值最大为 90%U 时，瞬变值增加，振荡频率高于 5Hz		

一般认为改善电磁兼容的三大对策是：减少电磁干扰源的强度（电磁干扰）；

切断电磁干扰的传输路径；提高电子设备抗干扰能力（EMS）。在一般功率晶体管应用的时代，只要在设备本身采取一定防干扰措施即可解决。但现代变频器采用的功率器件为 IGBT，其载波频率高达 3~12kHz，仅考虑高次谐波的影响是不行的，必须从配电工程和接地等方面消除高频干扰。

变频器是电力电子数字装置，其运行在高载波频率方式下，所以变频器运行中将产生大量的电磁噪声，而对外围电子设备产生干扰，甚至导致外围设备误动作或停机。变频器产生的噪声按其传播方式可分为：静电感应噪声、静磁感应噪声、公共阻抗噪声、空中传播噪声。其空中传播噪声分为：变频器直接辐射噪声和其电源线及输出线的辐射噪声，因传播路径为在空中传播，若其他电子设备与变频器装在同一机柜内，由于其相对距离在噪声的辐射范围内，又因其布线相对较近，变频器的辐射噪声将干扰这些电子设备的稳定运行。

变频器也会受外部侵入的噪声的干扰，而引起误动，因此变频器的电磁兼容是变频器及其构成的调速系统设计中的重要环节，也是保证系统可靠运行的必要条件。变频器的电磁兼容在很大程度决定了交流变频调速传动系统的可靠性，因此电磁兼容越来越成为交流变频调速领域需要迫切解决的重要技术问题。

在各种工业控制系统中，随着变频器等电力电子装置的广泛使用，系统的电磁干扰日益严重，相应的抗干扰设计技术已经变得越来越重要。变频调速系统的电磁干扰有时能直接造成系统的硬件损坏，有时虽不能损坏系统的硬件，但常使微处理器的系统程序运行失控，导致控制失灵，从而造成设备和生产事故。因此，如何提高变频调速系统的抗干扰能力和可靠性，是变频器研制和应用中不可忽视的重要内容。

变频器的外部干扰源首先是来自外部电网的干扰，电网中的谐波干扰主要通过变频器的供电电源干扰变频器。电网中存在大量谐波源如各种整流设备、交直流互换设备、电子调压设备等非线性负载。这些非线性负载都使电网中的电压、电流产生波形畸变，从而对电网中其他用电设备产生干扰。变频器供电电源中的干扰若不加处理，电网噪声就会通过供电电源电路干扰变频器。供电电源的干扰类型主要有：过电压、欠电压、瞬时掉电、浪涌、跌落、尖峰电压脉冲和射频干扰。

当电源网络内有容量较大的晶闸管换流设备时，由于晶闸管总是在每相半周期内的部分时间内导通，容易使电网电压出现凹口，波形严重失真。致使变频器输入侧的整流电路有可能因出现较大幅度的反向回复电压，从而导致输入回路击穿而损坏。变频器作为噪声源如图 5-1 所示。

变频器的输入侧是二极

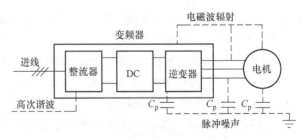

图 5-1　变频器作为噪声源

管整流和电容滤波电路，显然只有电源的线电压 U_1 大于电容器两端的直流电压 U_d 时，整流桥中才有充电电流。因此，充电电流总是出现在电源电压的振幅值附近，呈不连续的冲击波形式。它具有很强的高次谐波成分，有关资料表明，输入电流中的 5 次谐波和 7 次谐波的谐波分量是最大的，分别是 50Hz 基波的 80% 和 70%。变频器产生的谐波会对同一电网的其他电气、电子设备产生谐波干扰。

变频器的逆变器大多采用 PWM 技术，当其工作于开关模式并作高速切换时，产生大量耦合性噪声，影响周边电器的正常工作。因此，变频器对系统内其他的电气、电子设备来说是一个电磁干扰源，变频器作为噪声接收器如图 5-2 所示，变频器噪声类型主要有：

1）发射性噪声。变频器开关元件形成的 du/dt 和电路中的分布电感产生高频振荡，把配电线路作为天线，发射出电磁波。

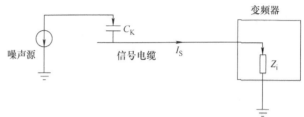

2）静电感应噪声。变

图 5-2　变频器作为噪声接收器等效电路图

频器输出的动力线缆和附近控制设备的信号线缆太靠近，就会感应电压，使周围控制设备误动作。

3）电磁感应噪声。由变频器输出电流产生磁通，在靠近它的线缆上就会感应电压，使周围控制设备误动作。

4）传输噪声。变频器主回路的开关产生的高频电流进入电源系统，对周围控制设备产生影响。

5）漏电流噪声。变频器的载波频率高达 12kHz，将在变压器、电动机的绕组间、绕组和机座间、机座和大地间通过分布电容产生漏电流，通过接地系统将噪声传到周围的控制设备上引起误动作。

对变频器进行电磁兼容设计之前，必须分析预期的电磁环境，并从电磁干扰源、耦合途径和敏感设备入手，找出其所处系统中存在的电磁干扰。然后有针对性地采取措施，就可以消除或抑制电磁干扰。变频器所处电磁环境中存在的电磁干扰源主要有：

1）高频开关器件快速通断产生的大脉冲电流引起的电磁干扰。

2）供电电源的负载突变。

3）系统内部及其周围的强电元件造成的强电干扰。

4）电动机的动力线缆与其他传输线间因电容性耦合和电感性耦合引起的干扰。

5）由连续波干扰源等造成的空间辐射干扰。

变频器中各个电子部件、元器件都可能成为被干扰的敏感受扰设备，当干扰信号电平低于系统门坎电平时，不会对系统造成危害。但若高于低限门坎电平时，就可能导致电子器件的误触发，对系统产生干扰。干扰信号可以通过多种途径从干扰源耦合到敏感受扰设备上。

2. 电磁干扰的途径

变频器能产生功率较大的谐波，对系统内的其他用电设备产生干扰。其干扰途径与一般电磁干扰途径是一致的，主要分为电磁辐射、传导、感应耦合。

（1）电磁辐射

变频器如果不是处在一个全封闭的金属外壳内，它就可以通过空间向外辐射电磁波，其辐射场强取决于干扰源的电流强度、装置的等效辐射阻抗以及干扰源的发射频率。变频器的整流桥对电网来说是非线性负载，它所产生的谐波对接入同一电网的其他电子、电气设备产生谐波干扰。变频器的逆变桥大多采用 PWM 技术，当根据给定频率和幅值指令产生预期的和重复的开关模式时，其输出电压和电流的功率谱是离散的，并且带有与开关频率相应的高次谐波群，高载波频率和开关器件的高速切换（du/dt 可达 1kV/μs 以上）所引起的辐射干扰问题相当突出。

当变频器的金属外壳带有缝隙或孔洞时，则辐射强度与干扰信号的波长有关，当孔洞的大小与电磁波的波长接近时，会形成干扰辐射源向四周辐射。而辐射场中的金属物体还可能形成二次辐射，同样，变频器外部的辐射也会干扰变频器的正常工作。

（2）传导

电磁干扰除了通过与其相连的导线向外部辐射，也可以通过阻抗耦合或接地回路耦合，将干扰传导至其他电路。与辐射干扰相比，其传播的路程可以很远。比较典型的传播途径是：由低压电网供电的变频器所产生的干扰信号将沿着配电变压器进入中压电网，并沿着其他的配电变压器最终又进入其他的低压配电网络，使低压配电网络的供电和配电设备成为远程的受害者。由于变频器的输入电流为非正弦波，当变频器的容量较大时，将使电网电压产生畸变，影响其他用电设备工作，同时输出端产生的传导干扰将使变频器驱动的电动机铜损、铁损大幅增加，影响了电动机的运转特性。显然，这是变频器输入、输出干扰信号的主要传播方式。

（3）感应耦合

感应耦合是介于辐射与传导之间的第三条传播途径，当变频器的输入电路或输出电路与其他设备的电路靠得很近时，变频器的高次谐波信号将通过感应的方式耦合到其他用电设备中去。感应耦合的方式可分为以下两种：

1）电磁感应方式，这是电流干扰信号的主要方式。

2）静电感应方式，这是电压干扰信号的主要方式。

当干扰源的频率较低时，干扰的电磁波辐射能力相当有限，而该干扰源又不直接与其他导体连接，此时的电磁干扰能量可以通过变频器的输入、输出导线与其相邻的其他导线或导体产生感应耦合，在邻近导线或导体内感应出干扰电流或电压。感应耦合可以由导体间的电容耦合形式出现，也可以由电感耦合的形式或电容、电感混合耦合的形式出现，这与干扰源的频率以及与相邻导体的距离等因素有关。

5.1.2 变频器谐波产生机理及抑制措施

1. 变频器谐波产生机理

变频器的主电路一般为交 - 直 - 交电路，外部输入 380V/50Hz 的工频电源经三相桥路不可控整流成直流电压信号，经滤波电容滤波及大功率晶体管开关元件逆变为频率可变的交流信号。在整流回路中，输入电流的波形为不规则的矩形波。不规则的矩形波按傅里叶级数分解为基波和各次谐波，谐波次数通常为 $6n \pm 1$ 次高次谐波，高次谐波将干扰供电系统。如果电源侧电抗充分小，换流重叠角可以忽略，那么 n 次高次谐波为基波电流的 $1/n$。

在逆变输出回路中，输出电流是受 PWM 载波信号调制的脉冲波形，对于 GTR 大功率逆变元件，其 PWM 的载波频率为 2~3kHz，采用 IGBT 大功率逆变元件的 PWM 最高载频可达 15kHz。逆变输出回路电流也可分解为只含正弦波的基波和其他各次谐波，高次谐波电流除干扰用电负载外，还通过输出线缆向空间辐射，干扰邻近电气设备。谐波的传播途径是传导和辐射，解决传导干扰主要是在电路中把传导的高频电流滤掉或隔离；解决辐射干扰就是对辐射源或被干扰的线路进行屏蔽。

2. 谐波的危害

一般来讲，变频器产生的谐波对电网容量大的系统影响不十分明显，这也就是谐波不被大多数用户重视的原因。但对容量小的系统，谐波产生的干扰就不能忽视。变频器产生的高次谐波通过传导、电磁辐射和感应耦合三种方式对电源及邻近用电设备产生谐波污染。高次谐波的危害具体表现在以下几个方面：

1）谐波使电网中的供用电设备产生了附加的谐波损耗，降低了输变电及用电设备的效率。电流和电压谐波将增加变压器铜损和铁损，使变压器温度上升，影响绝缘能力，造成容量裕度减小。谐波电流可使开关设备在启动瞬间产生很高的电流变化率，使暂态恢复峰值电压增大，破坏绝缘，还会引起开关误动作。

2）谐波可以通过电网传导到其他的用电设备，影响用电设备的正常运行，电流和电压谐波同样可使电动机铜损和铁损增加，温度升高。同时谐波电流会改变电磁转矩，产生振动力矩，使电动机发生周期性转速变动，影响输出效率，并发出噪声。

3）谐波会引起电网中局部的串联或并联谐振，从而使谐波放大。当高次谐波产生时由于频率增大，电容器阻抗瞬间减小，涌入大量电流，因而导致过热、甚至损坏电容器，还有可能发生共振，产生振动和噪声。

4）谐波会导致继电保护装置误动作，因电流中含有的谐波会产生额外转矩，改变继电器的动作特性，引起误动作。计量仪表因为谐波会造成感应盘产生额外转矩，引起误差，降低精度，甚至烧毁线圈。使电气仪表计量不准确，甚至无法正常工作。

5）基于精确电源零交叉原理或电压波形的形态来控制或操作的电力电子设备，

若电压有谐波成分时，零交叉移动、波形改变以致造成误动作。高次谐波还会对计算机、通信设备、电视及音响设备、载波遥控设备等产生干扰，使通信中断，产生杂讯，甚至发生误动作。

3. 有关谐波的国际及国家标准

现行的有关谐波的国际标准主要有 IEC61000-2-2 和 IEC61000-2-4，IEC61000-2-2 标准适用于公用电网，IEC61000-2-4 标准适用于厂级电网，这两个标准规定了不给电网造成损害所允许的谐波程度，它们规定了最大允许的电压畸变率 THDv。IEC61000-2-2 标准规定了电网公共接入点处的各次谐波电压含有的 THDv 约为 8%。IEC61000-2-4 标准分三级：第一类对谐波敏感场合（如计算机、实验室等）THDv 为 5%，第二类针对电网公共接入点和一部分厂内接入点 THDv 为 8%，第三类主要针对厂内接入点 THDv 为 10%。IEC61000-2-2、IEC61000-2-4 两个标准还规定了电气设备所允许产生谐波电流的幅值，IEC61000-2-2 标准主要针对 16A 以下，IEC61000-2-4 标准主要针对 16~64A。

现行的有关谐波的电气和电子工程师学会的建议标准为 IEEE519，IEEE519 标准是个建议标准，目标是将单次 THDv 限制在 3% 以下，总 THDv 限制在 5% 以下。

现行的有关谐波的中国国家标准为 GB/T 14549—1993《电能质量　公用电网谐波》，在 GB/T 14549—1993 中规定，公用电网谐波电压（相电压）限值为：380V（220V）电网电压总 THDv 为 5%，各次谐波电压含有率奇次为 4%，偶次为 2%。

由以上标准看来，一般单次电压畸变率在 3%~6%、总电压畸变率在 5%~8% 的范围内是可以接受的。

4. 谐波对策

由于通用变频器的整流部分采用二极管不可控桥式整流电路，中间滤波部分采用大电容作为滤波器，所以整流器的输入电流实际上是电容器的充电电流，呈较为陡峻的脉冲波，其谐波分量较大。为了消除谐波，可采用以下对策：

1）增加变频器供电电源内阻抗。通常情况下，电源设备的内阻抗可以起到缓冲变频器直流滤波电容无功功率的作用。这种内阻抗就是变压器的短路阻抗。当电源容量相对变频器容量越小时，则内阻抗值相对越大，谐波含量越小；电源容量相对变频器容量越大时，则内阻抗值相对越小，谐波含量越大。所以选择变频器供电电源变压器时，最好选择短路阻抗大的变压器。

2）安装电抗器。安装电抗器实际上是从外部增加变频器供电电源的内阻抗，在变频器的交流侧安装交流电抗器或在变频器的直流侧安装直流电抗器，或同时安装。在变频器交流输入侧设置交流电抗器增大整流阻抗，使整流重叠角增大，从而减小高次谐波。在电力回路中并联使用交流滤波器，能将来自变频器的高次谐波分量与电源系统分流。

3）变压器多相运行。通用变频器的整流部分是六脉波整流器，所以产生的谐

第

5

章

波较大。如果应用变压器的多相运行，使相位角互差 30°，如 Y/ △、△ / △ 组合的两个变压器构成相当于 12 脉波的效果，则可减小 28% 的低次谐波电流，起到了很好的谐波抑制作用。对于装设多台变频器的场合，可配专用的变压器，利用错开变压器相位的方法抑制高次谐波。

4）调节变频器的载波比。只要载波比足够大，较低次谐波就可以被有效地抑制，特别是参考波幅值与载波幅值小于 1 时，13 次以下的奇数谐波不再出现。采用更高频率的开关元件、用随机法调节切换频率和闭环控制可改善高次谐波。

5）专用滤波装置。专用滤波装置是检测单元实时检测变频器谐波电流的幅值和相位，控制单元产生一个与谐波电流幅值相同且相位正好相反的电流，输入到变频器中，从而可以非常有效地吸收谐波电流。

5. 多脉冲晶闸管整流电路

12 脉冲晶闸管整流电路是由两组晶闸管整流桥串联而成，分别由变压器的两组二次绕组（星形和三角形，互差 30° 电角度）供电。这种整流电路的优点是把整流电路的脉冲数由 6 脉冲提高到 12 脉冲，带来的好处是大大降低了 5 次和 7 次谐波电流。

对晶闸管整流电路而言，谐波电流近似为基波电流的 $1/h$ 倍（h 为谐波次数，$h = n \times p \pm 1$，其中 n 是自然数，p 为脉冲数）。12 脉冲整流电路总谐波电流失真约为 10%，虽然 12 脉冲整流电路的谐波电流比 6 脉冲结构大大下降，但也不能达到 IEEE519 标准规定的在电网短路电流小于 20 倍负载电流时，谐波电流失真小于 5% 的要求。

18 脉冲晶闸管整流电路是由三组晶闸管整流桥串联而成，变压器三组二次绕组均为三角形，互差 20° 电角度。这个整流电路具有 12 脉冲结构的优点，其总谐波电流失真小于 5.6%，总谐波电压失真小于 2%，基本符合 IEEE519—1992 标准规定，无须安装谐波滤波装置。

普通电流源型变频器的输出电流不是正弦波，而是 120° 的方波，因而三相合成磁动势不是恒速旋转的，而是步进磁动势，步进磁动势产生的电磁转矩除了平均转矩以外，还有脉动的分量。转矩脉动的平均值为 0，但它会使电动机转子的转速不均匀，产生脉动，在电动机低速时，还会发生步进现象，在适当的条件下，可能引起电动机与负载的机械系统共振。

脉动转矩主要是由基波旋转磁通和转子谐波电流相互作用产生的，在三相电动机中，产生脉动转矩的主要是 $6n \pm 1$ 次谐波。6 脉冲输出电流源型变频器输出电流中含有丰富的 5 次和 7 次谐波，5 次谐波产生的旋转磁动势与基波旋转磁动势反向，7 次谐波产生的旋转磁动势与基波旋转磁动势同向，而电动机转子的电气旋转速度基本接近基波磁动势的旋转速度（二者的判别对应于电动机的转差率），所以 5 次谐波磁动势和 7 次谐波磁动势都会在电动机转子中感应产生 6 倍于基波频率的转子谐波电流。在基波旋转磁动势和 6 倍频的转子谐波电流共同作用下，产生 6 倍频的脉动转矩，所以 6 脉冲输出电流源型变频器含有较大的 6 倍频脉动转矩。同样，11 次和 13 次谐波电流也会产生一个 12 倍频的脉动转矩。

电流源型变频器种类很多，主要有串联二极管式、输出滤波器换相式、负载换相式（LCI）和 GTO-PWM 式等。普通的电流源型变频器输出电流波形和输入电流波形极为相似，都是 120° 的方波，含有丰富的谐波成分，总谐波电流失真可达到 30% 左右。为了降低输出谐波，采用输出 12 脉冲方案或设置输出滤波器，可使输出谐波有较大改善，但系统的成本和复杂性也会大大增加。输出滤波器换相式电流源型变频器固有的滤波器可以给 6 脉冲输出电流中的谐波分量提供通路，使输出至电动机的电流波形有所改善。GTO-PWM 电流源型变频器输出至电动机电流质量的提高，主要是通过 GTO 采用谐波消除的电流 PWM 开关模式来实现，但受到 GTO 开关频率上限的限制。

电流源型变频器采用 12 脉冲多重化后，输出电流波形更接近正弦波，由于 5 次和 7 次谐波降低，6 倍频率脉动转矩减小，剩下主要为 12 倍频的脉动转矩，总的转矩脉动明显降低。

由于普通二电平和三电平 PWM 电压源型变频器输出电压的跳变台阶较大，相电压的跳变分别达到直流母线电压或直流母线电压的一半，同时由于逆变器功率器件开关速度较快，会产生较大的电压变化率，即 du/dt。较大的 du/dt 会影响电动机的绝缘，尤其当变频器输出与电动机之间电缆距离较长时，由于线路分布电感和分布电容的存在，会产生行波反射作用，du/dt 会被放大，在电动机端子处可增加一倍以上，导致电动机绝缘损坏。所以这种变频器一般需要特殊设计的电动机，电动机绝缘必须加强。如果要使用普通电动机，必须附加输出滤波器。

在 PWM 电压源型变频器中，当输出电压较高时，通常采取三电平 PWM 方式，也称为中点钳位方式，整流电路一般采用二极管，逆变部分功率器件采用 GTO、IGBT 或 IGCT。与普通的二电平 PWM 变频器相比，由于输出相电压电平数增加到 3 个，每个电平幅值相对下降，且提高了输出电压谐波消除算法的自由度，使输出波形质量比二电平 PWM 变频器有较大的提高。为了减少输出谐波，希望有较高的开关频率，但这样会导致变频器损耗增加，效率下降，开关频率一般不超过 2kHz。如果不加输出滤波器，三电平变频器输出电流总谐波失真可以达到 17% 左右，不能使用普通的异步电动机。

由于变频器输出谐波会引起电动机附加温升，因此必须适当放大电动机容量，使热参数降低使用。谐波使电动机振动，噪声增加，电动机应采取低噪声设计并避免可能产生的振动，临界转速必须避开整个工作转速范围。转矩脉动产生的应力集中可能对电动机部件引起损坏，电动机关键部位必须加强。

用于变频调速系统电动机的定、转子槽形应不同于标准电动机，以减少谐波引

第 **5** 章

起的铜耗。应采取绝缘轴承，必要时在电动机轴上安装接地电刷，以避免轴电流对轴承的损坏。由于普通变频器输出波形中含有高次谐波成分，因趋肤效应而使线路等效电阻增加，同时，在逆变器输出低频时，输出电压跟着降低，线路压降占输出电压的比例增加，因此输出电缆的截面积应当比普通应用时放大一级。

6. 变频器供电系统的谐波治理与无功功率补偿

采用晶闸管电流源型整流电路的变频器，其中间直流环节的电压正比于电动机线电压额定值乘以电动机的实际功率因数，再乘以转速百分比。所以，对于风机、水泵等平方转矩负载，直流环节电压会随着转速的下降而很快降低，所以输入整流电路必须将触发延迟角后移，这样导致输入功率因数很快下降。由于整流器电流和逆变器电流一般相等，负载所需的无功电流会直接"反射"到电网，导致输入功率因数较低。根据变频器输入、输出功率关系，有

$$U_{in} \times I_{in} \times \cos\phi_1 \times \eta = U_{out} \times I_{out} \times \cos\phi_2 \tag{5-1}$$

对电流源型变频器有 $I_{in}=I_{out}$，所以：

$$\cos\phi_1 = (U_{out}/U_{in}\eta)\cos\phi_2 = (f/f_{nom}\eta)\cos\phi_2 \tag{5-2}$$

式中，U_{in} 为变频器输入电压；U_{out} 为变频器输出电压；I_{in} 为变频器输入电流；I_{out} 为变频器输出电流；$\cos\phi_1$ 为变频器输入功率因数；$\cos\phi_2$ 为变频器输出功率因数；f 为变频器输出频率；f_{nom} 为变频器输入频率，即电源频率；η 为变频器效率。

普通电流源型变频器的输入功率因数较低，且会随着电动机转速的下降而降低，为了解决输入功率因数较低的问题，往往需要功率因数补偿装置，同时也起到消除部分谐波电流的作用。

用电容器直接进行无功功率补偿虽然可以大幅度降低基波无功电流，但也使谐波得到放大。为避免谐波放大，谐波治理与无功功率补偿必须同时进行。从基波无功电流、谐波和间谐波电流的危害上看，采用就地谐波治理与无功功率补偿可以获得最大的效益。根据变频器分类，变频器供电系统的就地谐波治理与无功功率补偿装置分为：含各次滤波器的 TSC 动态无功功率补偿装置、6% 电抗的 TSC 动态无功功率补偿装置、固定投入的各次滤波装置。

5.2 变频调速系统的抗干扰设计

5.2.1 变频调速系统中的共模噪声及抑制

由变频器构成的交流调速系统已得到非常广泛的工业应用，由此所带来的负面效应也越来越受到业界的关注，诸如电动机内部功率损耗增大加快电动机轴承损坏速度，电动机端的高压反射波现象，共模、差模电噪声等。

1. 变频调速系统的噪声源

目前，大多数变频器采用的功率开关器件为 IGBT，其典型的上升时间为 50~100ns。高速开关器件所带来的好处在于变频器总体效率的提高、减少电动机电流的谐波以及减小散热器体积等。但是，在变频器输出端呈现的高 du/dt 会通过电缆或电动机对地的杂散电容产生噪声电流，如图 5-3 所示，这种噪声电流被称之为共模电流（或零序电流、对地电流）。

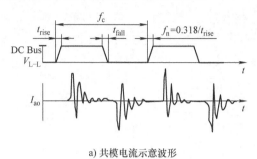

a) 共模电流示意波形

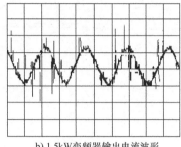

b) 1.5kW 变频器输出电流波形
（同时包括共模和差模电流）

图 5-3　变频调速系统产生的共模噪声

共模噪声是一种相对于参考地的电噪声信号，作为变频调速系统负面效应的一种，其带来的电磁干扰问题将严重影响变频调速系统的正常工作。共模噪声所干扰的控制信号有：光码速度反馈，0~10V 或 4~20mA 的 I/O 信号，PLC 及变频器的通信（RS-232、RS-485、RemoteI/O、DH+、Scanport 及 DeviceNet）等。

相关测试可观察到高达 20A 峰值的共模电流，且其幅值与变频器的容量关系不大。对于 50ns 上升时间的 IGBT，其产生的共模电流频谱可高达 6MHz。因此，IGBT 的开关频率越高，变频器输出端的 du/dt 越大，所产生的共模电流也越多。系统的共模噪声也会随变频调速系统中所采用的变频器数量的增加而增大，变频调速系统所涉及的共模噪声与系统中的接地状况有着密切的关系：

1）TE 地（True Earth）。TE 连接至大地（零参考电位），建筑结构中的金属构架在工业应用中作为 TE，其接地电阻与土壤的电阻系数有关，通常为 1~2Ω。

2）PE 地（Power Equipment）。PE 通常作为设备的安全地，当变频器中的金属部件没有接地时，其表面因漏电流产生高于安全接触的电位。因此，在机柜中必须设置 PE 母排，并将变频器内部的 PE 端子连接至 PE 母排。与变频器输入、输出连接电缆相关的屏蔽层、金属电缆导管或导槽也必须连接至 PE 母排和变频器的 PE 端子，将 PE 母排单端与 TE 相连。

变频调速系统不良接地产生的共模噪声如图 5-4 所示，在变频器输出端与电动机间采用非屏蔽三相三线电缆敷设在电缆导槽中，电动机外壳通过导线接 PE 地。由于变频器输出端的 du/dt 产生的共模电流部分通过电缆对电缆导槽的杂散电容流经电位

2 进入 PE 地，其余共模电流通过电动机内部的杂散电容流经电位 3 进入 PE 地。所有共模电流流经 PE 地，最后在供电变压器二次侧接地中性点返回到变频器内部。

在变频调速系统中，PE 网络对于高频共模电流具有高阻抗特性，因此会在系统中的不同 PE 点之间产生电位差，或称之为共模噪声电压。在图 5-4 中，电位 1 与电位 4 之间有一定的共模噪声电压，从而影响到外围控制设备与变频器之间的正常工作。

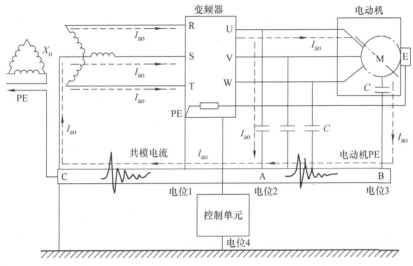

图 5-4　变频调速系统不良接地产生的共模噪声

2. 共模噪声抑制对策

根据工程实际经验，通常有三种基本对策用于共模噪声的抑制，即系统接地方式的改进、削弱噪声源以及噪声屏蔽。

（1）系统接地方式的改进

变频调速系统的供电变压器二次侧中性点 X_0 的接地方式如图 5-5 所示，通常由用户根据自己的需要来决定，不同接地方式对系统中的共模噪声会产生不同的影响。

当变频调速系统供电变压器二次侧的中性点 X_0 采用可靠接地方式时，其对共模电流为低阻抗特性，PE 网络中的所有共模电流将通过此中性点返回到变频器内部。相对于其他接地方式，供电变压器二次侧的中性点 X_0 可靠接地将在调速系统内部产生最大幅值的共模电流。从另一角度考虑，当供电变压器一次侧出现对地电压瞬变（如浪涌）时，二次侧中性点 X_0 可靠接地可大大削弱其对二次侧负载的影响，减少变频器内部压敏电阻的保护负担。

采用高阻抗接地方式是在供电变压器二次侧中性点 X_0 与地之间串联 150~200Ω 的电阻，从而大大削弱了系统中共模电流的幅值，共模噪声得到有效抑制。

当变频调速系统供电变压器二次侧中性点 X_0 不接地时，共模电流的返回通路被切断，系统中共模噪声达到最小。但是，系统的安全性大大降低，供电变压器一次侧的对地电压瞬变会直接影响到变频器的安全运行。

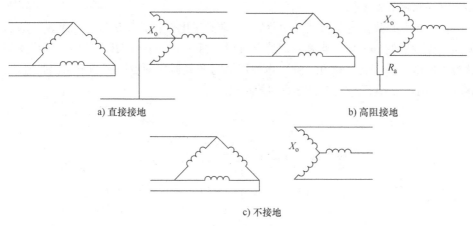

a) 直接接地　　　　　　　　　　　b) 高阻接地

c) 不接地

图 5-5　变频调速系统供电变压器二次侧中性点 X_o 的接地方式

（2）削弱噪声源

最好的噪声抑制方法在于削弱噪声源，在变频器输出侧加装共模扼流圈是一种经济、有效的方法。在不影响变频器输出电压的前提下，共模扼流圈对高频共模电流呈现高阻特性，大大减小了共模电流的上升时间和幅值，如图 5-6 所示，从而减小了变频调速系统 PE 网络中的共模噪声电压。同时，共模扼流圈具有相对于输出电抗器更小的体积。

（3）噪声屏蔽

噪声屏蔽作为共模噪声抑制的第三种对策，其主要原理在于构造共模噪声的新通路，尽量减小变频调速系统 PE 网络中流过的共模电流，从而避免对接于变频调速系统 PE 网络中敏感电气设备的干扰。

1）三相四线电缆对共模噪声的屏蔽作用如图 5-7 所示，变频器与电动机间采用三相四线电缆，并敷设在电缆导管中。电缆导管的两端分别接到变频器外壳和电动机接线盒上，电缆中的中性线分别接到变频器的 PE 端子和电动机的地接线端子。部分共模电流将通过电缆导管的接地点以及电动

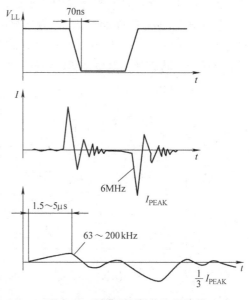

图 5-6　共模扼流圈的应用效果

机机壳进入 PE，大部分共模电流将在电缆导管及中性线中流过，因此，电位 1 与电位 3 之间的共模噪声电压将有效地减小。同时，电缆导管也将有效抑制电动机电缆的对外辐射电磁干扰。

图 5-7 中的共模电流流经变频器的 PE 端和供电变压器二次侧中性点 X_o，最后返回到变频器的输入侧，当某些敏感电气设备接于电位 1 与 TE 之间时，仍将受到共模噪声电压的干扰。因此，在供电变压器与变频器之间也应采用三相四线电缆，并尽量减小供电变压器与变频器之间的距离。

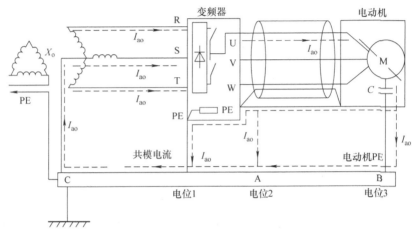

图 5-7　三相四线电缆对共模噪声的屏蔽作用

2）采用屏蔽电力电缆是一种非常有效的共模噪声抑制方案，如图 5-8 所示。由于屏蔽电力电缆中的屏蔽层对高频信号的阻抗非常小，并且其 PVC 外套对地有绝缘特性，因此，几乎所有的共模电流被有效地控制在屏蔽电力电缆中流过。同时，屏蔽层也将有效抑制电动机电缆的对外辐射电磁干扰。

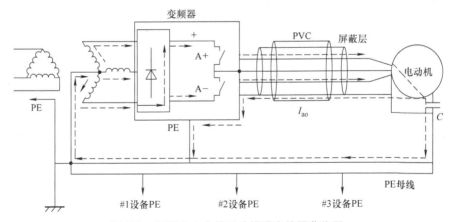

图 5-8　屏蔽电力电缆对共模噪声的屏蔽作用

3.变频器机柜布线

变频器机壳（或其他控制设备）通常作为变频器内部控制系统的参考电位，因此，必须尽量减小流过用于安装变频器机柜背板中的噪声电流，防止出现变频器PE端与变频调速系统中远端其他相关电子设备参考电位之间的噪声电压，以保证变频调速系统的可靠性。

图 5-9 为一个包含多台变频器及 PLC 的变频器机柜布线实例，在不正确布线实例中，变频器输出电缆被安装在靠近 PLC 背板的正上方，电缆屏蔽层接在机柜上方，输出电缆中性线被错误地接在 PLC 背板的正上方而不是接到变频器的 PE 端。同时，变频器输入采用非屏蔽且不带电缆导管的三相三线电缆，变频器机柜 PE 母排在靠近 PLC 背板的下方与 TE 相连。对于这样一个布线系统，由于变频器产生的共模电流将通过电缆屏蔽层及电缆中性线流回到机柜，并通过系统中的 PE 通路经 TE 及供电变压器二次侧中性点 X 最后返回到变频器的输入侧。因此有大量噪声电流流过用于安装 PLC 的机柜背板，如图 5-9a 所示，将严重干扰控制系统的正常工作。

改进的变频器机柜布线如图 5-9b 所示，变频器输出电缆被安装在靠近变频器背板的正上方，输出电缆中性线接到变频器的 PE 端。同时，变频器输入也采用三相四线屏蔽电缆，变频器机柜 PE 母排与 TE 相接位置被放在靠近变频器背板的下方。由图 5-9b 可见，布线改进后，有效地减少了流过安装有 PLC 机柜背板的噪声电流。

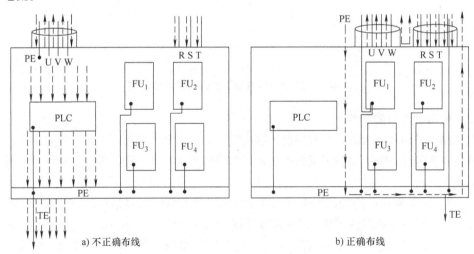

a) 不正确布线　　　　　　　　b) 正确布线

图 5-9　变频器机柜布线实例

当电动机电缆长度大于 50m（屏蔽）或 80m（非屏蔽）时，为了防止电动机起动时的瞬时过电压，减少电动机对地的泄漏电流和噪声，保护电动机，在变频器与电动机之间安装电抗器，如图 5-10 所示。

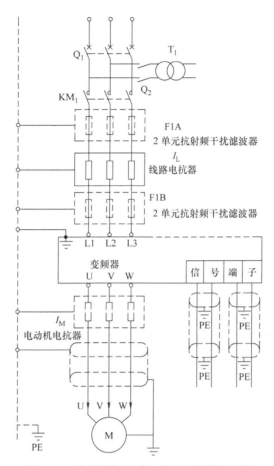

图 5-10　变频器与电动机之间电抗器连接图

4. 谐波干扰的抑制

谐波的传播途径是传导和辐射，解决传导干扰主要是在电路中把传导的高频电流滤掉或隔离，解决辐射干扰就是对辐射源或被干扰的线路进行屏蔽。具体的常用方法有：

1）变频调速系统的供电电源与其他用电设备的供电电源相互独立，或在变频器和其他用电设备的输入侧安装隔离变压器，切断谐波电流。

2）在变频器前侧安装线路电抗器，可抑制电源侧过电压，并能降低由变频器产生的电流畸变，避免使主电源受到严重干扰。但限制谐波的效率有限，且电抗值太大时会产生无法接受的电压降损失。

3）在变频器前加装 LC 无源滤波器，滤掉高次谐波。LC 无源滤波器包括很多级，每一级滤掉相应的高次谐波。通常滤掉 5 次和 7 次谐波，但该方法完全取决于电源和负载，灵活性差。

4）在变频器输出侧串接电抗器或安装谐波滤波器，滤波器为 *LC* 型，吸收谐波和增大电源或负载的阻抗，达到抑制谐波的目的。

5）加装与负载和电源并联的有源补偿器，通过自动产生反方向的滤波电流来消除电源和负载中的正向谐波电流。

6）电动机和变频器之间的电缆采取穿钢管敷设方式或选用铠装电缆，并与其他弱电信号在不同的电缆沟分别敷设，避免辐射干扰。

7）信号线采用屏蔽线，且布线时与变频器主回路控制线错开一定距离（至少 20cm 以上），以切断辐射干扰。

8）变频器使用专用、粗短接地线可靠接地，邻近其他电气设备的地线必须与变频器配线分开，以抑制电流谐波对邻近设备的辐射干扰。

9）当设备的附近环境受到射频电磁干扰时，应装设抗射频干扰滤波器，可减少主电源的传导发射，且要采取措施屏蔽电动机电缆。

5.2.2　变频器输入、输出滤波器的应用

由于变频器是采用 6 组脉宽可调的 SPWM 波控制三相 6 组开关器件导通 / 关断的，从而形成电压、频率可调的三相输出电压，其输出电压和输出电流是由 SPWM 波和三角载波的交点产生的，不是标准的正弦波，包含较强的高次谐波成分，将对同一电网上的其他用电设备产生很强的干扰，甚至造成不能使用。同时由于电网中的其他用电设备启动或工作时对电网造成冲击，或电网自身出现的电压波动、浪涌对变频器也会产生干扰，影响其正常工作，甚至导致变频器损坏。

大量工程实践证明，为了减小变频器对其他用电设备和电网的干扰，同时防止电网和其他干扰源对变频器的干扰，在变频器的输入、输出端配置滤波器、交流电抗器、平波电抗器等抗干扰设备是削弱频率较高谐波分量、抑制干扰的有效措施。变频调速系统采用的电抗器分为铁心电抗器与铁氧体电抗器，两者的最佳应用条件是：

1）铁心电抗器适用于频率在 50~200Hz 范围内作为输入、输出电抗器。

2）铁氧体电抗器适用于频率在 200~600Hz 范围内作为输入、输出电抗器。

在变频器的输出端连接 d*u*/d*t* 滤波器后有以下好处：

1）把电动机端的 d*u*/d*t* 值减少到 < 500V/μs。

2）把电动机端的瞬变电压峰值限制在 *U*<500V/μs。

3）在变频器和电动机之间采用长电缆时，使用 d*u*/d*t* 滤波器后可以减小负荷电流的峰值。

1. 交流 / 直流电抗器

在变频器的输入电流中，频率较低的谐波分量（5 次谐波、7 次谐波、11 次谐波、13 次谐波等）所占的比重是很高的，它除了可能干扰其他用电设备的正常运行

之外，还消耗了大量的无功功率，使线路的功率因数下降。在输入电路串入电抗器是抑制较低谐波电流的有效方法，在电源与变频器的输入侧之间串联交流电抗器的主要功能有：

1）在抑制谐波电流的同时，可提高功率因数（0.75~0.85）。

2）削弱输入电路中的浪涌电流对变频器的冲击。

3）削弱电源电压不平衡的影响。

在整流桥和滤波电容器之间串联直流电抗器可削弱输入电流中的高次谐波成分，在提高功率因数方面比交流电抗器有效，功率因数可提高至 0.95，并具有结构简单、体积小等优点。采用交流／直流电抗器降低 THDv 的电路如图 5-11 所示，进线电流的谐波畸变率大约降低 30%~50%，是不加电抗器谐波电流的一半左右。

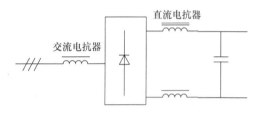

图 5-11　采用交流／直流电抗器降低 THDv 的电路

采用图 5-12 所示的无源滤波器电路，在满载时进线中的 THDv 可降至 5%~10%，满足 EN61000-3-12 和 IEEE5192 的要求，适用于所有负载下的 THDv < 30% 的情况，缺点是轻载时功率因数会降低。

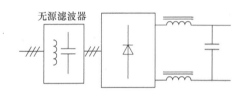

图 5-12　采用无源滤波器电路

输出滤波器由电感线圈构成，它可以有效地削弱输出电流中的高次谐波成分。不但能起到抗干扰的作用，且能削弱电动机中由高次谐波电流引起的附加转矩。在变频器到电动机之间增加输出滤波器的电路如图 5-13 所示，其主要目的是减少变频器在能量传输过程中在线路产生的电磁辐射。该电抗器必须安装在距离变频器最近的地方，尽量缩短与变频器的引线距离。如果使用铠装电缆作为变频器与电动机的连线时，电缆的铠装层在变频器和电动机端可靠接地，而且接地的铠装层要原样不动接地，不能扭成绳或辫，不能用其他导线延长，变频器侧要接在变频器的地线端子上，再将变频器接地。

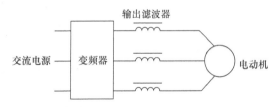

图 5-13　变频器到电动机之间增加输出滤波器的电路

对于变频器输出端的抗干扰措施，必须注意变频器的输出端不允许接入电容器，以免在逆变开关管导通（关断）瞬间，产生峰值很大的充电（或放电）电流，损害逆变开关管；当输出滤波器由 LC 电路构成时，滤波器内接入电容器的一侧，必须与电动机侧相接。

2. 输入电抗器

输入电抗器 L_{A1} 又称电源协调电抗器，它能够限制电网电压突变和操作过电压引起的电流冲击，有效地保护变频器和改善功率因数。6 脉冲整流器安装与未安装进线电抗器的比较如图 5-14 所示。从图 5-14 可以看出，接入电抗器后有效地抑制了谐波电流。

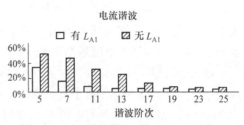

图 5-14　6 脉冲整流器安装与未安装进线电抗器的比较

输入电抗器既能阻止来自电网的干扰，又能减少整流单元产生的谐波电流对电网的污染，当电源容量很大时，要防止各种过电压引起的电流冲击，因为其对变频器内整流二极管和滤波电容器都是有威胁的。因此接入输入电抗器，对改善变频器的运行状况是有好处的。根据运行经验，在下列场合一定要安装输入电抗器，才能保证变频器可靠的运行。

1）为变频器供电的电源容量与变频器容量之比为 10:1 以上；电源容量为 600kV·A 及以上，且变频器安装位置离大容量电源在 10m 以内，如图 5-15 所示。

2）三相电源电压不平衡率大于 3%。电源电压不平衡率 K 按式（5-3）计算：

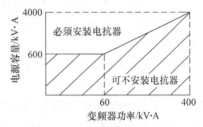

图 5-15　需要安装进线电抗器的电源

$$K = \frac{U_{\max} - U_{\min}}{U_p} \times 100\% \qquad (5\text{-}3)$$

式中，$U_{\max}$ 为最大一相电压；$U_{\min}$ 为最小一相电压；U_p 为三相平均电压。

3）其他晶闸管整流装置与变频器共用同一进线电源，或进线电源端接有通过开关切换以调整功率因数的电容器装置。

（1）输入电抗器容量的选择

输入电抗器的容量可按预期在电抗器每相绕组上的压降来决定，一般选择压降为网侧相电压的 2%~4%，也可按表 5-2 的数据选取。

表 5-2　网侧输入电抗器压降

交流输入线电压 $\sqrt{3}\,U_V$	电抗器额定电压降 $\Delta U_L = 2\pi \times L \times I_n$
230	5
380	8.8
460	10

输入电抗器的电感量 L 可按下式计算：

$$L=\Delta U_{L}/\left(2\pi f\times I_{n}\right)=0.04U_{V}/\left(2\pi f\times I_{n}\right)\qquad(5\text{-}4)$$

式中，U_{V} 交流输入相电压有效值（V）；ΔU_{L} 为电抗器额定电压降（V）；I_{n} 为电抗器额定电流（A）；f 为电网频率（Hz）。

输入电抗器压降不宜取得过大，压降过大会影响电动机转矩。一般情况下选取进线电压的 4%（8.8V），对于较大容量的变频器，如 75kW 以上可选用 10V 压降。

（2）输入电抗器的额定电流 I_{L} 的选用

单相变频器配置的输入电抗器的额定电流 $I_{L}=$ 变频器的额定电流 I_{N}，三相变频器配置的输入电抗器的额定电流 $I_{L}=$ 变频器的额定电流 $I_{N}\times0.82$。

3. 输出电抗器

输出电抗器的主要作用是补偿长线分布电容的影响，限制电动机连接电缆的容性充电电流，改善变频器的过电流和过电压，并能抑制变频器输出的谐波，起到减小变频器噪声的作用。变频器和电动机之间采用长电缆或向多台电动机供电时（10~50 台），由于变频器工作频率高，连接电缆的等效电路成为一个大电容，可引起下列问题：

1）电缆对地电容给变频器额外增加了峰值电流。

2）电动机端的高频瞬变电压，给电动机绝缘额外增加了瞬态电压峰值。

为了避免电动机绝缘过早老化和电动机及变频器损坏，可以选用输出电抗器来减小在电动机端子上的 du/dt 值。若变频器和电动机之间的电缆较长时，输出电抗器可以减小负荷电流的峰值，但不能减小电动机端子上的瞬变电压的峰值。输入电抗器 L_{A1}、输出电抗器 L_{A2} 和直流电抗器 L_{DC} 在变频器中的连接如图 5-16 所示。

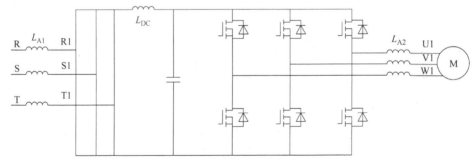

图 5-16 三种电抗器在变频器中的连接图

若采用变频器驱动多台电动机，当电动机导线总长度大于 15m 时，须安装一个输出滤波电抗器，导线总长度是指连接每台电动机导线的总和。有些变频器产品使用说明书中提供了有输出电抗器与无输出电抗器时，连接电动机的导线允许的最大长度，表 5-3 是西门子公司提供的数据。

表 5-3　输出滤波电抗器与允许导线长度

变频器功率 /kW	额定电压 /V	非屏蔽导线允许的最大长度 /m	
		无输出电抗器	有输出电抗器
4	200~600	50	150
5.5	200~600	70	200
7.5	200~600	100	225
11	200~600	110	240
15	200~600	125	260
18.5	200~600	135	280
22	200~600	150	300
30~200	280~690	150	300

在变频器的输出侧是否要配置电抗器，可根据情况而定。由于变频器输出电压中的高次谐波较多，变频器与电动机之间的电力电缆不宜太长。若电缆过长，其分布电容大，在高次谐波电压作用下，高次谐波电流过大。在电缆过长时就应设置输出电抗器。当输出频率在 120Hz 以下，主回路开关频率在 3kHz 以下时，可用常规的铁心电抗器；当输出频率在 120Hz 以上，主回路开关频率在 3kHz 以上时，应该用铁氧体磁心的电抗器，否则电抗器的损耗过大，温升过高。

4. 直流电抗器

直流电抗器 L_{DC} 接在变频器的整流环节与逆变环节之间，直流电抗器 L_{DC} 能使逆变环节运行更稳定，减小输入电流的高次谐波成分，提高输入电源的功率因数（提高到 0.95 ），并能限制短路电流。直流电抗器 L_{DC} 可与交流电抗器同时使用，变频器功率 >30kW 时才考虑配置直流电抗器。

5. 电抗器的设计计算和测定

（1）三相交流输入电抗器的设计计算

当选定了电抗器的额定电压降 ΔU_L，再计算出电抗器的额定工作电流 I_n 以后，就可以计算电抗器的感抗 X_L。电抗器的感抗 X_L 可按下式计算：

$$X_L = \Delta U_L / I_n \tag{5-5}$$

有了以上数据便可以对电抗器进行结构设计。电抗器铁心截面积 S 与电抗器压降 ΔU_L 的关系如下式：

$$S = \frac{\Delta U_L}{4.44 f B N K_s \times 10^{-4}} \tag{5-6}$$

式中，ΔU_L 为电抗器的额定电压降（V）；f 为电源频率（Hz）；B 为磁通密度（T）；N 为电抗器的线圈匝数；K_s 为铁心叠片系数，取 $K_s = 0.93$。

电抗器铁心窗口面积 A 与电流 I_n 及线圈匝数 N 的关系如下式：

$$A = I_n N / (j \times K_A) \tag{5-7}$$

式中，j 为电流密度，根据容量大小可按 2~2.5A/mm² 选取；K_A 为窗口填充系数，通常为 0.4~0.5。

铁心截面积与窗口面积的乘积关系如下式：

$$SA = P_K / (4.44f \times B \times j \times K_s \times K_A \times 10^{-4}) \tag{5-8}$$

根据电抗器的容量 $P_K = \Delta U_L \times I_n$，选用适当的 SA，使其符合式（5-8）的关系。假设选用 $B=0.6T$，$j=200A/cm^2$，$K_s=0.93$，$K_A=0.45$，设 $A=1.5S$，则电抗器铁心截面与容量的关系如下式：

$$1.5S^2 = \frac{\Delta U_L I_n}{4.44 \times 50 \times 0.6 \times 200 \times 0.93 \times 0.45 \times 10^{-4}} = \frac{\Delta U_L I_n}{1.115} \tag{5-9}$$

电抗器铁心的截面积为

$$S = 0.773\sqrt{\Delta U_L I_n} \tag{5-10}$$

铁心截面积求出后，即可按下式求出线圈匝数：

$$N = \frac{\Delta U_L}{222BSK_s \times 10^{-4}} \tag{5-11}$$

为了使输入电抗器有较好的线性度，在铁心中应有适当的气隙。调整气隙，可以改变电感量，气隙大小可先选定在 2~5mm 内，通过实测电感值进行调整。

（2）电抗器电感量的测定

1）直流电抗器 L_{DC} 电感量的测定。铁心电抗器的电感量和它的工作状况有很大关系，而且是呈非线性的，所以应尽可能使电抗器处于实际工作条件下进行测量。测量直流电抗器的电路如图 5-17 所示，在电抗器上分别加上直流电流 I_d 与交流电流 I_j，用电容 $C=200\mu F$ 隔开交直流电路，测出 L_{DC} 两端的交流电压 U_j 与交流电流 I_j，可由式（5-12）、式（5-13）近似计算电感值 L。

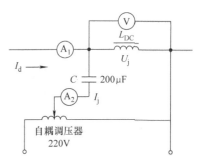

图 5-17　直流电抗器的电感测量电路

$$X_L = U_j/I_j = \omega L \tag{5-12}$$

$$L = X_L/\omega \tag{5-13}$$

2）交流电抗器电感量测定。铁心交流电抗器的电感量不宜用电桥测量，因为测量电感桥的电源频率一般为 1000Hz，只适用于测量空心电抗器。

对于用硅钢片叠制而成的交流电抗器，电感量的测量可采用工频电源的交流电压、电流表法测量，如图 5-18 所示。通过电抗器的电流可以略小于额定值，为求准确可以用电桥测量电抗器线圈内阻 r_L，每相电感值可按下式计算：

$$L = \frac{1}{2\pi f}\sqrt{(\frac{U}{I})^2 - r_L^2} \qquad (5\text{-}14)$$

式中，U 为交流电压表的读数（V）；I 为交流电流表的读数（A）；r_L 为电抗器每相线圈电阻（Ω）。

由于电抗器线圈内阻 r_L 很小，在工程计算中常可忽略。

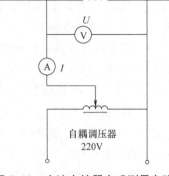

图 5-18　交流电抗器电感测量电路

5.2.3　变频器周边控制回路的抗干扰措施

由于变频器主回路的非线性，变频器本身就是谐波干扰源，而其周边控制回路却是小能量、弱信号回路，极易遭受变频器产生的电磁噪声干扰，造成变频器周边设备无法正常工作，因此，必须对变频器周边的控制回路采取抗干扰措施。

1. 控制电源

1）隔离变压器。选用隔离变压器主要是抑制来自电源的传导干扰，如图 5-19 所示。使用具有隔离层的隔离变压器，可以将绝大部分的传导干扰阻隔在隔离变压器之前。同时还可以兼有电源电压变换的作用。隔离变压器常用于变频调速系统中的仪表、PLC，以及其他低压小功率用电设备的抗传导干扰。

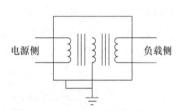

图 5-19　使用隔离变压器减低传导干扰

2）使用滤波模块或组件。目前市场中有很多专门用于抗传导干扰的滤波器模块或组件，这些滤波器具有较强的抗干扰能力，同时还能防止用电设备本身的干扰传导给电源，有些还兼有尖峰电压吸收功能。常用的有双孔磁心滤波器和单孔磁心滤波器，单孔磁心滤波器的滤波能力较双孔的弱些，但成本较低。

3）选用具有开关电源的外围检测设备。一般开关电源的抗电源传导干扰的能力都比较强，因为在控制电源的内部也都采用双孔磁心滤波器或单孔磁心滤波器。因此在选用变频调速系统的控制设备或选用系统检测设备时，应选用具有开关电源的控制与检测设备。

2. 变频器的基本控制回路

变频器同外部进行信号交流的基本回路有模拟与数字两种：

1）4~20mA 电流信号回路（模拟）；1~5V/0~5V 电压信号回路（模拟）。

2）开关信号回路；变频器的开停指令、正反转指令等（数字）。

外部控制信号通过上述基本回路输入至变频器，同时干扰源也在其回路上产生干扰电动势，以控制电缆为媒体入侵变频器。

（1）干扰的基本类型及抗干扰措施

1）静电耦合干扰。静电耦合干扰是指控制线缆与周围电气线缆的静电容耦合，而在线缆中产生的感应电动势。抗静电耦合干扰措施是加大与干扰源线缆的距离，达到线缆直径的40倍以上，在两线缆间设置屏蔽导体，再将屏蔽导体接地。

2）静电感应干扰。静电感应干扰是指周围电气回路产生的磁通变化在线缆中感应出的电动势，干扰的大小取决于干扰源在线缆上产生的磁通大小，控制线缆形成的闭环面积和干扰源线缆与控制线缆间的相对角度。抗静电感应干扰措施是将控制线缆与主回路动力电缆或其他动力电缆分离敷设，分离距离通常在30cm以上（最低为10cm），分离困难时，将控制线缆穿钢管敷设。将控制导线绞合，绞合间距越小，敷设的路线越短，抗干扰效果越好。

3）电波干扰。电波干扰是指控制线缆的天线效应，由外来电波在线缆中产生电动势。抗电波干扰措施同1）和2）所述。

4）接触不良干扰。接触不良干扰是指因变频调速系统的控制线缆的连接点及继电器触点接触不良在控制线缆中产生的干扰。抗接触不良干扰措施是：对继电器触点接触不良，可采用并联触点或镀金触点继电器或选用密封式继电器；对线缆连接点接触不良，应定期检查并作好电气连接。

5）电源线缆传导干扰。电源线缆传导干扰是指各种电气设备从同一电源系统供电时，由其他用电设备在电源系统产生的电磁干扰。抗电源线缆传导干扰措施是：变频调速系统的控制电源由另一电源系统供电；在控制电源的输入侧装设线路滤波器；装设隔离变压器，且隔离变压器的屏蔽层应可靠接地。

6）接地干扰。接地干扰是指变频器机壳接地和信号接地回路不合理而诱发的各种意想不到的干扰，比如设置两个以上接地点，接地处会产生电位差，产生干扰。抗接地干扰措施是使变频调速系统实现一点接地，信号线缆的接地线不作为信号的通路使用。线缆的接地在变频器侧进行，使用专设的接地端子，不与其他接地端子共用，并尽量减少接地端子的接触电阻。变频调速系统接地母线应与动力电缆的屏蔽层相连接，确保滤波器、PLC控制系统和屏蔽层接地的等电位。

7）在外部开关量控制线缆较长时，应采用屏蔽电缆。当控制线缆与主回路电源的动力电缆均在电缆沟内敷设时，除控制线缆必须采用屏蔽电缆外，主电路电力电缆必须采用钢管屏蔽穿线，减小彼此干扰。

8）外部通信线缆应采用屏蔽双绞线，并将变频器侧的屏蔽层接地（PE），如果干扰非常严重，将屏蔽层接控制电源地（GND）。对于RS-232通信方式，应控制线缆的长度不要超过15m，如果要加长，其通信波特率将降低，在100m左右时，能够正常通信的波特率小于600bit/s。对于RS-485通信，还必须考虑终端匹配电阻。对于采用现场总线的高速通信系统，通信线缆必须采用专用线缆，并采用多点接地的方式，才能提高系统的可靠性。

9）如果变频调速系统对辐射干扰敏感，应对线缆进行屏蔽，在变频器侧采用不锈钢卡环使屏蔽层与安装板连接而接地，以限制射频干扰，也可把线缆穿在金属管中敷设。

（2）其他注意事项

1）装有变频器的机柜，应尽量远离大容量变压器和电动机，其控制线缆也应避开漏磁通较大的设备。

2）弱电压、电流控制线缆不要接近易产生电弧的断路器和接触器。

3）控制线缆应选用 1.25mm² 或 2.5mm² 屏蔽绞合绝缘电缆。

4）屏蔽线缆的屏蔽要连续到线缆导体同样长，屏蔽线缆在端子箱中连接时，屏蔽端子要互相连接。

3. 变频器对系统控制单元的干扰

在变频调速系统的设计或改造过程中，一定要注意变频器对系统控制单元的干扰问题。因变频器产生的传导和辐射干扰，往往导致变频器调速系统工作异常，因此需要采取以下措施：

1）良好的接地。变频调速系统的接地线必须通过接地汇流排可靠接地，控制单元的屏蔽地，最好单独接地。对于某些干扰严重的场合，应将传感器、I/O 接口屏蔽层与控制单元的控制地相连。

2）控制单元的供电电源应加装电磁干扰滤波器、共模电感、高频磁环等，如图 5-20 所示，可以有效抑制传导干扰。另外在辐射干扰严重的场合，如周围存在 GSM 或通信基站时，可以对控制单元板添加金属网状屏蔽罩进行屏蔽处理。

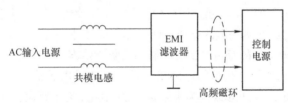

图 5-20　控制单元的电源抗干扰措施

3）解决因为输出导线对地分布参数造成的漏电流和减少对外部的辐射干扰的行之有效的方法，是采用导线穿钢管敷设或采用屏蔽电缆，并将钢管外壳、电缆屏蔽层与大地可靠连接。在不设置交流输出电抗器时，如果采用钢管穿线或屏蔽电缆的方法，将增大输出电缆对地的分布电容，容易出现过电流现象。

4）对模拟传感器检测输入和模拟控制信号进行电气屏蔽和隔离。在变频调速系统设计过程中，尽量不要采用模拟控制，特别是控制电缆的距离大于 1m 时，因为变频器一般都有多段速设定、开关频率量输入 / 输出，可以满足要求。如果必须采用模拟量控制时，控制信号应采用屏蔽电缆传输，并在传感器侧或变频器侧实现远端一点接地。如果干扰仍旧严重，需要实现 DC/DC 隔离措施，可以采用标准的 DC/DC 模块、V/F 转换或光电隔离措施。

4. 变频器本身抗干扰

在变频调速系统的供电电源中，若有电焊机、电镀、电解等高频冲击负载，或有多台变频器等容性整流负载时，对于电网质量将有很严重的污染，如电压经常出现闪变、电网的谐波非常大，对变频调速系统本身有相当的破坏作用，轻则不能够连续正常运行，重则造成输入回路的损坏。对此可以采取以下措施：

1）在电焊机、电镀、电解高频冲击负载端设置无功静态补偿装置，提高电网功率因数和电源质量。在变频器输入侧设置电感和电容，构成 *LC* 滤波网络。

2）在变频器比较集中的场所，可采用集中整流、直流共母线供电方式，如采用 12 脉冲整流模式。直流共母线供电方式的优点是谐波小、节能，特别适用于频繁启制动、电动运行与发电运行同时进行的场合。

3）变频器的电源线直接从变压器负荷侧供电，在条件许可的情况下，可以采用单独的变压器供电。变频器电源输入侧可采用容量适宜的断路器作为短路保护，但不可频繁操作。由于变频器内部有大电容，其放电过程较为缓慢，频繁操作将造成过电压而损坏内部元件。变频器柜内除本机专用的断路器外，不宜安置其他操作性开关电器，以免开关噪声入侵变频器，造成误动作。

4）在设备排列布置时，应该注意将变频器单独布置，尽量减少可能产生的电磁辐射干扰。在实际工程中，由于受到房屋面积的限制往往不可能有单独布置的位置，应尽量将容易受干扰的弱电控制设备与变频器分开，比如将动力配电柜放在变频器与控制设备之间。

5）控制变频调速电动机起、停应由变频器自带的控制功能来实现，不要通过接触器实现起、停，否则频繁的操作可能损坏内部元件。

5. 变频器与电动机的距离对系统的影响及防止措施

在工业使用现场，变频器与电动机安装的距离可以大致分为三种情况：远距离、中距离和近距离。20m 以内为近距离，20~100m 为中距离，100m 以上为远距离。由于变频器输出的电压波形不是正弦，波形中含有大量的谐波成分，其中高次谐波会使变频器输出电流增大，造成电动机绕组发热，产生振动和噪声，加速绝缘老化，还可能损坏电动机；同时各种频率的谐波会向空间辐射电磁干扰，还可能导致其他设备误动作。

在设计变频调速系统时，应把变频器安放在电动机的附近，但是因生产现场空间的限制，变频器和电动机之间往往有一定距离。如果变频器和电动机之间为 20m 以内的近距离，电动机可直接与变频器输出端连接；对于变频器和电动机之间为 20~100m 的中距离连接，需要调整变频器的载波频率来减少谐波及干扰；而对变频器和电动机之间为 100m 以上的远距离连接，不但要适度降低载波频率，还要加装输出交流电抗器。

在高度自动化的工厂里，可在中心控制室监控所有的控制设备，变频调速系统的信号要送到中控室，变频器的位置若在中心控制，总控台与变频器之间可以直接连接，通过 0~5/10V 的电压信号和一些开关量信号进行控制，但变频器的高频电磁辐射对弱电控制信号会产生一些干扰。如果变频器与中心控制室距离远一些，可以采用 4~20mA 的电流信号和一些开关量作控制连接；如果距离更远，可以采用 RS-485 串行通信方式来连接，若还要加长距离，可以利用通信中继器扩展到 1km 的距离；如采用光纤连接器，可扩展到 23km。

中心控制室与变频器机柜之间距离的延长，有利于缩短变频器到电动机之间的距离，以便用更加合理的布线改善系统性能。总之安装变频器时，需要综合考虑中心控制室、变频器、电动机三者之间的距离，尽量减少谐波的影响，提高控制的稳定性。

6. 电动机的漏电、轴电压与轴承电流问题

变频器驱动感应电动机的电动机模型如图 5-21 所示，图中 C_{sf} 为电动机定子与电动机机壳之间的等效电容，C_{sr} 为电动机定子与电动机转子之间的等效电容，C_{rf} 为电动机转子与电动机机壳之间的等效电容，R_b 为电动机轴承对电动机轴的电阻；C_b 和 Z_b 为电动机轴承油膜的电容和非线性阻抗。

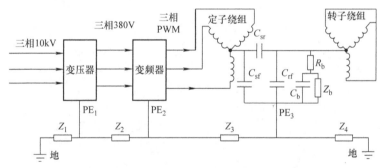

图 5-21　变频器驱动感应电动机的电动机模型

在高频 PWM 脉冲输入下，电动机内分布电容的电压耦合作用构成系统共模回路，从而引起对地漏电流、轴电压与轴承电流问题。

漏电流主要是 PWM 三相供电电压及其瞬时不平衡电压与大地之间通过 C_{sf} 产生，其大小与 PWM 的 du/dt 大小、开关频率大小有关，其直接结果将导致带有漏电保护的装置动作。另外，对于旧式电动机，由于其绝缘材料差，又经过长期运行老化，若将其用于变频调速系统极易造成绝缘损坏。因此，系统若采用旧式电动机必须进行绝缘的测试。对于变频专用电动机的绝缘，要求要比普通电动机高出一个等级。

电动机的轴承电流主要以三种方式存在：du/dt 电流、EDM（Electric Discharge Machining）电流和环路电流。轴电压的大小不仅与电动机内各部分耦合电容参数有关，且与脉冲电压上升时间和幅值有关。du/dt 电流主要与 PWM 的上升时间 t_r 有关，t_r 越小，du/dt 电流的幅值越大。逆变器载波频率越高，轴承电流中的 du/dt 电流成分越多。

EDM 电流的出现存在一定的偶然性，只有当轴承润滑油层被击穿或轴承内部发生接触时，存储在转子对地电容 C_{rf} 上的电荷（$1/2C_{rf} \times U_{rf}$）通过轴承等效回路 R_b、C_b 和 Z_b 对地进行火花式放电，造成轴承光洁度下降，降低使用寿命，严重时将造成直接损坏，损坏程度主要取决于轴电压和存储在转子对地电容 C_{rf} 中电荷的多少。

环路电流发生在电网变压器地线、变频器地线、电动机地线及电动机负载与大地地线之间的回路中，环路电流主要造成传导干扰和地线干扰，对变频器和电动机影响不大。避免或减小环流的方法是尽可能减小地线回路的阻抗。由于变频器接地线一般与电动机接地线连接在一个点，因此，必须尽可能加粗电动机接地线的线径，减小两者之间的电阻，同时变频器与电源之间的地线采用地线铜母排或专用接地电缆，保证良好接地。

第 ⑥ 章

通信接口电磁兼容设计

6.1 RS-232/ 422A 通信接口抗干扰技术

6.1.1 RS-232 通信接口抗干扰技术

1. RS-232C

计算机与计算机或计算机与终端之间的数据传输可以采用串行通信和并行通信两种方式，由于串行通信方式具有使用线路少、成本低，特别是在远程传输时，避免了多条线路特性的不一致而被广泛采用。在串行通信时，要求通信双方都采用一个标准接口，使不同的设备可以方便地连接起来进行通信。

自动控制系统常常由几台、几十台甚至更多的控制设备组成各种形式的分布式控制系统，分站独立完成本地的数据采集和控制任务，主站负责控制系统的管理。所有的控制设备连接成网络互通信息，以完成以整体目标为宗旨的相互协调配合，达到更高的控制水平和管理层次。因此，自动控制系统的通信网络成为自动控制系统协调一致的关键环节。对于自动控制系统通信网络的设计，面对工业现场严重的干扰，提高通信网络的抗干扰能力无疑是非常重要的。

RS-232C 接口（又称 EIARS-232C）是目前最常用的一种串行通信接口，它是在 1970 年由美国电子工业协会（EIA）联合贝尔系统、调制解调器厂家及计算机终端生产厂家共同制定的用于串行通信的标准。它的全名是"数据终端设备（DTE）和数据通信设备（DCE）之间串行二进制数据交换接口技术标准"，该标准规定采用一个 25 脚的 DB25 连接器，对连接器的每个引脚的信号内容加以规定，还对各种信号的电平加以规定。

RS-232C 是美国 EIC（电子工业联合会）在 1969 年公布的通信协议，至今仍在计算机和控制设备中广泛使用。RS-232C 采用负逻辑，用 $-5\sim -15\mathrm{V}$ 表示逻辑状态"1"，用 $+5\sim+15$ 表示逻辑状态"0"，RS-232C 的最大通信距离为 15m，最高传输速率为 20kbit/s，只能进行一对一的通信。RS-232C 可使用 9 针或 25 针的 D 型连接器，控制设备（PLC）一般使用 9 针的连接器，距离较近时只需要 3 根线，如

图 6-1 所示，第 7 脚为信号地。RS-232C 使用单端驱动、单端接收电路，如图 6-2 所示，RS-232C 容易受到公共地线上地电位差和外部引入地干扰信号的影响。

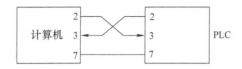

图 6-1　RS-232C 的信号连接

图 6-2　单端驱动单端接收

2. 接口的信号内容

实际上 RS-232C 的 25 条引线中有许多是很少使用的，在计算机与终端通信中一般只使用 3~9 条引线，RS-232C 最常用的 9 条引线的信号内容见表 6-1。

表 6-1　RS-232C 最常用的 9 条引线的信号内容

引脚序号	信号名称	符号	流向	功能
2	发送数据	TXD	DTE → DCE	DTE 发送串行数据
3	接收数据	RXD	DTE ← DCE	DTE 接收串行数据
4	请求发送	RTS	DTE → DCE	DTE 请求 DCE 将线路切换到发送方式
5	允许发送	CTS	DTE ← DCE	DCE 告诉 DTE 线路已接通，可以发送数据
6	数据设备准备好	DSR	DTE ← DCE	DCE 准备好
7	信号地			信号公共地
8	载波检测	DCD	DTE ← DCE	表示 DCE 接收到远程载波
20	数据终端准备好	DTR	DTE → DCE	DTE 准备好
22	振铃指示	RI	DTE ← DCE	表示 DCE 与线路接通，出现振铃

RS-232C 中任何一条信号线的电压均为负逻辑关系，即：逻辑"1"，−5 ～ −15V；逻辑"0"，+5～ +15V，噪声容限为 2V。即要求接收器能识别低至 +3V 的信号作为逻辑"0"，高到 −3V 的信号作为逻辑"1"。

RS-232C 接口连接器一般使用型号为 DB-25 的 25 芯插头座，通常插头在 DCE 端，插座在 DTE 端。一些设备与 PC 连接的 RS-232C 接口，因为不使用对方的传送控制信号，只需三条接口线，即"发送数据""接收数据"和"信号地"。所以采用 DB-9 的 9 芯插头座，传输线采用屏蔽双绞线。

传输电缆长度由 RS-232C 标准规定，在码元畸变小于 4% 的情况下，传输电缆长度应为 50ft(1ft = 0.3048m)，其实这个 4% 的码元畸变是很保守的，在实际应用中，约有 99% 的用户是按码元畸变 10%~20% 的范围工作的，所以实际使用中最大距离会远超过 50ft，美国 DEC 公司曾规定允许码元畸变为 10% 而得出表 6-2 的实验结果。其中 1 号电缆为屏蔽电缆，型号为 DECP.NO.9107723，1 号电缆内有三对双绞线，每对由 22#AWG 组成，其外覆以屏蔽网。2 号电缆为不带屏蔽的电缆，型号为 DECP.NO.9105856-04，2 号电缆是 22#AWG 的四芯电缆。

表 6-2　DEC 公司的实验结果

波特率 /(bit/s)	1 号电缆传输距离 /ft	2 号电缆传输距离 /ft
110	5000	3000
300	5000	3000
1200	3000	3000
2400	1000	500
4800	1000	250
9600	250	250

RS-232C 应用极广，但存在以下不足：

1）传输速率和传输距离有限。

2）每根信号线只有一根导线，公用一根信号地线。

3）接口采用不平衡单端收发器，易产生信号间干扰。

改善 RS-232C 的传输质量可采取以下措施：

1）采用隔离器或变压器隔离。

2）每根信号线选用双绞线，20～40 绞 /m。

3）选用高质量电缆，分布电容越小越好。

4）采用可靠的隔离接口：提供噪声滤波、隔离，安装可靠，接线牢靠，易于维护。

经过改进的 RS-232C 实际传输速率有所提高，可从最高 19.2kbit/s 提高至 28.8kbit/s、38.4kbit/s、57.6kbit/s、115.2kbit/s。应注意的是，传输速率与所用的电缆特性有关，容许的最大电缆电容为 2500pF。要使用高的传输速率，必须选用其电容尽可能低的电缆。

3. RS-232C 通信接口的抗干扰措施

RS-232C 是常用的点对点串行通信接口，由于 RS-232C 采用单端信号传输，它的连接电缆把两台计算机或 PLC 连接在了一起，当两个地线之间的地电位不一致时，就有共模干扰电压产生，造成了严重的地环路干扰，甚至烧毁接口器件。在 RS-232C 构成的点对点通信接口，采用光电隔离电路隔断两个地之间的联系，可提高其抗干扰能力，RS-232C 通信接口采用光电隔离电路如图 6-3 所示。

在图 6-3 中，U_1 是 RS-232C 发送接口芯片 1488，U_2 是 RS-232C 接收接口芯片 1489。当发送 "0" 时，U_1 输出约 +11V，使 T_1 的发光二极管发光，使得 T_1 的光电晶体管导通，其发射极输出电流 i 通过通信线路，驱动 T_2 的发光二极管发光，使得

第 **6** 章

T_2 的光电晶体管导通，其发射极输出电压约 +11V，接收芯片 U_2 转换该电压成为 TTL 电平"0"。当发送"1"时，T_1、T_2 截止，通信线路没有电流，T_2 的发射极输出 −12V，U_2 转换它成为 TTL 电平"1"。

在图 6-3 中，C_1、VD_2，C_2、VD_3 起加速作用，光电隔离电路的电源一定要选用与控制设备电源隔离的电源。接地点 G_1、G_2、G_3 各自独立于各自的体系，不能混接。由于控制设备和外电路完全隔离，显著地提高了控制系统的抗干扰水平。

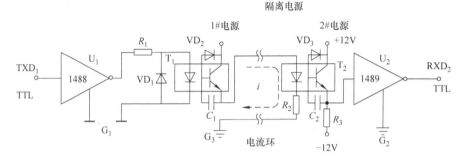

图 6-3 RS-232C 通信接口采用光电隔离电路

4. RS-232 隔离长线驱动器

RS-232 隔离长线驱动器的外形采用 DB25 转接盒，外插 RS-232 串口，即插即用，使用极为方便。独特的串口窃电技术使得该系列产品不需要外接电源，也不需靠初始化设置串口来供电。

采用 RS-232 单端信号传送方式，通信距离只能达到 15m，很大程度上限制了计算机的应用范围。影响计算机正常通信的因素主要有电磁辐射干扰（噪声干扰）和电源干扰（串扰）。电磁辐射干扰主要来自于工业现场的各种用电器，它在通信电缆线上产生感应电动势等噪声干扰使系统不能正常工作。电源干扰的主要原因是设备的电源电路不够理想，如两台设备所用的电源不同相；设备接地不好；或两台设备处在不同的电力分布网，地电位不同等原因在两台设备之间产生地电位差而形成串扰。

RS-232 隔离长线驱动器不需外接电源，其工作电源从 RS-232 接口上窃取，如图 6-4 所示。在图 6-4 中，TXD、RTS、DTR 是 RS-232 的输出信号，每根信号线可提供约 9mA 的输出电流，通信时其电压在 +10V 和 −10V 之间跳变，通信停止后其电压极性不定，但开机上电时全部为 −10V。该三个信号经 $D_1 \sim D_6$ 全波整流和 C_1、C_2 滤波后得到 +9V 和 −9V 直流电压，若是开机上电状态只有 −9V 电压。IC_1 和 IC_2 分别是负电压到正电压转换器和正电压到负电压转换器，将输入电压转换极性并升压，这样无论 TXD、RTS、DTR 是什么极性都能在 VS_1 和 VS_2 端得到 +9V 和 −9 V 的稳定电压。不需靠软件设置来得到工作电压，确保适合所有软件。

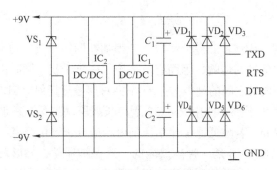

图 6-4　工作电源从 RS-232 接口窃取图

由于 RS-232 隔离长线驱动器采用平衡差分传输方式，因而具有良好的抗电磁干扰能力，光电隔离电路能有效地抑制地电位差的干扰。采用屏蔽电缆对抑制射频干扰很有效，但屏蔽电缆的电容较大，会相应降低通信速率。除上述常见的干扰因素外，瞬态电压干扰也会威胁通信接口安全。由图 6-5 可知：

$$E_r = E_t + E_n + E_g \tag{6-1}$$

E_t 一般为十几伏，E_g 一般为几十伏至几百伏，E_n 若是来自用电器一般不超过几十伏，若是来自雷电则可达几千伏。RS-232 接口所能承受的最大电压是 25V，由此可见，几十伏以上的干扰信号不仅会影响正常通信，而且足可将接口烧毁。

图 6-5　干扰信号图

SC-232 系列光隔离长线收发器是将 RS-232 接口数据传送方式转换成双端平衡信号传输，并用高速光隔离器件将两台设备隔离开，在差分接收器接收到双端平衡信号后再还原成 RS-232 信号送至 RS-232 接口。如图 6-6 所示，E_t 为发送端电压，E_r 为接收端电压，E_n 为干扰电压，E_g 为地电位差。

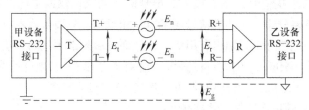

图 6-6　信号传输示意图

$$E_r=E_t+E_n-E_n=E_t \qquad (6\text{-}2)$$

由于采用双端平衡传输和差分接收，使得加在两根导线上的干扰信号可以相互抵消而不影响正常信号的传输，因而有效克服了噪声干扰。同时由于光隔离器的作用，使得两台通信设备之间的地电位差 E_g 不会对信号有任何影响，从而彻底解决了通信中的串扰和噪声干扰。使用 RS-232 隔离长线驱动器后，在波特率为 9600bit/s 时通信距离可达 2km，若降低通信速率，则可相应延长通信距离。

瞬态电压抑制器 TVS 是一种高效能的电路保护器件，外形及符号同普通稳压管，所不同的是，它是一种特制的齐纳二极管，能经受高达数千伏的脉冲电压和数十乃至数百安培的浪涌电流，能承受的功率高达数千瓦。同时 TVS 具有极小的极间电容，并不会影响信号的正常传输。

采用 TVS 的保护电路如图 6-7 所示，在发送端和接收端各采用 3 个 TVS 单元，分别对线路之间、线路对地之间的瞬态电压干扰进行抑制，消除了由于强电进入而产生通信口被烧毁的现象，从而有效地保证了整个通信系统的安全运行。

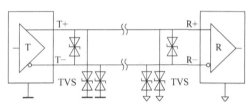

图 6-7　采用 TVS 的保护电路

6.1.2　RS-422A 通信接口抗干扰技术

1. RS-422A 通信接口

美国的 EIC 于 1977 年制定了串行通信标准 RS-499，对 RS-232C 的电气特性作了改进，RS-422A 是 RS-499 的子集，RS-422 采用平衡驱动、差分接收电路，如图 6-8 所示，从根本上取消了信号地线。平衡驱动器相当于两个单端驱动器，其输入信号相同，两个输出信号互为反相信号，图 6-8 中的小圆圈表示反相。

图 6-8　平衡驱动差分接收

外部输入的干扰信号是以共模方式出现的，两根传输线上的共模干扰信号相同，因接收端是差分输入，共模信号还可以互相抵消。只要接收器有足够的抗共模能力，就能从干扰信号中识别出有用信号，从而克服外部干扰的影响。RS-422A 在最大传输速率（10Mbit/s）时允许的最大通信距离为 12m，传输速率为 100kbit/s 时，最大通信距离为 1200m，一台驱动器可以连接 10 台接收器。

2. RS-422A 通信接口抗干扰技术

采用 RS-422A 平衡驱动差动接收电路如图 6-9 所示，由于差动放大器具有很强的抗共模干扰能力，所以两个不同的地线间的电位差形成的共模干扰受到了很大的抑制。因此，RS-422A 通信接口的抗干扰能力比 RS-232C 高，在图 6-9 中，75LS174、75LS175 采用单一的 +5V 供电。表 6-3 列出了 RS-422A 与 RS-232C 的性能对比，从表 6-3 中可见，RS-422A 的通信距离、传输速率和接口的性能等都优于 RS-232C。

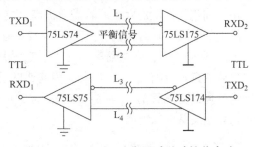

图 6-9　RS-422A 平衡驱动差动接收电路

表 6-3　RS-422A 与 RS-232C 通信接口性能对比表

内　容	RS-422A	RS-232C	内　容	RS-422A	RS-232C
接口工作方式	双端	单端	驱动器断电输出阻抗 /Ω	在 −0.25~+6V 之间为 100Ω	300
最大电缆距离 /m	1200	15	驱动器输出电流 /mA	± 150	± 500
最大传输速率 /(bit/s)	10M	20k	接收器输入阻抗 /kΩ	≥ 4	3~7
驱动器开路输出电压 /V	两输出间为 6V	± 25	接收器输入阈值 /V	−0.2~+0.2	−3~+3
驱动器有载输出电压 /V	两输出间为 2V	± 5~ ± 15	接收器输入电压 /V	−12~+12	−25~+25

　　RS-422A 接口可以作为控制系统通信网络的物理层，采用 RS-422A 构成的星形工控网络的连接方法如图 6-10 所示。采用 RS-422A 组网的优点是主站可以全双工方式与子站通信，RS-422A 通信接口电路可设计为插头方式，直接插接于两个 RS-232C 通信接口之间，把 RS-232C 转换成为 RS-422A 通信接口，可延伸通信距离和提高通信速率。

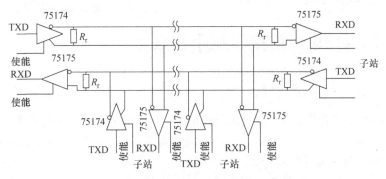

图 6-10　RS-422A 用作星形工控网络的连接方法

第 6 章

RS-422A 通信接口虽然大幅度地提高了通信电路的抗干扰能力，但所连接的两个站之间仍然有电的联系。若需要提高其抗干扰水平，可采用光电器件隔离两个站之间电的联系，具有光电隔离的 RS-422A 通信接口如图 6-11 所示。

在图 6-11 中，光电隔离器件 T_1、T_2 选用 TTL 电路 6N137，6N137 的一次侧与二次侧的延迟时间 t_{pd} 只有 75ns，因此速度远远超过普通光电晶体管型的光隔器件。因为普通的光隔管的 t_{pd} 为 3~6μs。RS-422A 通信接口的 +5V 电源要使用独立电源，要与控制设备电源隔离。

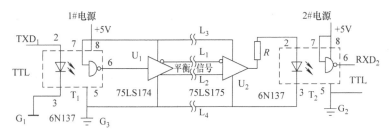

图 6-11　具有光电隔离的 RS-422A 通信接口

在图 6-11 中，G_1、G_2、G_3 三个地线也要各自独立，不可混接。RS-422A 的通信电缆应选用屏蔽双绞线，以提高抗电场和磁场干扰的能力。在图 6-11 中，L_1、L_2 共用一对，L_3、L_4 共用另一对，屏蔽双绞线的屏蔽层应单点接地。

双绞线的终端要配置终端匹配电阻 R_T，以减小网络的反射，提高抗干扰能力。终端匹配电阻 R_T 值可取 100~150Ω，终端匹配电阻应采用平衡匹配法，其连接方法如图 6-12 所示，图 6-12a 适用于总线型网络，图 6-12b 多用于点对点通信。

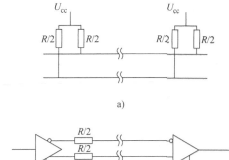

图 6-12　平衡双绞线长线的匹配方法

6.2　RS-485 通信接口抗干扰技术

6.2.1　RS-485 通信接口

在 RS-422 标准的基础上，EIA 研究出了一种支持多节点、远距离和接收高灵敏度的 RS-485 总线标准。RS-485 标准采用平衡式发送、差分式接收的数据收发器来驱动总线，具体规格要求如下：

1）接收器的输入电阻 $R_{IN} \geqslant 12kΩ$。

2）驱动器能输出 ±7V 的共模电压。

3）输入端的电容 ≤ 50pF。

4）在节点数为 32 个，配置了 120Ω 的终端电阻的情况下，驱动器至少还能输出电压 1.5V（终端电阻的大小与所用双绞线的参数有关）。

5）接收器的输入灵敏度为 200mV，即（V+）−（V−）≥ 0.2V，表示信号 "0"；（V+）−（V−）≤ −0.2V，表示信号 "1"。

因为 RS-485 具有远距离、多节点（32 个）以及传输线成本低的特性，因此 RS-485 成为工业应用中数据传输的首选标准。基于此，RS-485 在自动化领域的应用非常广泛，但是在实际工程中 RS-485 总线运用仍然存在着很多问题，影响了工程的质量，为工程应用带来了很多的不便。

1. RS-485 接口

RS-485 采用差分信号负逻辑，+2~ +6V 表示 "0"，−6~ −2V 表示 "1"。RS-485 有两线制和四线制两种接线，四线制只能实现点对点的通信方式，现很少采用，现在多采用的是两线制接线方式，这种接线方式为总线式拓扑结构，在同一总线上最多可以挂接 32 个节点。

在 RS-485 通信网络中一般采用的是主从通信方式，即一个主机带多个从机。在很多情况下，连接 RS-485 通信链路时只是简单地用一对双绞线将各个接口的 "A" "B" 端连接起来，而忽略了信号地的连接，这种连接方法在许多场合是能正常工作的，但却存在很大的隐患，其原因有：

1）共模干扰问题。RS-485 接口采用差分方式传输信号，并不需要相对于某个参照点来检测信号，系统只需检测两线之间的电位差就可以了。但人们往往忽视了收发器有一定的共模电压范围，RS-485 收发器共模电压范围为 −7~+12V，只有满足上述条件，整个网络才能正常工作。当网络线路中共模电压超出此范围时就会影响通信的稳定可靠，甚至损坏接口。当发送器 A 向接收器 B 发送数据时，发送器 A 输出的共模电压为 U_{OS}，由于两个系统具有各自独立的接地系统，存在着地电位差 U_{GPD}，那么接收器输入端的共模电压就会达到 $U_{CM} = U_{OS} + U_{GPD}$。RS-485 标准规定 $U_{OS} \le 3V$，但 U_{GPD} 可能会有很大幅值（十几伏甚至数十伏），并可能伴有强干扰信号致使接收器共模输入 U_{CM} 超出正常范围，在信号线上产生干扰电流，轻则影响正常通信，重则损坏设备。

2）电磁干扰问题。发送驱动器输出信号的共模部分，需要一个返回通路，如没有一个低阻的返回通路（信号地），就会以辐射的形式返回源端，整个总线就会像一个巨大的天线向外辐射电磁波。

由于 PC 上位机默认 RS-232 接口，有两种方法可在 PC 上位机上得到 RS-485 接口：

1）通过 RS-232/RS-485 转换电路将 PC 上位机串口 RS-232 信号转换成 RS-485

信号，对于情况比较复杂的工业环境最好是选用防浪涌带隔离栅的产品。

2）通过 PCI 多串口卡，可以直接选用输出信号为 RS-485 类型的扩展卡。

信号在传输过程中如果遇到阻抗突变，信号在这个地方就会引起反射，这种信号的反射原理与光从一种媒质进入另一种媒质引起反射是相似的。消除这种反射的方法，就是尽量保持传输线阻抗连续。从理论上分析，在传输电缆的末端只要跨接了与电缆特性阻抗相匹配的终端电阻，就能有效地减少信号反射。但是，在实际工程应用中，由于传输电缆的特性阻抗与通信波特率等应用环境有关，特性阻抗不可能与终端电阻完全相等，因此或多或少的信号反射还会存在。信号反射对数据传输的影响，归根结底是因为反射信号触发了接收器输入端的比较器，使接收器收到了错误的信号，导致 CRC 校验错误或整个数据帧错误。这种情况是无法改变的，只有尽量去避免它。

RS-485 传输线在一般场合采用普通的双绞线就可以，在要求比较高的环境下可以采用带屏蔽层的同轴电缆。在使用 RS-485 接口时，对于特定的传输线路，从 RS-485 接口到负载的数据信号传输所允许的最大电缆长度与信号传输的波特率成反比，这个长度数据主要是受信号失真及噪声等影响。理论上 RS-485 的最长传输距离可达到 1200m，但在实际应用中传输的距离要比 1200m 短，具体能传输多远视周围环境而定。

RS-485 在传输过程中可以采用增加中继的方法对信号进行放大，最多可以加 8 个中继，也就是说理论上 RS-485 的最大传输距离可以达到 9.6km。如果真需要长距离传输，可以采用光纤作为传播介质，收发两端各加一个光电转换器，多模光纤的传输距离是 5~10km，而采用单模光纤可达 50km 的传输距离。

2. RS-485 与 RS-232C 接口比较

由于 RS-232C 接口标准出现较早，难免有不足之处，主要有以下四点：

1）接口的信号电平值较高，易损坏接口电路的芯片，又因为与 TTL 电平不兼容，故需使用电平转换电路方能与 TTL 电路连接。

2）传输速率较低，在异步传输时，波特率为 20kbit/s。

3）接口使用一根信号线和一根信号返回线构成共地传输形式，这种共地传输容易产生共模干扰，所以抗噪声干扰性弱。

4）传输距离有限，最大传输距离标准值为 50ft。

针对 RS-232C 的不足，出现了一些新的接口标准，RS-485 就是其中之一，它具有以下特点：

1）RS-485 的逻辑"1"以两线间的电压差为 +(2~6)V 表示；逻辑"0"以两线间的电压差为 −(2~6)V 表示。

2）接口信号电平比 RS-232C 降低了，就不易损坏接口电路的芯片，且该电平与 TTL 电平兼容，可方便与 TTL 电路连接。

3）RS-485 的数据最高传输速率为 10Mbit/s。

4）RS-485 接口采用平衡驱动器和差分接收器的组合，抗共模干扰能力增强，即抗噪声干扰性好。

5）RS-485 接口的最大传输距离标准值为 4000ft，RS-232C 接口在总线上只允许连接 1 个收发器，即只具有单站能力。而 RS-485 接口在总线上允许连接多达 128 个收发器，即具有多站能力，这样用户可以利用单一的 RS-485 接口方便地建立起通信网络。

因 RS-485 接口具有良好的抗噪声干扰性、长传输距离和多站能力等优点，使其成为首选的串行接口。由 RS-485 接口组成的半双工网络，一般只需两根连线，RS-485 接口均采用屏蔽双绞线传输。RS-485 接口连接器采用 DB-9 的 9 芯插头座，智能终端 RS-485 接口采用 DB-9（孔），键盘连接的键盘接口 RS-485 采用 DB-9（针）。RS-422 和 RS-485 技术性能见表 6-4。

表 6-4　RS-422 和 RS-485 技术性能

形式	RS-422	RS-485
动作形式	差动方式	差动方式
工作方式	全双工	半双工
接口电路	两对平衡差分信号线	一对平衡差分信号线
可挂节点	一个驱动可挂 10 点接收	一个驱动可挂 32 点接收
驱动器负载阻抗	100Ω	54Ω
传输距离	1200m	1200m
最大传输速率	10Mbit/s/12m 1Mbit/s/120m 100kbit/s/1200m	10Mbit/s/12m 1Mbit/s/12m 100kbit/s/12m

在工业环境中，一般希望用最少的信号线完成通信任务。所以在通信网络中，应用串行总线 RS-485 比较普遍。有些现场总线也是建立在 RS-485 的基础上的，RS-485 支持在其总线上挂 32 个节点，每个节点有其自身的地址。RS-485 同样也有传输速率和距离的限制，这与分支的长度有关。通过使用中继器可使物理层的拓扑结构不受单一电缆段上的节点数和传输距离的限制。RS-485 使用中继器后具有以下优点：

1）可使用混合树形拓扑结构，消除了对分支长度最短不应少于 5m 的限制。

2）每个总线网段都是电隔离的，每个中继器可使网段的长度加倍，若再将中继器加以串接，可使通信距离增加更多。

3）整个总线网络的可靠性得到改善，一旦某个网段短路并不会影响其他设备，仅有部分总线不能工作。

4）加一个中继器允许挂更多的节点，用 n 个中继器可挂 $n \times 32$ 个节点，每个中继器实际上即是一个 RS-485 系统。

5）可取得更高的数据传输速率，由于数据传输速率与传输距离有关，用了中继器后，长距离的网络再不是传输速率慢的网络，数据传输速率可达 1.5Mbit/s。RS-485 系统中传输速率、总线长度和串接中继器之间的关系见表 6-5。

表 6-5　传输速率、总线长度和串接中继器之间的关系

传输速率 /(kbit/s)	9.6	19.2	93.75	187.5	500	1500
网段长度 /m	1200	1200	1200	1200	1200	1200
最多可串接网段	9	9	9	5	5	3
最长总线距离 /km	12	12	12	6	2.4	0.8

3. RS-485 网络

RS-485 支持半双工或全双工模式，网络拓扑一般采用终端匹配的总线型结构，不支持环形或星形网络，最好采用一条总线将各个节点串接起来。从总线到每个节点的引出线长度应尽量短，以便使引出线中的反射信号对总线信号的影响最低。在使用 RS-485 接口时，当数据信号传输速率降低到 90kbit/s 以下时，假定最大允许的信号损失为 6dB，则电缆长度被限制在 1200m。在实际应用中完全可以取得比它长的电缆长度，使用不同线径的电缆，取得的最大电缆长度是不相同的。在构建网络时，应注意如下几点：

1）有些网络连接尽管不正确，在短距离、低速率时仍可能正常工作，但随着通信距离的延长或通信速率的提高，其不良影响会越来越严重，主要原因是信号在各支路末端反射后与原信号叠加，会造成信号质量下降。

2）应注意总线特性阻抗的连续性，在阻抗不连续点就会发生信号反射。易产生这种不连续性的情况有：总线的不同区段采用了不同电缆，或某一段总线上有过多收发器紧靠在一起安装，过长的分支线引出到总线。

3）应注意终端负载电阻匹配，在设备少、距离短的情况下不加终端负载电阻，整个网络也能很好地工作，但随着距离的增加性能将降低。理论上，在每个接收数据信号的终点进行采样时，只要反射信号在开始采样时衰减到足够低就可以不考虑匹配。但这在实际上难以掌握，美国 MAXIM 公司提到一条经验性的原则，可以用来判断在什么样的数据速率和电缆长度时需要进行匹配：当信号的转换时间（上升或下降时间）超过信号沿总线单向传输所需时间的 3 倍以上时就可以不加匹配。

RS-422 串行接口和 RS-485 串行接口在电气特性上存在着不少差异，共模电压范围和接收器输入电阻不同，两个标准适用于不同的应用领域。RS-485 串行接口

的驱动器可用于 RS-422 串行接口，因为 RS-485 串行接口满足所有的 RS-422 串行接口性能参数，反之则不能成立。对于 RS-485 串行接口驱动器，共模电压的输出范围是 −7~ +12V 之间；对于 RS-422 串行接口的驱动器，该项性能指标仅有 ± 7V。RS-422 串行接口接收器的最小输入电阻是 4kΩ；而 RS-485 串行接口接收器的最小输入电阻则是 12kΩ。

RS-485 总线在实际工程应用中，总是出现一些接线的问题，在接传输线时一定要用同样的双绞线或者同样的电缆，若一段使用双绞线，一段使用电话线或其他线缆，这样阻抗就不连续，会产生很大的反射信号，通信是不能正常进行的。

4. RS-485 网络配置

（1）网络节点数

网络节点数与所选 RS-485 芯片驱动能力和接收器的输入阻抗有关，如 75LBC184 标称最大值为 64 点，RS-485 标称最大值为 400 点。实际使用时，因线缆长度、线径、网络分布、传输速率不同，实际节点数均达不到理论值。例如 75LBC184 运用在 500m 分布的 RS-485 网络上，节点数超过 50 或速率大于 9.6kbit/s 时，工作可靠性明显下降。通常推荐节点数按 RS-485 芯片最大值的 70% 选取，传输速率在 1200~9600bit/s 之间选取。通信距离在 1km 以内时，从通信效率、节点数、通信距离等综合考虑选用 4800bit/s 最佳；通信距离在 1km 以上时，应考虑通过增加中继模块或降低速率的方法提高数据传输可靠性。

RS-485 采用半双工方式通信，只需要两根通信线，网络连接更加简单。采用 RS-485 组成的总线型网如图 6-13 所示。图 6-13 中的 75176 接口芯片将发送和接收差动放大器集成在了一起，每个发送驱动器可以直接驱动 32 个接收器。而 75174、75175 只用于某些只有发送器或接收器的单向工作站的通信接口。

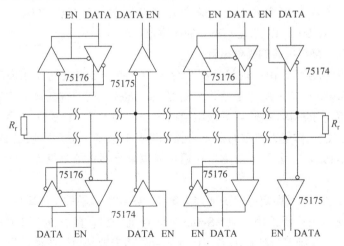

图 6-13 用 RS-485 构成总线网

（2）节点与主干距离

理论上讲，RS-485 节点与主干之间距离（称为引出线）越短越好。引出线小于 10m 的节点采用 T 形连接对网络匹配并无太大影响，但对于节点间距非常小的（小于 1m，如 LED 模块组合屏）应采用星形连接，若采用 T 形或串珠形连接就不能正常工作。RS-485 是一种半双工结构通信总线，大多用于一对多点的通信系统，因此主机（PC）应置于一端，不要置于中间而形成主干的 T 形分布。

RS-485 通常应用于一对多点的主从应答式通信系统中，相对于 RS-232 等全双工总线效率低了许多，因此选用合适的通信协议及控制方式非常重要。应用中若选择在数据发送前 1ms 将收发控制端 TC 置成高电平，使总线进入稳定的发送状态后才发送数据；数据发送完毕再延迟 1ms 后置 TC 端成低电平，在可靠发送完毕后才转入接收状态。使用 TC 端的延时有 4 个机器周期已满足要求。为保证数据传输质量，对每个字节进行校验的同时，应尽量减少特征字和校验字。

（3）RS-485 接口的电源和接地

对于由 MCU 结合 RS-485 组建的通信网络，应优先采用各子系统独立供电方案，最好不要采用一台电源给子系统并联供电方式，同时电源线缆（交直流）不能与 RS-485 信号线缆共用同一根多芯线缆。RS-485 信号线缆宜选用截面积 $0.75mm^2$ 以上双绞线而不是平直线。对于每个小容量直流电源，选用线性电源比选用开关电源更合适，若选用 LM7805 线性电源，应采取以下保护措施：

1）LM7805 输入端与地应跨接 220~1000μF 电解电容。

2）LM7805 输入端与输出端反接 1N4007 二极管。

3）LM7805 输出端与地应跨接 470~1000μF 电解电容和 104pF 独石电容，并反接 1N4007 二极管。

4）输入电压范围为 8~10V，最大允许范围为 6.5~24V。可选用 TI 公司的 PT5100 替代 LM7805，以实现 9~38V 的超宽电压输入。

5. RS-485 接口电路的硬件设计

在工业控制领域，由于现场情况十分复杂，各个节点之间存在很高的共模电压。虽然 RS-485 接口采用的是差分传输方式，具有一定的抗共模干扰的能力，但当共模电压超过 RS-485 接收器的极限接收电压，即大于 +12V 或小于 −7V 时，接收器就无法正常工作了，严重时甚至会损坏芯片和设备。对此可通过 DC/DC 将系统电源和 RS-485 收发器的电源隔离；通过光电耦合器将信号隔离，彻底消除共模电压的影响。

在 MCU 之间中长距离通信的诸多方案中，RS-485 因硬件设计简单、控制方便、成本低廉等优点被广泛采用。但 RS-485 总线在抗干扰、自适应、通信效率等方面仍存在缺陷，一些细节若处理不当，将会导致通信失败甚至系统瘫痪等故障，因此提高 RS-485 总线的运行可靠性至关重要。

RS-485 接口总线匹配的方法有：

1）终端电阻匹配方法。采用终端电阻匹配法的电路如图 6-14 所示，在图 6-14 中位于总线两端的差分端口 VA 与 VB 之间跨接 120Ω 匹配电阻，相当于电缆特性阻抗的电阻，因为大多数双绞线电缆特性阻抗大约在 100~120Ω，以减少由于不匹配而引起的反射及吸收噪声。这种匹配方法简单有效，但有一个缺点，匹配电阻要消耗较大电流，不适用于功耗限制严格的系统。

2）RC 匹配法。采用 RC 匹配法的电路如图 6-15a 所示，利用一只电容 C 隔断直流成分，可以节省大部分功率，但电容 C 的取值是个难点，需要在功耗和匹配质量间进行折中。

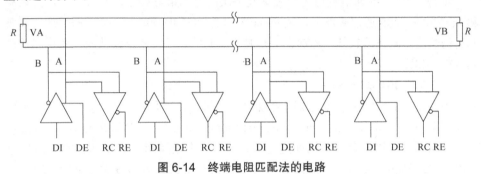

图 6-14 终端电阻匹配法的电路

3）二极管匹配法。采用二极管匹配法的电路如图 6-15b 所示，这种方案虽未实现真正的匹配，但它利用二极管的钳位作用削弱反射信号，达到改善信号质量的目的，节能效果显著。

异步通信数据以字节的方式传送，在每一个字节传送之前，先要通过一个低电平起始位实现握手。为防

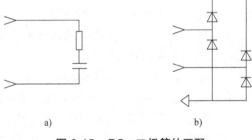

图 6-15 RC、二极管的匹配

止干扰信号误触发 RO（接收器输出）产生负跳变，使接收端 MCU 进入接收状态，RO 需外接 10kΩ 上拉电阻。

为保证系统上电时 RS-485 芯片处于接收输入状态，对于收发控制端 TC，采用 MCU 引脚通过反相器进行控制，不宜采用 MCU 引脚直接进行控制，以防止 MCU 上电时对总线的干扰。RS-485 总线为并接式二线制接口，一旦有一只芯片故障就可能将总线"拉死"，因此对其二线口 VA、VB 与总线之间应加以隔离。通常在 VA、VB 与总线之间各串接一只 4~10Ω 的 PTC 电阻，同时与地之间各跨接 5V 的 TVS 二极管，以消除线路浪涌干扰。

第 6 章

6.2.2 RS-485 通信接口抗干扰应用案例

在工业现场，当 PLC 与变频器之间采用 RS-485 方式进行通信时，经常容易产生通信中断、误码、死机，甚至 RS-485 通信接口被烧坏等故障，而且联网的变频器越多，这种现象越容易发生。由于变频器本身的特点决定了变频器会产生诸多干扰，对于 RS-485 通信接口而言，由于各个变频器和 PLC 使用不同的电源，或本身电路结构不同使得各个 RS-485 通信接口的地电位相差很大，势必造成传送数据时信号失真较为严重，使得通信出错，当共模电压超过 −7V 或 +12V 时，则会损坏 RS-485 接口。

将每个 RS-485 通信接口进行隔离是解决问题的最好办法，即需在每台变频器和 PLC 的 RS-485 通信接口上加装 RS-485 到 RS-485 的隔离器，为了保证加装隔离器后仍然使用原来的软件，隔离器必须是无延时的、波特率自动适应、数据完全透明传输的装置。

1. FSACC01 隔离器

为保证 RS-485 在待机或故障时接收到逻辑 "1" 而避免产生误动作，施耐德 TSX 系列 PLC（如 Micro、Quantum、Premium、Neza 等）的 TER 和 AUX 通信接口（RS-485）上均设置了总线偏置电阻，这样一来当联网的 PLC 较多时会造成总线电平无法翻转，使得通信距离和可联网的 PLC 的数量大为减少。采用直接联网虽然是最经济的方案，但存在以下缺点：

1）当距离超过 500m 时，需增加 RS-485 中继器来延长通信距离，而中继器需要供电，这导致有些无供电条件的场合将无法使用中继器。

2）整个通信网络是非隔离的，抗干扰能力较差，特别是当网络需要与变频器通信时容易造成误码和死机。

3）由于通信网络是非隔离的，当有雷电或其他较强的瞬变电压干扰作用于通信网络上时，将造成网络上的全部 PLC 损坏，带来重大的损失。

4）PLC 的 TER 和 AUX 口均为 MD8F 圆形插座，不便于接线。

采用 FSACC01 隔离器或 CAN-485G 远程驱动器可以很好地解决以上问题，通过在每台 PLC 的通信接口（TER 口）安装 FSACC01 隔离器构成的主从式 RS-485 网络如图 6-16 所示，FSACC01 的通信速率为 0~250kbit/s 自动适应，并具有防雷击和浪涌保护电路。

图 6-16 所示的主从式 RS-485 网络的通信线选用截面积为 $0.5mm^2$ 以上的双绞线，在无中继器时可实现最大通信距离为 2km（9600bit/s 时），波特率为 19200bit/s 时通信距离可达 1.2km，如需传送更远距离可在总线中加装 RS-485 中继器（型号：E485GA）。FSACC01 隔离器的具体设置如下：

1）将 RS-232/RS-485 隔离转换器 FS-485G 上的设置开关 K_1 拨到 "485"，选择 RS-485 模式。

2）将 FSACC01 隔离器上的 K_2 拨到"R"，接入 120Ω 终端电阻。

3）将总线末端 FSACC01 隔离器上的终端电阻设置开关 S_2 拨到"R"，接入 120Ω 终端电阻。

4）其他站点的终端电阻设置开关 S_2 拨到"OFF"。

虽然 FSACC01 硬件本身支持挂接 64 个站点，但实际可访问的站点数量还得由软件决定。如总线上需挂接变频器通信端口，为便于使用变频器上的 DC 24V 电源，可将 FSACC01 换成 BH-485G 隔离器，将变频器的 RS-485 接口经 BH-485G 隔离后再和总线相连，这种方案可以很好地解决 PLC 与变频器通信时的干扰和死机问题。

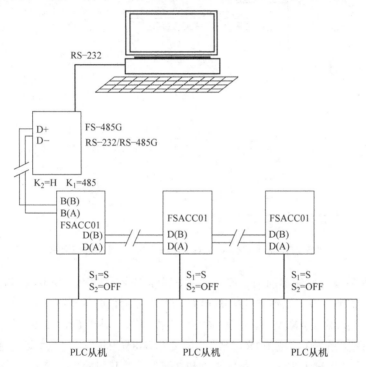

图 6-16　基于 FSACC01 隔离器构成的主从式 RS-485 网络

2. CAN-485G 远程驱动器

通过在每台 PLC 的通信接口安装 CAN-485G 远程驱动器构成的通信网络如图 6-17 所示，在波特率为 9600bit/s 时可实现最大通信距离为 5km，波特率为 19200bit/s 时可达 3km，这可能是目前无中继器时铜线传输的最大距离，CAN-485G 是隔离的透明传输驱动器，该产品并未使用 CAN 协议而采用了透明传输方式，因此使用 CAN-485G 后并不需对原有软件作任何修改。

基于 CAN-485G 远程驱动器构成的通信网络的传输线应选用截面积为 $1mm^2$ 的双绞线，由于 CAN-485G 和 CAN-232G（接计算机的 RS-232 通信接口）设计有两

第 **6** 章

对总线端子，按图 6-17 所示接线不存在分支线问题。

CAN-485G 和 CAN-232G 内部已设计有终端电阻，需将总线的始端和末端上的终端电阻设置开关 K 拨到"R"（接入 120Ω 终端电阻），而其他站点应拨到"OFF"（不接终端电阻）。虽然 CAN-485G 硬件本身支持挂接 110 个站点，但实际可访问的站点数量还得由软件决定。

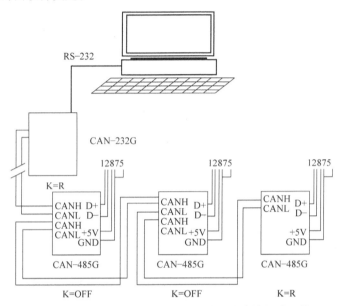

图 6-17　基于 CAN-485G 远程驱动器构成的通信网络

若总线需要与变频器通信，应将变频器的 RS-485 口经 CAN-485G 隔离后再和总线相连，这种方案可以很好地解决 PLC 与变频器通信时的干扰和死机问题。

CAN-232G 和 CAN-485G 均需 DC 5V 工作电源，对于 CAN-232G 的工作电源可取自计算机的 USB 口或用 DC 5V 稳压，CAN-485G 的工作电源可取自 TER 口的 8 脚（+5V）和 7 脚（GND），并将 5 脚和 7 脚短接（从机模式）。

3. BH-485G 隔离器

BH-485G 隔离器是真正具有数据流向自动切换、数据完全透明传输、无延时的隔离器，波特率为 0~250kbit/s 自适应，供电电源具有 DC 5V 或 DC 24V 两种方式任选（一般变频器上均有 DC 24V 电源输出端子），而且 BH-485G 具有两对 RS-485 接线端子，避免了会使波形畸变的总线分支问题，接线非常方便。

BH-485G 外形为标准导轨安装结构，带有数据收发指示灯。采用 BH-485G 隔离器的变频器和 PLC 组成的 RS-485 通信网络如图 6-18 所示。

设置时须将总线两端的 BH-485G 上的终端电阻设置开关 K 拨到"R"（接入 120Ω 终端电阻），其他位置的开关拨到"OFF"（不接终端电阻）。如果通信距离超过 2km（9600bit/s 时），可在总线中增加 RS-485 中继器（型号：E485GA）或使用 CAN-485G 超远程隔离驱动器。

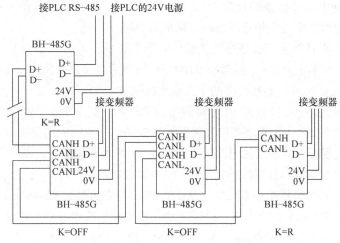

图 6-18　采用 BH-485G 隔离器的变频器和 PLC 组成的 RS-485 通信网络

4. 西门子 PLC 与变频器的光隔离联网方案

图 6-19 所示为在每台 PLC 的通信接口安装 PFB-G 总线隔离器的通信网络，在无中继器时可实现在波特率为 600kbit/s 时，最大通信距离为 2km，最多站点数量为 160 个，如距离超过 2km 可在网络中加装 RS-485 中继器（型号：E485GP）。

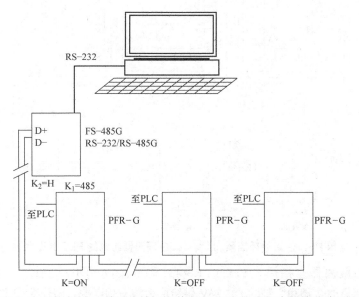

图 6-19　每台 PLC 的通信接口安装在 PFB-G 总线隔离器的通信网络

PFB-G 的最高通信速率为 12Mbit/s，可用于 PROFIBUS 网络、PPI 网络、MPI 网络和自由口通信网络，特别适用于干扰较大的恶劣环境，由于光电隔离解决了各个节点由于地电位差带来的经常损坏通信接口问题，并使通信中的干扰减小到最小，特别是当网络中有变频器通信时效果更为明显。

若总线上需挂接变频器通信，为便于安装和接线，可将 PFB-G 换成 BH-485G 隔离器，将变频器的 RS-485 接口经 BII-485G 隔离后再和总线相连，这种方案可以很好地解决 PLC 与变频器通信时的干扰和死机问题。

西门子 S7-200 系列 PLC 与变频器组成 RS-485 通信网络的传统做法是，将 PLC 和变频器的 RS-485 通信接口直接相连组成网络，实际应用发现对于一些干扰较恶劣的工业现场，特别是使用西门子 MM4×× 系列变频器时，通信常产生误码、死机甚至烧毁 RS-485 通信接口的故障，系统的可靠性大大降低。

解决以上问题的最简单有效的办法是在 PLC 和变频器的 RS-485 通信接口加装带浪涌保护的 RS-485 光隔离器，以消除地线环路的干扰和变频器特有的瞬态过电压等干扰，采用 PFB-G 总线隔离器和 BH-485G 隔离器组成的 PLC 和变频器通信网络如图 6-20 所示，所有设备的 RS-485 口均被隔离，整个通信线路被浮空，有效地抑制了干扰的侵入，彻底解决了由于设备接地问题而引起的串扰，使系统的可靠性得到很大提高。

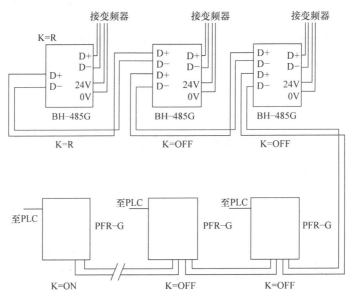

图 6-20 采用 PFB-G 总线隔离器和 BH-485G 隔离器组成的 PLC 和变频器通信网络

PFB-G 隔离器直接插在 PLC 的 RS-485 通信接口（DB9F）上，工作电源由 PLC 通信接口的 7 脚和 2 脚的 DC 24V 供给而无须另接电源，BH-485G 为标准导轨安装结构，安装在变频器机柜中，DC 24V 工作电源可取自变频器的 DC 24 电源输出端子，安装非常方便。

5. 西门子 PLC 与触摸屏的隔离连接方案

西门子 S7-200/300/400 系列 PLC 与西门子的触摸屏的连接通常将 PLC 与触摸屏的两个 RS-485 通信接口直接相连，使用一条直通电缆（西门子产品号：6ES7901-0BF00-0AA0），实际使用中发现在一些环境比较恶劣的工业现场会发生以下问题：

1）由于供电系统接地不合理等复杂原因，会造成 PLC 的 RS-485 通信接口和触摸屏的 RS-485 通信接口之间存在较大的地电位差，使得 RS-485 信号的共模电压超过允许范围（−7~ +12V）而损坏 PLC 或触摸屏的 RS-485 通信接口。

2）由于大型电感型设备的启停或雷击等原因，会在连接电缆上感应出瞬态过电压（浪涌）而损坏 PLC 或触摸屏的 RS-485 通信接口。

解决以上问题的最好办法是在 PLC 和触摸屏的 RS-485 接口上加装带浪涌保护的 RS-485 隔离器，采用 RS-485 隔离器 PFB-G 的两个方案如下：

1）在 PLC 的 RS-485 通信接口加装一个 RS-485 隔离器 PFB-G，隔离器 PFB-G 与触摸屏的 RS-485 通信接口直接相连。如图 6-21 所示，由于 PLC 与触摸屏的 RS-485 通信接口被光电隔离，二者之间没有电连接，也就不存在地电位差的问题，从而保证了 RS-485 通信接口的共模电压不至于超过允许范围而损坏接口。

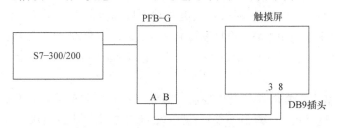

图 6-21　隔离器 PFB-G 与触摸屏的 RS-485 通信接口相连图

PFB-G 除具有 RS-485 隔离作用外，其 RS-485 端口还具有防雷击浪涌和静电冲击的保护电路，当通信电缆上产生瞬态过电压时，PLC 的 RS-485 端口被 PFB-G 保护，而触摸屏的 RS-485 端口将承受瞬态过电压冲击，仍有损坏的可能。

2）在 PLC 和触摸屏的 RS-485 通信接口分别加装一个 RS-485 隔离器 PFB-G，这样一来就将 RS-485 通信接口完全浮空，使其与 PLC 和触摸屏都没有电连接，从而保证了 RS-485 通信接口的共模电压不至于超过允许范围而损坏接口。

这种方案非常适合通信线缆容易感应到瞬态过电压或线缆较长容易遭雷击（特别是架空线）的场合，当线缆上产生瞬态过电压或感应雷击时，两个 PFB-G 内的防雷击浪涌保护器件将浪涌电压钳制在安全范围内，从而保护了 PLC 和触摸屏的 RS-485 通信接口不遭损坏，即使雷击的能量过大超过了 PFB-G 隔离器的保护范围，也只损坏 PFB-G 隔离器而不至于殃及 PLC 和触摸屏的 RS-485 通信接口。

第
6
章

6. RS-485 系统的常见故障及处理方法

RS-485 是一种低成本、易操作的通信网络，但稳定性差、相互牵制性强，通常有一个节点出现故障就会导致网络整体或局部的瘫痪，而且又难以判断。由于 RS-485 使用一对非平衡差分信号，这意味着网络中的每一个设备都必须通过一个信号回路连接到地，以最小化数据线上的噪声。数据传输介质由一对双绞线组成，在噪声较大的环境中应加上屏蔽层。检查 RS-485 通信网络故障和处理方法如下：

1）若出现网络完全瘫痪，大多是因某节点芯片的 VA、VB 对电源击穿。此时可通过测量共模电压大小来排查，共模电压越大说明离故障点越近，反之越远。不同的制造商的 VA、VB 线采用不同的标签规定，即 VB 线应是在空闲状态下电压更高的那一根。因此，VA 线相当于 -，VB 线相当于 +。可在网络空闲的状态下用电压表检测，如果 VB 线没有比 VA 线电压更高，那么就存在连接问题。

2）总线连续几个节点不能正常工作，一般是由其中的一个节点故障导致的。一个节点故障会导致邻近的 2~3 个节点（一般为后续）无法正常通信，因此应将其逐一与总线脱离，如某节点脱离后总线恢复正常，说明该节点故障。为了检查是哪一个节点停止工作，需要切断每一个节点的电源并将其从网络中断开。使用欧姆表测量接收端 VA 与 VB 或 + 与 - 之间的电阻值，故障节点的读数通常小于 200Ω，而非故障节点的读数将会比 400Ω 大得多。

3）集中供电的 RS-485 网络在上电时常出现部分节点不正常，但每次又不完全一样。这是由于对 RS-485 的收发控制端 TC 设计不合理，造成子系统上电时节点收发状态混乱，从而导致总线堵塞，改进的方法是将各子系统加装电源开关分别上电。

4）系统基本正常但偶尔会出现通信失败，一般是由于网络施工不合理导致系统可靠性处于临界状态，最好改变通信线缆的布线或增加中继模块。

5）因 MCU 故障导致 TC 端处于长发状态而将总线拉"死"，此时应检查 TC 端。尽管 RS-485 规定差模电压大于 200mV 即能正常工作。但实际测量：一个运行良好的网络其差模电压一般在 1.2V 左右（因网络分布、速率的差异有可能使差模电压在 0.8~1.5V 范围内）。

6）三态状态。当没有设备进行数据传输时，所有设备都处于监听状态，在 RS-485 网络中会出现三态状态。这将导致所有的驱动器进入高阻态，使悬空状态传回所有的 RS-485 接收端。在节点设计中，克服这一不稳定状态的方法是在接收端的 VA 和 VB 线加装下拉和上拉电阻来模拟空闲状态。为了检查这一偏置，应在网络供电和空闲的状态下测量 VB 线到 VA 线的电压。为了确保远离不定状态，要求 VB 线到 VA 线的电压至少为 300mV。如果没有安装终端电阻，偏置的要求是非常宽松的。

由双绞线构成的 RS-485 网络可以上行、下行传送数据，由于没有两个发送端能够在同一时间成功地通信，所以在数据的最后一位传送完毕后的一个时间段内，网络表现为空闲态，但实际上节点还没有使其驱动器进入三态状态。如果另一个设备试图在这一时间段内进行通信，将会发生结果不可预测的冲突。为了检测这种冲突，使用数字示波器来捕捉几个字节的 1 和 0，确定一个节点在传输结束时进入三态状态所需要的时间。确保 RS-485 软件没有试图响应比一个字节的时间更短的请求（在 76.8kbit/s 的速率下略大于 1ms）。

虽然隔离是抵御电源浪涌的第一道防线，但是增加多级浪涌抑制器可以减弱更大的浪涌干扰，最好是在网络的高性能接地点的位置安装浪涌抑制器。

西门子 S7-200 PLC 内部 RS-485 通信接口电路图如图 6-22 所示，在图 6-22 中，R_1、R_2 是阻值为 10Ω 的普通电阻，其作用是防止 RS-485 信号 D+ 和 D- 短路时产生过电流烧坏芯片，VS_1、VS_2 是钳制电压为 6V、最大电流为 10A 的齐纳二极管，24V 电源和 5V 电源共地未经隔离，当 D+ 或 D- 线上有共模干扰电压灌入时，由桥式整流电路和 VS_1、VS_2 可将共模电压钳制在 ±6.7V、从而保护 RS-485 芯片内的 SN75176（RS-485 芯片的允许共模输入电压范围为 −7~ +12V）。该保护电路能承受共模干扰电压功率为 60W，保护电路和芯片内部没有防静电措施。

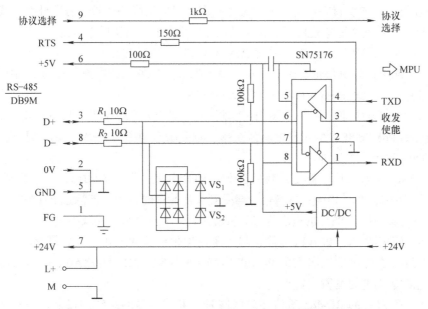

图 6-22　西门子 S7-200 PLC 内部 RS-485 通信接口电路图

当 PLC 的 RS-485 通信接口经非隔离的 PC/PPI 电缆与计算机连接、PLC 与 PLC 之间连接或 PLC 与变频器、触摸屏等通信时，有通信接口损坏现象发生，较常见的损坏情况如下：

1）若 R_1 或 R_2 损坏，VS_1、VS_2 和 SN75176 完好。这是由于有较大的瞬态干扰

电流经 R_1 或 R_2、桥式整流、VS_1 或 VS_2 到地，VS_1、VS_2 能承受最大 10A 电流的冲击，而该电流在 R_1 或 R_2 上产生的瞬态功率为：$100 \times 10W = 1000W$，当然会将其损坏。

2）若 SN75176 损坏，R_1、R_2 和 VS_1、VS_2 完好。这主要是受到静电冲击或瞬态过电压速度快于 VS_1、VS_2 的动作速度造成的。

3）若 VS_1 或 VS_2、SN75176 损坏，R_1 和 R_2 完好。这可能是受到高电压低电流的瞬态干扰电压将 VS_1 或 VS_2 和 SN75176 击穿，由于电流较小和发生时间较短，因而 R_1、R_2 不至于发热损坏。

由以上分析得知，PLC 接口损坏的主要原因是由于瞬态过电压和静电造成，产生瞬态过电压和静电的原因很多，也较复杂，如 PLC 内部 24V 电源和 5V 电源共地，在采用 24V 电源为其他设备供电时可能导致地电位变化，从而造成共模电压超出允许范围。所以在 EIA-485 标准中要求将各个 RS-485 通信接口的信号地用一条低阻值导线连接在一起，以保证各节点的地电位相等，消除地线环流。

当带电拔插未隔离的连接电缆时，由于两端电位不相等，电路中又存在诸多电感、电容之类的器件，拔插瞬间必然产生瞬态过电压或过电流。连接在 RS-485 总线上的其他设备产生的瞬态过电压或过电流同样会流入到 PLC，总线上连接的设备站点数越多，产生瞬态过电压的因素也越多。当通信线路较长或有室外架空线时，雷电将会在线路上感应过电压，其能量往往是巨大的。解决的办法是：

1）PLC 采用隔离的 DC/DC 将 24V 电源和 5V 电源隔离。

2）选用带静电保护、过热保护、输入失效保护等保护措施完善的高档次 RS-485 芯片，如：SN65HVD1176D、MAX3468ESA 等。

3）采用响应速度更快、承受瞬态功率更大的新型保护器件 TVS 或 BL 浪涌吸收器，如 P6KE6.8CA 的钳制电压为 6.8V，承受瞬态功率为 500W，BL 器件则可抗击 4000A 以上大电流冲击。

4）R_1 和 R_2 采用正温度系数的自恢复 PTC 电阻，如 JK60-010，正常情况下的电阻值为 5Ω，并不影响正常通信，当受到浪涌冲击时，大电流流过 PTC 和保护器件 TVS（或 BL），PTC 的电阻值将骤然增大，使浪涌电流迅速减小。

5）使用隔离的 PC/PPI 电缆，尽量不用廉价的非隔离电缆（特别是在工业现场）。西门子公司早期出产的 PC/PPI 电缆（6ES7901-3BF00-0XA0）是不隔离的，现在也改成隔离的电缆。

6）在 PLC 的 RS-485 通信接口联网时，采用隔离的总线连接器，如 PFB-G，速率为 0~1.5Mbit/s 自动适应，外形和使用方法与西门子非隔离的总线连接相同。

7）与 PLC 联网的第三方设备，如变频器、触摸屏等的 RS-485 通信接口均使用 RS-485 隔离器（BH-485G）进行隔离，这样各 RS-485 节点之间就无"电"联系，也无地线环流产生，即使某个节点损坏也不会连带其他节点损坏。

8）RS-485 通信线采用 PROFIBUS 总线专用屏蔽电缆，保证屏蔽层接到每台设备的外壳并最后接大地。

9）对于有架空线的系统，总线上最好设置专门的防雷击设施。

6.2.3　通信网络布线技术

PLC 的基本单元与扩展单元之间通信线缆传送的信号小、频率高，很容易受干扰，因此不能与其他线缆敷设在同一线缆槽内，应单独敷设，以防止外界信号的干扰。通信线缆要求可靠性高，有的通信线缆的信号频率很高（可达 MHz），一般应选用 PLC 生产厂家提供的专用线缆（如光纤），在要求不高或信号频率较低时，也可以选用带屏蔽的多芯线缆或双绞线。

为了提高抗干扰能力，对 PLC 的外部信号、PLC 和计算机之间的串行通信信息，可以考虑采用光纤来传输或采用带光电耦合器的通信接口，在腐蚀性强或潮湿的环境，需要防火、防爆的场合更适于采用这种方法。

1. 总线布线指导方针

总线布线指导方针如下：

1）在总线中，将使用遵从 PROFIBUS 标准的"A"型总线电缆。

2）总线电缆不得扭曲、压缩或拉长。

3）总线段必须在两端配备终端电阻。

2. 通信电缆在 PLC 机柜内外布线的指导方针

通信电缆在 PLC 机柜内外布线的指导方针如下：

1）数据电缆必须与所有大于 60V 的交流或直流供电电缆相分离。

2）在数据电缆和供电电缆之间至少保持 20cm 的空间。

3）PROFIBUS 数据电缆必须在金属导管中单独走线。

4）在建筑物之间敷设时，应在通信电缆端口设置浪涌保护器。

5）对于超过 500kbit/s 的波特率，应选用光缆。

6）PROFIBUS 电缆到 FE/PE 导轨的屏蔽连接如图 6-23 所示。

7）为了避免因地电位波动产生的地电流干扰，必须使所有附加装置的组件和设备之间保持等电位，在带等电位联结的系统中，系统组件和设备连接如图 6-24 所示。

因为系统或者建筑物的特定条件而导致不能实现如图 6-24 所示的连接时，则采用

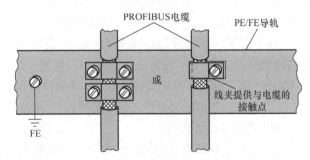

图 6-23　PROFIBUS 电缆到 FE/PE 导轨的屏蔽连接

带有高频干扰信号容性耦合的分布式接地，带有容性耦合的分布式接地如图 6-25 所示。

第 6 章

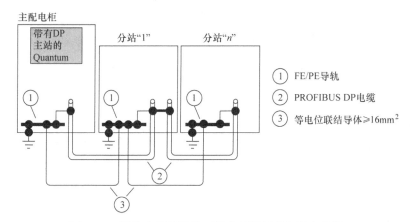

图 6-24　带等电位联结的系统中系统组件和设备连接

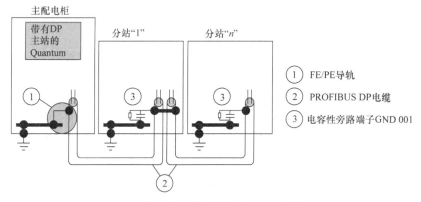

图 6-25　带有容性耦合的分布式接地

3. 总线的浪涌保护（雷电保护）

为了保护传输系统不受外来浪涌（雷电）的影响，一旦延伸到建筑物之外，通信线缆应当配备合适的浪涌保护设备，放电电流应当至少为 5000A，可以选用 Deh-nund Sohne GmbH &CoKG 公司的 CTMD/HF5 型和 CTB110 型。

为了实现对通信线缆的可靠保护，应设置两级保护设备。第一级保护设备（B110 型）设置在通信线缆进入建筑物的位置，作为防雷保护。第二级保护设备（MD/HF5 型）设置在控制设备机柜内，作为浪涌保护。保护设备的接线规则如下：

1）设置一个功能地（等电位联结导轨），将保护设备安装在功能地附近，以保证浪涌电流路径尽可能短。

2）保护设备的最大引线长度取决于传输速率。在传输速率达到 500kbit/s 时，可以配置最多 4 个机柜外段，带 8 对保护设备（CTB110 和 CTMD/HF5）。传输速率为 1Mbit/s 或更高时，可以仅配置一个机柜外段，带两对保护设备。

3）保护设备的输入端和输出端应正确接线，不能颠倒。保护设备连接示例如图 6-26 所示，保护设备均提供直接或间接的屏蔽接地方式，当系统允许时，应使用直接的屏蔽接地。将引入电缆的屏蔽层接到 IN 接线端子，引出电缆的屏蔽层接到 OUT 接线端子，实现屏蔽层与 PE 的电连接。

在图 6-26 中，1 为 MD/HF5 型保护设备，2 为 B110 型保护设备，在安装过程中，通信电缆接头的金属部分被内连到电缆屏蔽层。当总线电缆接头插入模块端口时，屏蔽层和 FE/PE 之间会自动短接。

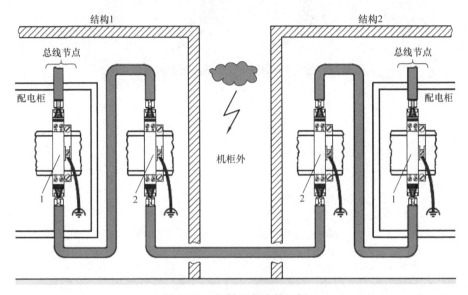

图 6-26　保护设备连接示例

4. 容性旁路接线端子（GND001）

带容性旁路的分布式接地方法一般用于无等电位联结的系统，从通信线缆到旁路接线端子的连接如图 6-27 所示。在图 6-27 中，1 为带容性旁路端子（GND001）；2 为屏蔽层；3 为连接到导轨；4 为进入机柜的通信线缆。5 为引出机柜的通信线缆。通信线缆屏蔽层的连接如图 6-28 所示。

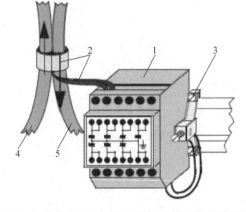

图 6-27　PROFIBUS 线缆到旁路接线端子的连接

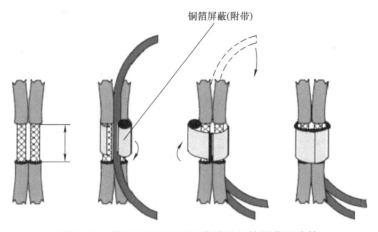

铜箔屏蔽(附带)

图 6-28 使用 PROFIBUS 线缆进行的屏蔽层连接

参考文献

[1] 周志敏，周纪海，等.变频器:工程应用·电磁兼容·故障诊断［M］.北京:电子工业出版社，2005.

[2] 周志敏，周纪海.开关电源实用技术设计与应用［M］.北京：人民邮电出版社，2003.

[3] 周志敏，周纪海.电子信息系统防雷接地技术［M］.北京：人民邮电出版社，2004.

[4] 周志敏，周纪海，纪爱华.电气电子系统防雷接地实用技术[M].北京：电子工业出版社，2005.

[5] 周志敏，周纪海，等.可编程序控制器实用技术问答［M］.北京：电子工业出版社，2006.

[6] 周志敏，周纪海，等.PLC控制系统电磁兼容技术：工程设计与应用［M］.北京：人民邮电出版社，2008.